服装
实用技术
应用提高

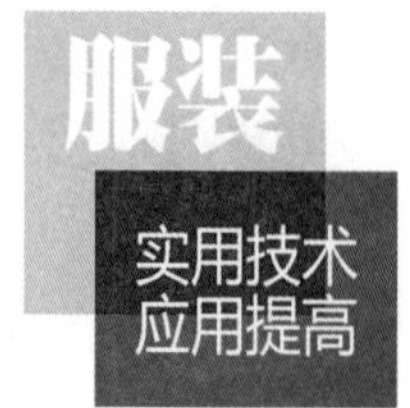

图解服装纸样设计

女装系列

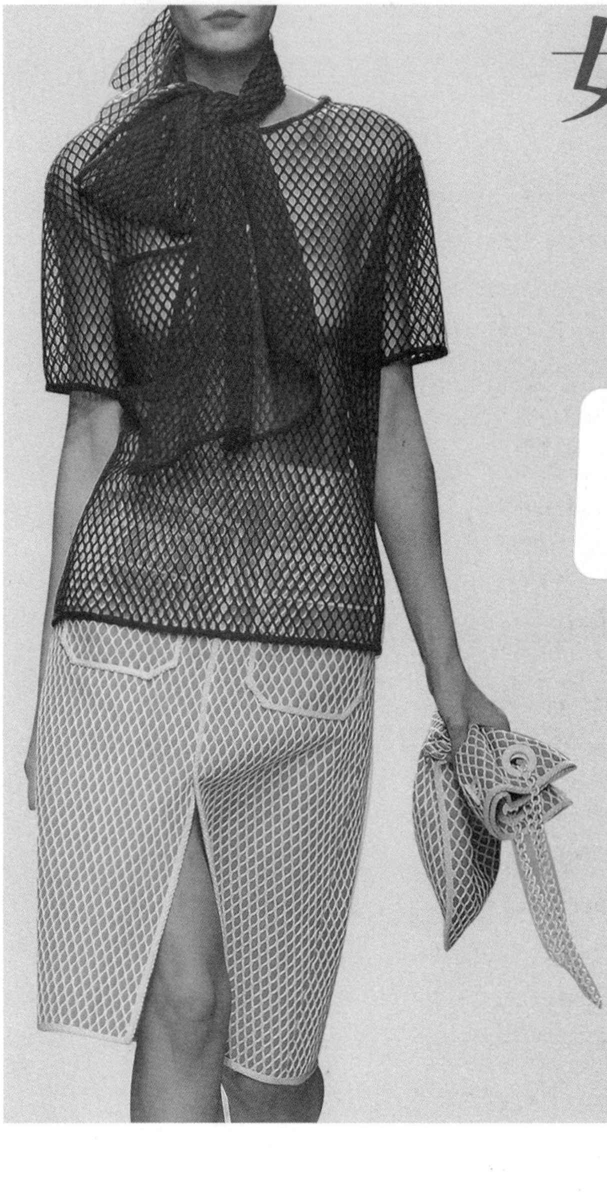

郭东梅 主编
严建云 童敏 副主编

中国纺织出版社

内容提要

本书以人体特征为基础详细阐述了裙装、女裤和女上装的构成原理，将比例制图法与新文化式原型制图法综合应用，从基础理论到实践应用逐步展开，以图解的方式讲述了如何以一款纸样为基础，变化出系列纸样。

本书结构合理，条理清晰，图文并茂，案例丰富，是服装高等院校及大中专院校服装专业纸样课程的理想教材，同时也适合于服装企业技术人员、广大服装爱好者学习与参考。

图书在版编目（CIP）数据

图解服装纸样设计．女装系列／郭东梅主编．—北京：中国纺织出版社，2015.7（2018.7重印）

（服装实用技术·应用提高）

ISBN 978-7-5180-1386-9

Ⅰ．①图…　Ⅱ．①郭…　Ⅲ．①女服—服装设计—纸样设计—图解　Ⅳ．①TS941.2-64

中国版本图书馆CIP数据核字（2015）第026332号

策划编辑：李春奕　　责任编辑：魏　萌　　责任校对：寇晨晨
责任设计：何　建　　责任印制：储志伟

中国纺织出版社出版发行
地址：北京市朝阳区百子湾东里A407号楼　邮政编码：100124
销售电话：010—67004422　传真：010—87155801
http：//www.c-textilep. com
E-mail: faxing@c-textilep. com
中国纺织出版社天猫旗舰店
官方微博 http：//weibo.com/2119887771
北京玺诚印务有限公司印刷　各地新华书店经销
2015年7月第1版　2018年7月第2次印刷
开本：889×1194　1/16　印张：11
字数：203千字　定价：38.00元

前言

我国是全世界最大的服装消费国和生产国，20世纪末，全世界每三件服装，就有一件来自于中国。但进入21世纪以来，我国服装产业在国际竞争中面临严峻挑战，产业急需提档升级。产业要升级，人才、技术创新缺一不可。我国高等服装教育肩负着为产业培养高素质人才的重要使命，如何提高院校人才培养质量，提高人才的创新能力和实践能力，是人才培养机构普遍思考的问题。

本书作者作为工作在一线的高校服装专业教师，也希望能够为产业发展和人才培养尽一份绵薄之力，于是集近二十年的服装纸样教学和实践经验，借鉴国内外先进的纸样技术，完成了这本《图解服装纸样设计·女装系列》。

现在服装专业教学大多强调单一纸样设计，缺乏系列纸样设计思路，或将纸样制作仅仅视为设计的实现手段，针对这些现象，本书则侧重于系列纸样的开发探索以及从纸样的角度进行服装造型拓展设计的探索，力图使纸样设计过程更加高效有趣和具有创造力。另外，笔者还以人体特征为基础详细阐述了裙装、女裤和女上装的构成原理，将比例制图法与新文化式原型制图法综合应用，从基础理论到实践应用逐步展开，层层递进。

本书内容翔实，案例丰富，各院校可选用为服装专业纸样课程的教材，并根据自身的教学特色和教学计划进行调整；同时，也适合于服装企业技术人员、广大服装爱好者学习与参考。

本书由郭东梅主编，严建云和童敏任副主编，第一章第一节由严建云和佟强编写，第一章第二节由童敏编写，其余各章节由郭东梅编写，全书插图、结构图由郭东梅绘制，全书由郭东梅统稿和审核。

本书为各位作者在工作之余完成，难免仓促，如有不足之处，请读者指正见谅。在此，致以诚挚谢意！

编者

2014年12月

目 录

第一章 成衣纸样设计基础

成衣是指按一定规格、号型标准批量生产的成品衣服，需要符合批量生产的经济原则，其生产具有生产机械化、产品规模系列化、质量标准化和包装统一化等特点，成衣上都附有品牌、面料成分、号型和洗涤保养说明等标志。

成衣纸样设计是成衣生产中的重要一环，关系整个产品的成败，了解成衣生产流程及其系列纸样设计的方法，了解影响纸样设计的因素，掌握人体测量与成衣规格的设计方法，掌握制图规范是学好成衣纸样技术的基础。

第一节 成衣生产流程与系列纸样设计方法

一、成衣的生产流程

成衣是根据人体类型测定的标准系列尺寸，以一定批量生产的服装商品。在商品的流通方式上有高级成衣和普通成衣之分，成衣生产一般是根据不同季节提前3～6个月甚至更早，通常要经过以下流程，如图1-1-1所示。

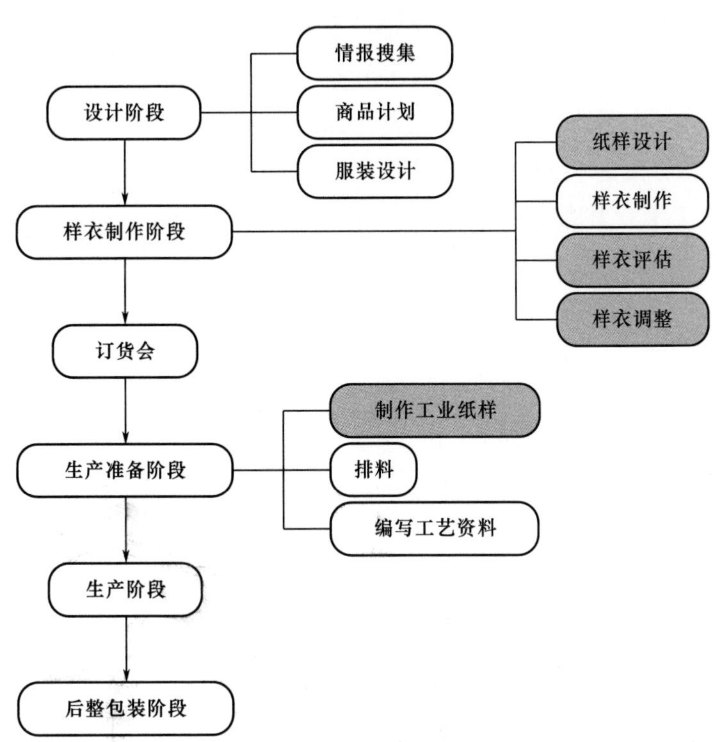

图 1-1-1

二、成衣纸样设计的内容

成衣纸样设计是成衣生产中的重要一环，通常包括以下内容：首先，将效果图转化为服装的平面结构，进行内部、外部的结构设计，设计各部位之间的配合关系，对内部的分割线、省道、褶裥等进行细部处理，并修改款式设计中的不合理部分；其次，为批量生产提供完整的工业纸样，即放码、制作裁剪和工艺样板；最后，为编写工艺资料提供技术支持。

在服装企业里，从事纸样设计的工作人员叫制板师或纸样师，他们通常需要完成如图1–1–1所示灰色框里的工作内容。

三、成衣系列纸样设计的方法

由图1–1–1可知，成衣需要经过工业化的生产过程，这种工业化生产过程是由成衣的社会化需求所决定的，不同于量身定制的单件制衣方式。这就决定了成衣产品以什么样的形式出现最有利于广泛的流通而获得最大的经济利益，同时又符合工业化批量生产的要求，系列产品在此方面具有其他产品形式难以取代的优势。

为了更快、更多地占领或巩固市场份额，获得好的经济效益，现代成衣产品向着小批量多品种的趋势发展，因此要求产品开发和生产环节能够对市场做出快速反应，纸样设计是衔接产品开发和流水线生产的重要环节，除了其提供的纸样要有利于快速生产外，其本身的设计过程也需要做到高效、准确和多样化，系列纸样技术就是在这样的背景下得到了较快发展。

为了实现高效、准确和多样化的目的，成衣系列纸样常常采用固定主体、变化局部、固定局部、变化主体、交叉组合的设计方式。

（一）固定主体、变化局部

固定主体、变化局部就是固定主体结构，变化局部元素。在选择系列纸样设计的主体时，一般选择一种廓型，这是因为每种廓型都有相应稳定的结构。局部元素与主体结构具有相辅相成的共生关系，主体一旦被改变，那么局部元素的相关性由于结构环境改变也失去了对应的条件。所以用这种方法进行纸样系列设计之前，必须要明确其主体结构，在主体结构固定的框架下，通过变化局部元素的设计实现女装内部造型的多样化，如图1–1–2所示的服装后片，其廓型未变，只是通过改变内部分割线，实现款式和纸样的变化。

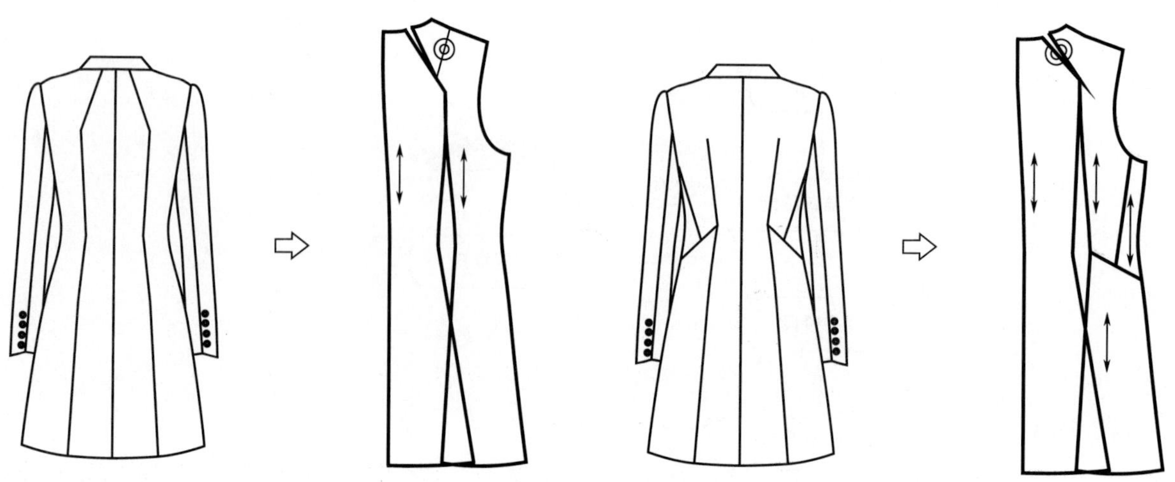

图 1–1–2

（二）固定局部、变化主体

固定局部、变化主体就是变化主体结构，局部元素稳定。具体讲，就是指款式局部细节元素相同，主体结构却不同的系列纸样设计方法。如图1–1–3所示，以某款衬衫为例，在保持其中某个局部元素如领型、袖型、门襟、口袋、衣长等不变的情况下，改变其主体从合体型到宽松型的不同造型状态，即以H型衣身为基本纸样，向A型过渡。这种系列纸样设计规律适用于女装的所有类型，并可通过举一反三，得到每个品种的纸样系列设计，如连衣裙、外套或大衣的一款多板系列等。

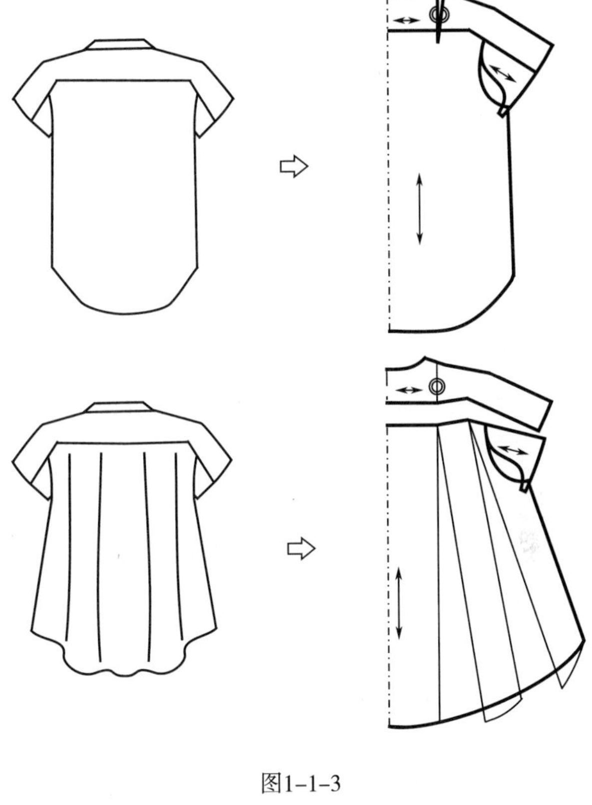

图1–1–3

（三）交叉组合

交叉组合就是既改变主体结构，又变化局部元素。具体讲，就是将前两种设计方法结合起来，使主体结构和局部元素实现协调设计，例如在外套的各种开身（四开身、六开身、八开身）中，变换各种包括领型、门襟、衣摆、袖型、口袋等局部元素。通过交叉组合的系列纸样设计方法设计出来的款式相对于前两种方法设计更丰富多变，但也增加了技术和工艺难度。

第二节　影响纸样设计的因素

纸样设计是成衣生产中的重要环节，起着承上启下的作用，所以受到多种因素的影响。

一、款式因素

在影响服装纸样设计的因素里，首要的就是款式设计因素。款式设计是服装设计的基础和最终展现形态，纸样设计是依据款式的变化而进行变化，因此，服装款式的不同也造就了纸样设计的千差万别，而其中的影响因素又可以分为造型因素和细节因素两大类。

在服装造型中，用以表现外形特征的廓型有H、O、S、X、A、Y六大类，但不论廓型有多少种，从结构上看只有两种趋势，一种是合体曲线型结构趋势，另一种是宽松直线型结构趋势。所有服装廓型都是在这两种方式之间进行变化。当廓型趋于合体状态或趋于宽松状态时，各个相关部位的尺寸随之而发生变化，那么在纸样上各个部位的加放量就需要进行增减调整。

同时，细节设计的不同也影响着纸样的设计方向，尤其是在成衣设计中，一个系列产品通常是通过不同的细节变化来进行演化延展的，例如领子的形状变化、衣长的变化、袖子的外观变化等。因此，纸样设计就必须根据款式细节的变化来进行变化。比如同样是胸省，位置不同，则纸样设计时，省道转移的方式就会有所区别，可能直接转移成省，也可能变化为分割线，也可能调整为松量。

二、人体因素

由于服装最终是穿着在人体上，因此纸样就必须以人体的生理结构、运动机能为基础进行设计。因此，影响纸样的人体因素主要表现在三个方面：尺寸因素、体型特征和运动因素。

尺寸因素是人体因素中影响纸样设计最大的因素，不仅人体各部位尺寸不同，不同人体的相同部位尺寸也有差异，而同一个人在从出生到老年的各个不同年龄时期的尺寸也是不一样的。但是，由于服装设计允许存在一定的活动空间，所以在一定范围内的体型可以使用同一个服装纸样。因此，就产生了影响纸样设计的各个号型以及各种部位尺寸，而这些则构成了服装纸样设计的基本数据。

同时，人体的体型千差万别，不同体型各个部位的尺寸都不一样，不存在完全相同的体型。因此，即使是采用同一个号型，不同体型在纸样的细节修正上的数据也是不同的。比如，溜肩体型在纸样上就必须加大肩线倾斜度，而耸肩体就需要减小肩线倾斜度。

纸样中的宽松量和运动量的设计，主要依据是人体正常运动状态的尺度。人体正常运动是有规律的，当服装对人体正常运动产生抑制时，说明纸样设计违背了运动结构设计的基本规律。比如髋关节的活动尺度影响着臀部尺寸的变化，腰部运动影响连衣裤的裆部加放量。另外，由于人体活动的常态往往是向前运动多于向后运动，这就要求在增加放量时，后身比前身要充分，所以，在纸样设计上，就要充分考虑使后身保持足够的活动量，而前身保持平整。

三、面料因素

面料是服装的载体，不同的面料，在厚薄、软硬度、变形度、塑形性和伸缩性上是各不相同的。因此，即使是相同的款式，采用不同面料来进行制作，其展示效果也截然不同。由于面料特性的不同，在纸样设计时，就必须依据面料的特点进行尺寸细节上的调整。例如，在相同款式上厚型面料和薄型面料的加放量就不相同，厚型面料由于面料本身较厚，内空尺寸往往会有所减少，因此在前中心线会有追加量，胸围放量也会相应有所增加。不仅不同面料在性能上具有差异，即使是相同面料，其经向、纬向、斜向的拉伸变形性的不相同也会影响纸样设计。通常状况下，面料经向的保形性最好，而斜向的拉伸性最大。因此在同一部位采用不同的方向，其效果也是不同的，在纸样设计时需要将面料的拉伸量考虑进来。例如长裙的侧缝，在采用斜向面料时往往会在纸样上减去一定的长度以防止斜纱的悬垂拉展所造成的侧缝拉长。

四、工艺因素

在经过款式设计、纸样设计、面料裁剪之后，服装最终还要依靠工艺缝制将之缝合成型。在服装生产中，缝制是最主要的生产环节，是流程最长、作业时间最长、涉及人员和设备最多的环节，也是成本消耗最大的环节。因此，工艺生产因素也是反过来影响纸样设计以及款式设计的因素之一，其对纸样设计的影响主要表现在缝制设备、缝制技术两方面。

由于各种面料的不同特性以及款式的多样性，需要用多种性能的缝制设备才能进行符合要求的缝制。而缝制设备的种类及先进性则影响到服装生产的产量、效率、质量等，因此，在服装纸样设计的同时，必须考虑以何种方式、何种设备进行工艺生产才能最有效。有时候，可能因为服装设备的限制，要调整或改变纸样设计的方法。

同时，缝制技术也影响着纸样设计的方式。同样的款式，由于工人技术的高低，可能采用精做或简做的方式，也可能省略或增加某些步骤。虽然从外观上来看没有太大差别，但是不同的工艺操作方式，其对应的纸样设计方式也各不相同。

第三节　人体测量与规格设计

人体是影响成衣纸样设计的重要因素，因此，掌握人体测量的方法、获取正确的人体尺寸是纸样设计的前提。服装的款式会体现在服装的尺寸即规格上，故此，在正确人体测量的基础上进行科学的规格设计尤为重要。

一、人体测量

（一）人体体型特征

骨骼、肌肉和皮肤共同构成了人体的外部特征。了解人体体表的划分方法，以及骨骼、肌肉和皮肤的特征有助于科学地进行纸样设计。

1．人体体表区域划分

人体的体表区域可以划分为头部、躯干、上肢和下肢四个部分，如图1–3–1所示。

在设计帽子或者带帽衫等时需考虑头部特征，但大多数款式设计中头部的细节会被忽略。

人体的躯干主要由颈部、肩部、胸背部、腰部和臀部几个部分组成，该部分直接关系着衣身的纸样设计。

上肢与躯干肩部相连，由上臂、前臂和手三部分组成，对应服装中的袖子部位，上肢活动范围大，与躯干形成联动关系，是服装纸样设计的重点和难点。

下肢与躯干臀部相连，由大腿、小腿和足三部分组成，与腰部和臀部一起对应服装中的裙装和裤装。

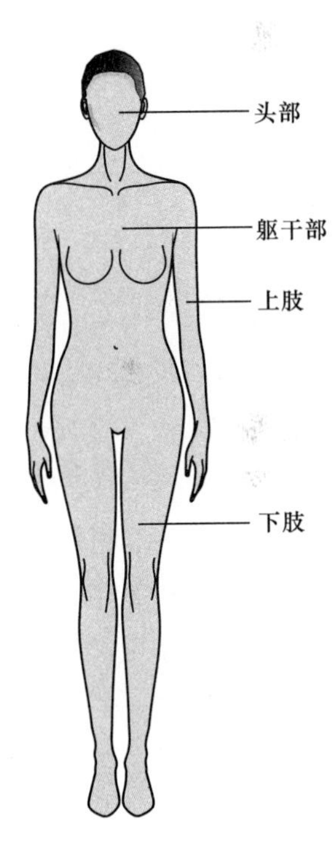

图1–3–1

2．人体骨骼

骨骼是人体的支架，共有二百多块骨骼，它决定着人体的基本形态。根据服装结构设计的需要，将人体骨骼分为头部的骨骼、躯干部的骨骼、上肢的骨骼和下肢的骨骼几个部分，如图1–3–2、图1–3–3所示，因为头部的骨骼与服装关系不大，本书从略。

（1）躯干部的骨骼：主要由脊椎、胸部骨骼和骨盆组成。

脊椎由7个颈椎、12个胸椎、5个腰椎、1个骶骨和1个尾骨组成。颈椎连接头骨，腰椎连接髋骨，其整体形成背部凸起，腰部凹陷的“S”形。“S”形的造型对半身裙前、后腰围线的高低及衣片前、后腰省大小的分配都有影响；由于颈椎和腰椎的活动范围大，所以对服装领子结构和服装腰部造型都有影响；第七颈椎则是人体多个测量部位的起点，是原型纸样的后颈中心点。

胸部骨骼主要由锁骨、胸骨、肋骨和肩胛骨等组成。其中锁骨呈S形，水平横位于胸骨和肩胛骨之

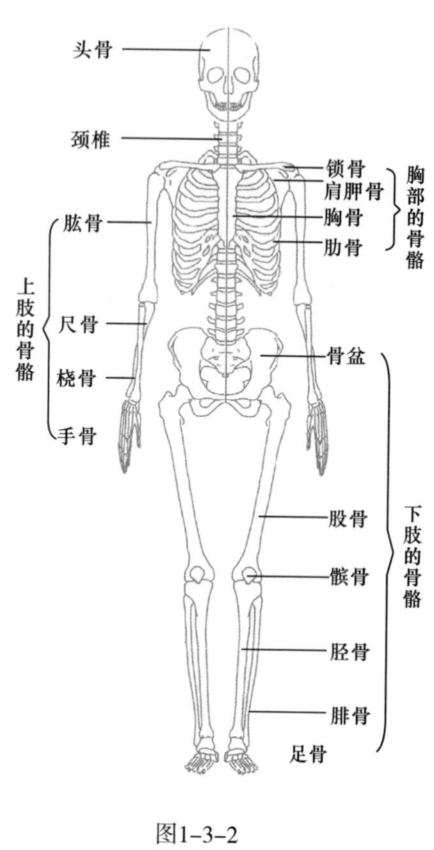

图1-3-2

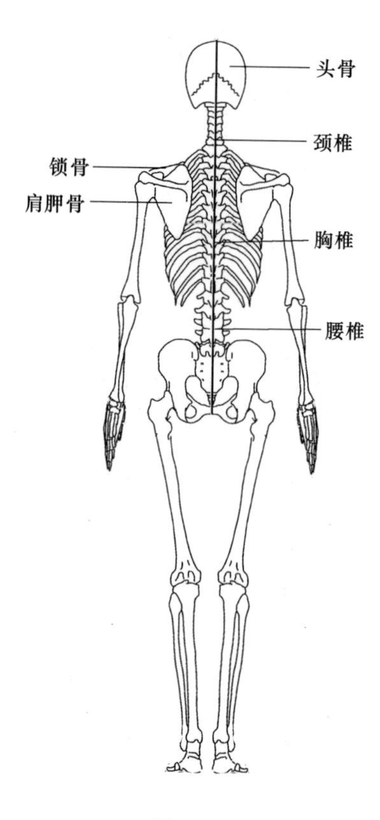

图1-3-3

间。锁骨与胸骨内侧端连接形成胸锁关节，并形成一个拇指大小的颈窝，颈窝是人体多个测量部位的起点，是原型纸样的前颈中心点。肩胛骨呈三角形，位于胸廓后面上外侧，介于第2～第7肋骨之间，锁骨、肋骨前部分以及肩胛骨形成的近似前凹后凸的形状则影响服装横开领的前后差、后肩省的设置等。

骨盆由左、右髋骨以及与脊柱相连的骶骨、尾骨和其间的骨连接构成。骨盆是人体骨骼中最能体现男、女性别差异的地方，女性骶骨比男性尖，距坐骨距离比男性大，使得女性臀部偏下，而男性的臀部偏上，女性盆骨的宽度比男性大，高度比男性低，所以女性腰部修长，女性髋骨到腰围形成较大的倾斜面，显得女性的臀部比男性宽。骨盆与下肢相连，对下装结构有重要影响。

（2）上肢的骨骼：由上臂的肱骨，前臂的桡骨和尺骨，以及手骨（包括腕骨、掌骨和指骨）构成。肱骨上端与锁骨、肩胛骨相连接形成肩关节，是服装肩部和袖山造型的重要依据，肱骨下端与桡骨和尺骨相连形成肘关节，肘关节只能前屈，是袖身造型设计的依据，桡骨和尺骨与腕骨组成腕关节，腕关节的凸点是测量臂长的基准点。

（3）下肢的骨骼：由大腿的股骨和髌骨，小腿的胫骨、腓骨，以及足骨（包括跗骨、跖骨和趾骨）构成。股骨上端与髋骨相连形成大转子，活动范围较大，制作下装需要特别注意。股骨下端与髌骨、胫骨和腓骨组成膝关节，该关节只能前屈，对裤装造型有影响。

3. **人体肌肉**

人体的肌肉总数众多，结构复杂，但是与服装制作有关联的是运动关节的骨骼肌，了解人体主要肌肉的形状和运动走向，对于做好服装结构设计具有重要作用，如图1-3-4、图1-3-5所示。因头部的肌肉与服装关系不大，本书从略。

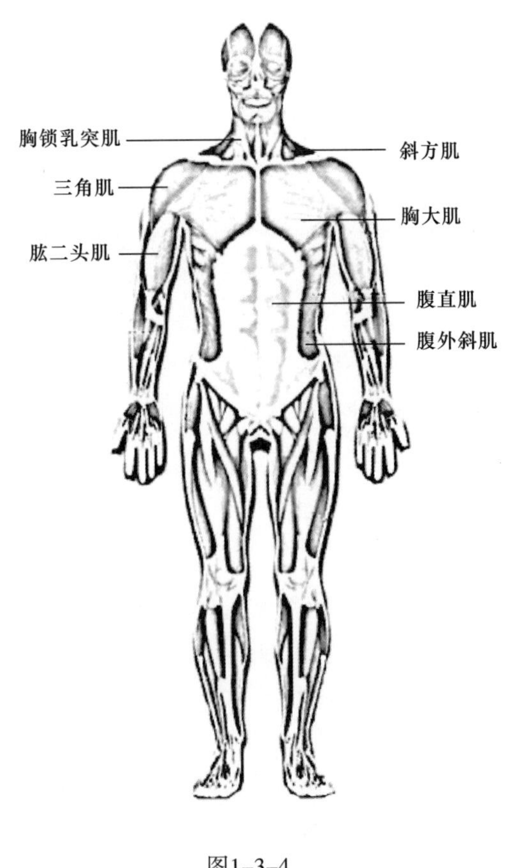

图1–3–4

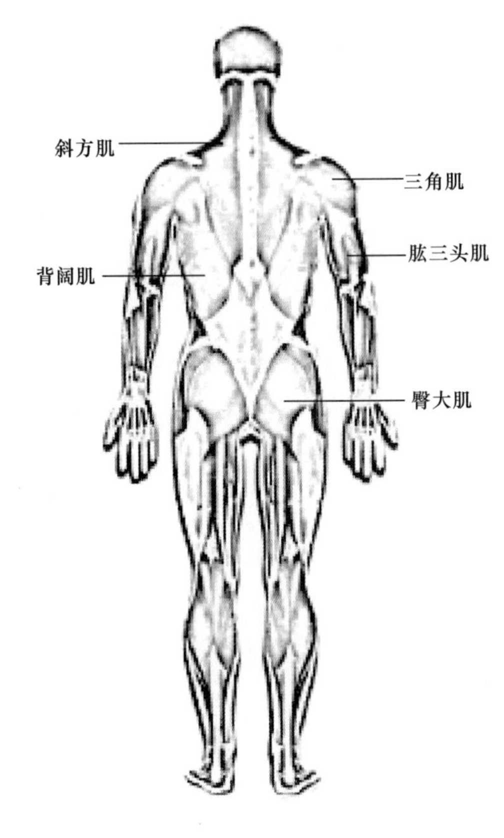

图1–3–5

（1）胸锁乳突肌：是颈部浅层最显著的肌肉，其与锁骨在前颈部形成凹陷，因此合体服装在前肩线靠近颈部的位置需要做拔开处理。

（2）斜方肌：位于颈部和背部的皮下，根据其肌束的走向分为下行部、水平部、上行部。其下行部关系到领围线和领子结构。斜方肌下行部的前缘与领围线的交点，就是侧颈点。需要注意，这种由肌肉形态产生的标志点与第7颈椎点、颈窝点那样骨骼部位得到的标志点是不同的，不稳定因素较多。发达的斜方肌厚实，形成肩部的弧线，直接影响立领的倾角造型、服装的肩线造型和背部造型。一般地，男性的斜方肌比女性发达。

（3）背阔肌：位于腰背部和胸部后下外侧的皮下，是全身最大的阔肌。上部被斜方肌遮盖，当男性的背阔肌高度发达时，会明显地表现出肩宽、腰细，将上体烘托得更加魁梧并呈“V”形。背阔肌的发达程度会直接影响服装背部造型和后腰部省道的大小。

（4）胸大肌：有两块，位于胸的两侧，呈扇形，胸大肌为胸廓最丰满的部位，女性的胸大肌因为被乳房覆盖，所以显得更加凸出，是测量人体胸围的依据。

（5）腹直肌和腹外斜肌：腹直肌位于腹前壁正中线的两旁，收缩时，腹部被向内拉；腹外斜肌位于腹前外侧部的浅层，为一宽阔扁肌，是使腹部紧束的斜肌。腹部肌肉比体内其他肌肉更易消退，缺乏运动时，因营养过剩，腹部脂肪大量堆积而下坠时，最易使腹肌松弛，因此对于肥胖体型，制作下装时，需要测量腹围。

（6）臀大肌：很发达，是构成臀部形态的重要肌肉。当双腿直立时，臀大肌向后隆起，在胯部下方形成臀股沟，当大腿前屈时，臀股沟消失。人体前腹、后腰以及臀部肌肉形态决定了贴体服装前、后腰省形态。

（7）三角肌：肩部的膨隆外形即由三角肌形成，其发达程度对合体服装的袖山造型影响较大。三角肌与胸大肌共同构成腋窝，当手臂自然下垂时形成的腋点是重要的人体测量基准点（标志点）。

4. 脂肪和皮肤

除了肌肉系统是构成人体外形的直接条件，脂肪也是构成人体表面形态的重要因素。例如女性比男性皮下脂肪多，所以女性体表光滑、柔软、线条柔美，而男性肌肉发达，脂肪较少，所以线条分明；又如胖体在腰、腹部等部位堆积多余脂肪，改变人体外形，使人体外形呈棱形，缺乏线条美感。

皮肤虽然对人体的外形影响不大，但是皮肤的收缩、伸展会对直接覆盖于人体表面的服装产生影响。这是因为皮肤的伸缩性与服装材料的延伸性有差异，当服装材料的延伸性小于人体皮肤的伸缩性，且服装与人体之间又无皮肤伸展的足够空间时，服装就会牵制人体，造成人体运动的不舒适感，所以对于皮肤伸缩空间较大的腋下、臀股沟等部位，在服装结构设计时需要特别注意。

5. 女子人体轮廓特征

成年女子下身骨骼较发达，肩窄小，胸廓体积较小，盆骨宽而厚，成年女性的肩宽等于或者小于臀宽，与腰形成“X”造型，肌肉没有男性发达，但皮下脂肪比男性多，胸部乳房隆起，背部稍向后倾斜，后腰凹陷，前腹前挺，臀部丰满，外形光滑圆润，曲线自然柔美，肩到臀呈梯形，一般前腰节长于后腰节。

女装结构设计强调女性优美的“S”造型，故女装更多地利用省道、褶皱以及分割来满足女性对服装的生理和心理要求。

（二）人体测量

人体测量是把握个人、团体形态特征的手段，通过测量数据，运用统计学方法，对人体特征进行量化分析，是服装规格设计的基础，是正确进行纸样设计的前提。

1. 测量要点

（1）着装情况：被测者一般裸体或穿文胸、紧身衣。

（2）被测者姿势：头部保持水平、背部自然伸展不要抬肩、双臂自然下垂手心向内、双脚后跟紧靠脚尖自然分开。

（3）测量工具：皮尺测量，测量围度时既不要过松也不要令被测者感到压迫。

（4）计量单位：厘米（cm）。

（5）定点测量：为了尽量避免大的测量误差，需要定点测量，即在人体上先标注出测量基准点（也叫标志点），一般选取人体骨骼的凸出点、相交点，同时在腰围最细处水平系上一根细带，作为腰部定位。

2. 测量基准点和基准线（图1-3-6）

（1）头顶点：骨骼点，位于头顶部最高点，位于人体的中心轴上。

（2）眉间点：骨骼点，位于前面两眉中心点。

（3）颈后中心点：骨骼点，颈后第7颈椎最凸出点。

（4）侧颈点：肌肉点，位于颈侧的根部，从侧面观察人体，位于颈根部宽度的1/2略偏后。或从肩端开始，沿着肩棱线朝颈部上逆行，其与颈围线的交点即侧颈点。测量的关键点之一，影响多部位的测量数据。

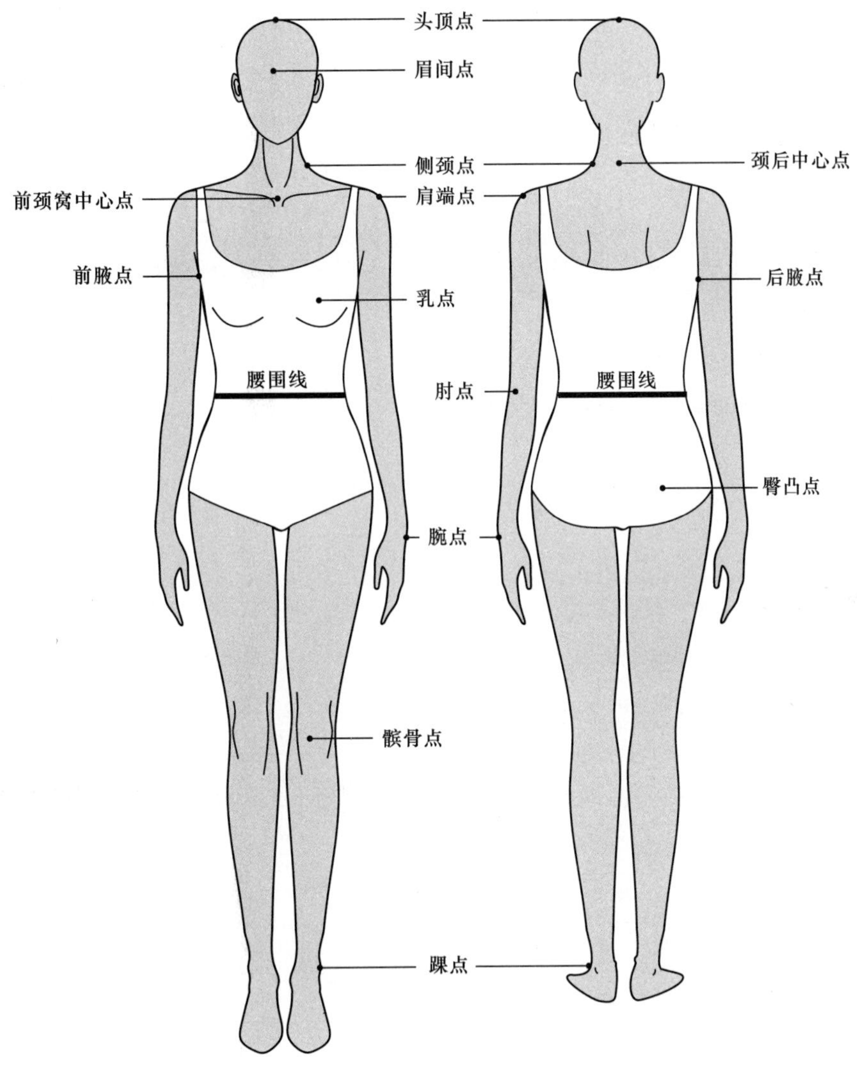

图1-3-6

（5）前颈窝中心点：骨骼点，颈部两锁骨中窝稍偏上的点。

（6）肩端点：骨骼点，沿着锁骨向外，最远端外侧的骨性隆起就是肩峰。肩峰位于肩关节上方，是肩胛骨的上外侧端，也是肩部的最高点。

（7）前腋点：手臂自然下垂，与躯干在前腋交接产生的褶皱点。

（8）后腋点：手臂自然下垂，与躯干在后腋交接产生的褶皱点。

（9）胸高点（乳点）：乳头的中心点或戴文胸时胸部最高点。

（10）肘点：骨骼点，尺骨上端点，屈肘时肘部凸出点。

（11）腕点：骨骼点，尺骨下端外侧凸出点，位于人体手腕内侧。

（12）臀凸点：侧视人体臀部最凸出点。

（13）髌骨点：骨骼点，膝盖部位髌骨下端点。

（14）踝点：骨骼点，外踝关节凸出点。

（15）腰围最细处：正视人体，体侧腰部最凹陷处，或者肘点对应的水平位置。

3．测量部位和方法（表1-3-1～表1-3-3，图1-3-7～图1-3-10）

表1-3-1

序号	围度（图1-3-7）		
	部位	测量方法	用途
1	胸围	沿乳点水平围量一周	服装胸围的设计依据
2	胸下围	沿乳房下缘水平围量一周	其与胸围的差值是设计和选购文胸的依据之一
3	腰围	沿腰部最细处水平围量一周	服装腰围的设计依据
4	中臀围（腹围）	在腰围和臀围距离的1/2处水平围量一周	合体裙装腹围的设计依据
5	臀围	沿臀凸点水平围量一周	服装臀围的设计依据
6	臂根围	皮尺过腋窝底、腋点、肩端点围量一周	服装袖窿尺寸的设计依据之一
7	臂围	皮尺沿手臂最粗处围量一周	服装袖肥的设计依据之一
8	肘围	皮尺过肘点最粗处围量一周	服装肘围的设计依据之一
9	腕围	皮尺过腕点最粗处围量一周	服装袖口的设计依据之一
10	掌围	皮尺过手掌最宽大处围量一周	服装袖口的设计依据之一
11	头围	皮尺经人体眉间点、头后凸点围量一周的围度	帽子宽度的设计依据
12	颈根围	皮尺过侧颈点、颈后中心点、前颈窝中心点围量一周	服装领围的设计依据
13	大腿围	皮尺过臀根部水平围量一周	裤装横裆宽的设计依据
14	膝围	皮尺过髌骨点水平围量一周	裤装中裆的设计依据
15	小腿围	皮尺过小腿最粗处围量一周	裤装小腿围的设计依据
16	踝围	皮尺过踝点围量一周	裤装裤口的设计依据

表1-3-2

序号	宽度（图1-3-8）		
	部位	测量方法	用途
1	总肩宽	皮尺经左肩端点沿颈后中心点到右肩端点测量	服装肩宽的设计依据
2	背宽	皮尺经左后腋点沿背部形态到右后腋点测量	服装背宽的设计依据
3	胸宽	皮尺经左前腋点沿胸部形态到右前腋点测量	服装胸宽的设计依据
4	乳间距	左右乳点（胸高点）间的水平距离	服装乳点（胸高点）位置的设计依据之一

表1-3-3

序号	长度（图1-3-9、图1-3-10）		
	部位	测量方法	用途
1	身高	从头顶点到地面的垂直高度	服装长度的设计依据
2	颈椎点高	从颈后中心点到地面的垂直高度	服装长度的设计依据
3	坐姿颈椎点高	坐姿测量长度，被测人端坐在椅子上，从颈后中心点到椅面的垂直高度	服装长度的设计依据
4	背长	从颈后中心点沿背部曲线到腰围线的长度	服装背长的设计依据

续表

序号	长度（图1-3-9、图1-3-10）		
	部位	测量方法	用途
5	后腰节长	从侧颈点沿肩胛骨到腰围线的长度	服装后腰节长的设计依据
6	胸高	从侧颈点到乳点的直线长度	服装乳点位置的设计依据之一
7	前腰节长	从侧颈点沿乳点到腰围线的长度	服装前腰节长的设计依据
8	全臂长	手臂自然下垂，皮尺从肩端点沿手臂形态到手腕点的长度	服装袖长的设计依据
9	腰围高	从腰围线到地面的高度	下装长度的设计依据
10	臀高	从臀凸点到地面的高度	选拔模特的重要参数
11	腰长	从后腰围线到臀凸点的长度	服装臀围线的设计依据
12	股上长（上裆长）	坐姿测量长度，被测人端坐在椅子上，从后腰围线到椅面的长度	裤装上裆长度的设计依据之一
13	上裆总长	从前腰围线开始，顺着人体中心线，经前裆绕过裆底过后裆到后腰围线的长度	裤装上裆长度的设计依据之一
14	膝长	从腰围线到髌骨中点的高度	下装长度的设计依据之一

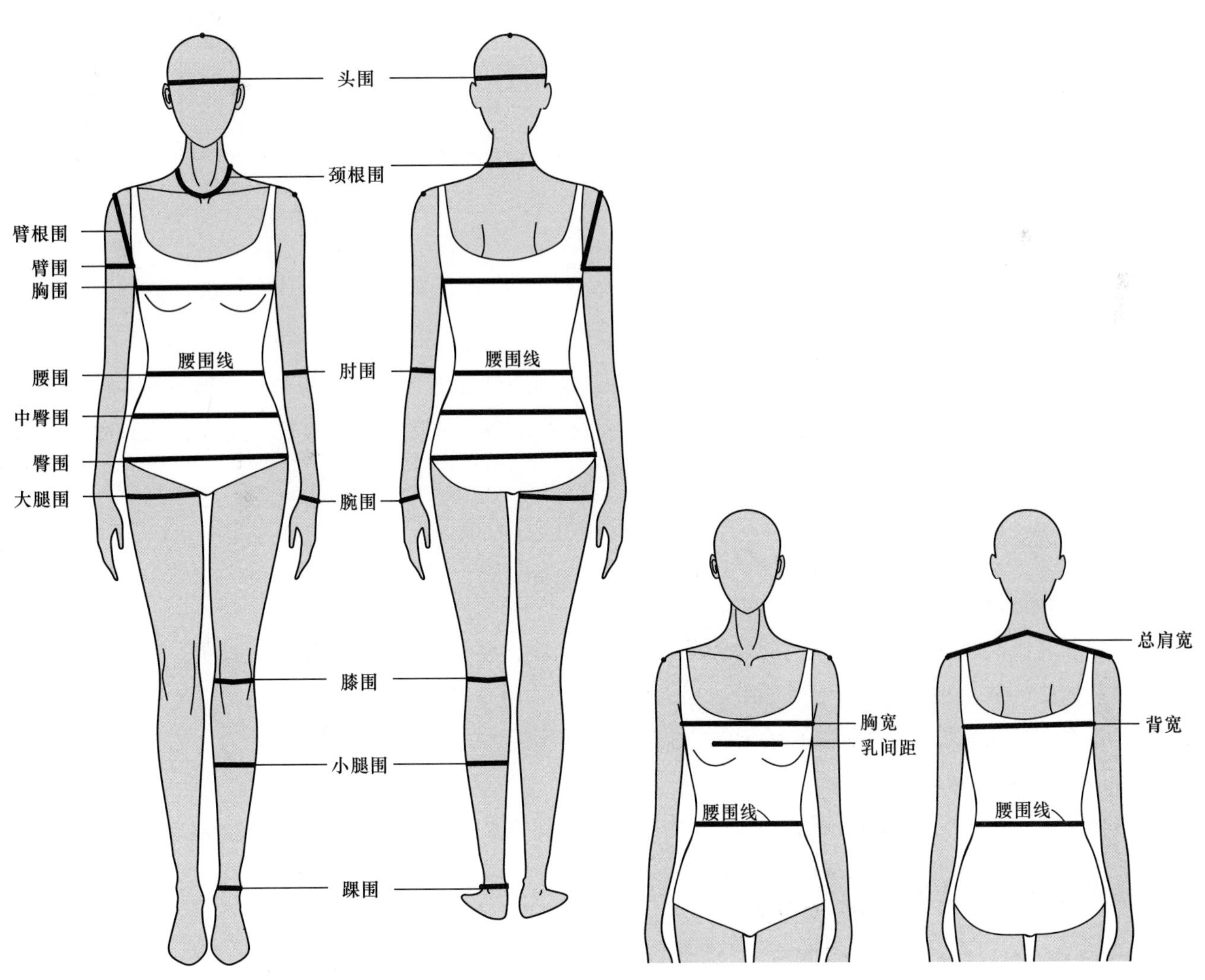

图1-3-7

图1-3-8

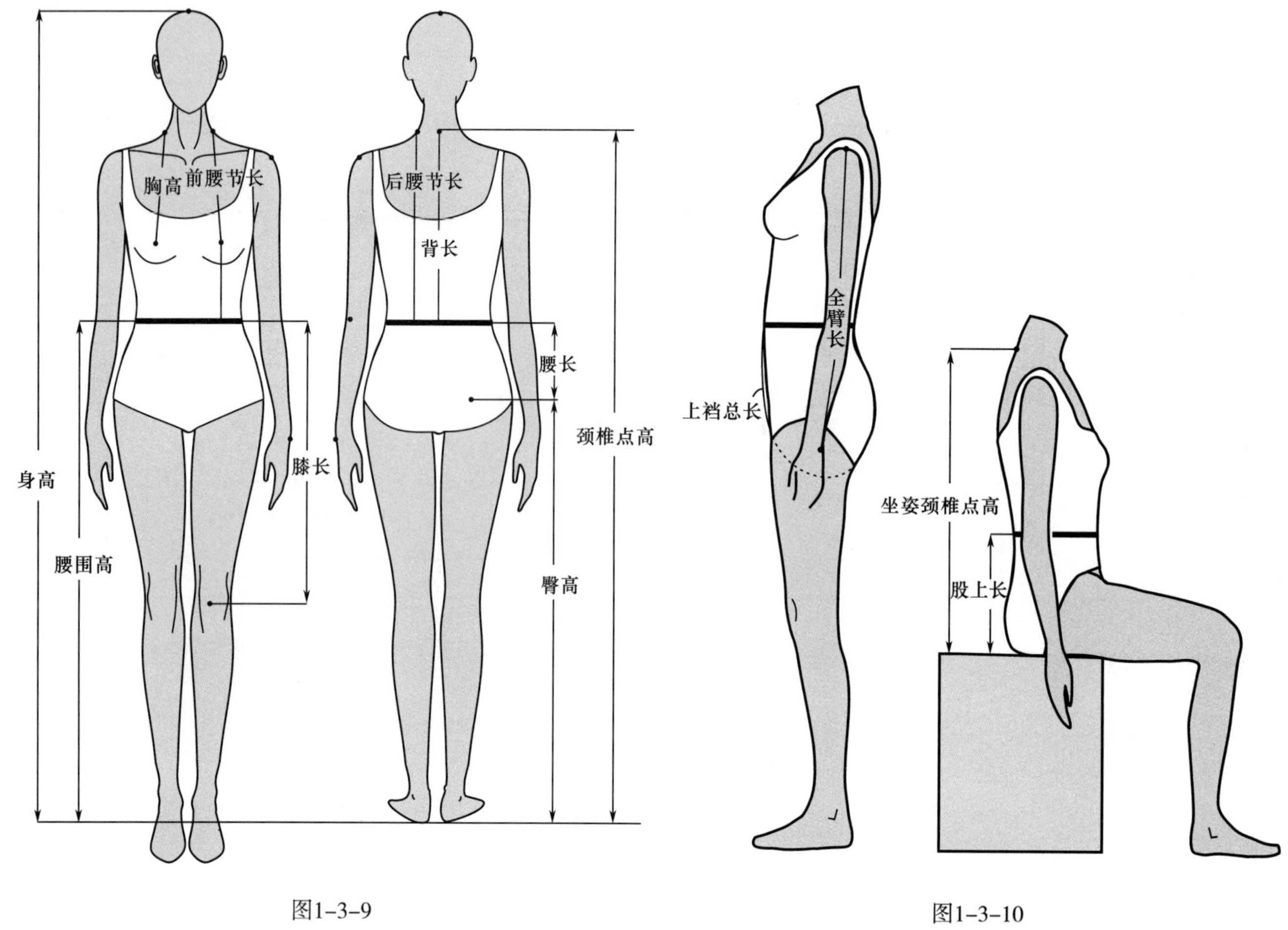

图1-3-9

图1-3-10

二、服装规格设计

服装成品规格是指服装外形主要部位的尺寸大小，它实际上是控制和反映服装外观形态的一种标志，它是在人体尺寸的基础上加上放松量形成的。上装的主要规格部位有衣长、袖长、胸围、总肩宽、领围等，下装主要规格部位有裤长（裙长）、腰围、臀围等。

（一）服装成品规格的构成

1. 成品规格的影响因素

影响服装成品规格的主要因素有服装的款式风格、面料，穿着者的性别、年龄、习惯，等等。例如，宽松服装风格的放松量肯定大于合体服装风格的放松量；采用厚薄不同的面料制作同款服装，厚面料服装的放松量大于薄面料服装的放松量；老年人的服装一般比年轻人的服装宽松，等等。

2. 成品规格的构成

具体地说，服装成品规格由满足人体基本生理活动所需的放松量和服装造型放松量构成。

（二）服装成品规格的来源

1. 量体采寸

根据前面讲到的人体测量方法，测量相关人体数据，然后加上放松量即可得到服装成品规格。这种方法一般适用于量身定做类服装。

2. 量衣采寸

直接测量服装尺寸作为服装成品规格。这种方法一般适用于来样加工或者剥样制板。来样加工的服装需要与客户形成良好沟通，一要注意客户的尺寸规格表是否有测量方法的提示，二是需在生产前了解客户的测量方法，三是在确认样品的测量中，如果发现与客户的测量结果有较大的差异时（超出允差），应及时与客户沟通有关尺寸的测量方法。

3. 要货单位提供

一般应用于加工型企业，要货单位提供工艺单，有的还同时提供样衣，工艺单中一般标有成品服装各个部位的规格尺寸，加工企业无需重新设计服装成品规格。

4. 服装号型

《服装号型》国家标准是服装工业生产重要的基础标准，是根据我国服装工业生产的需要和人口体型状况建立的人体尺寸系统。根据我国2008年版《服装号型》标准文本所提供的人体尺寸，加上放松量即可构成服装规格。

三、服装号型系列

我国现行的《服装号型》国家标准由2008年版的男子和女子，以及2009年版的儿童号型三个独立部分组成（GB/T 1335.1 ~ 1335.3）。

（一）号型定义

1. 号的定义

号表示人体的身高，单位为cm，是设计和选购服装长度的依据。从人体测量数据和服装消费的实际考查，人体身高与颈椎点高、坐姿颈椎点高、腰围高和全臂长等人体纵向长度密切相关，它们随着身高的增加而增加。因此，号的含义关联着身高所统辖的属于长度方面的各项数值，这些数值成为不可分割的整体。

2. 型的定义

型表示人体的净胸围或净腰围，单位为cm，是设计和选购服装肥瘦的依据。型的含义同样包含胸围或腰围所关联的臀围、颈围以及总肩宽，它们同样是一组不可分割的整体。

（二）体型的划分

我国《服装号型》标准规定，根据成人人体胸围和腰围的落差，将人体分为四种类型：Y、A、B和C。因为男子和女子的体型特征不一样，所以男女的落差范围不一样，见表1–3–4。

表1–3–4 单位：cm

性别	Y	A	B	C
女	19 ~ 24	14 ~ 18	9 ~ 13	4 ~ 8
男	17 ~ 22	12 ~ 16	7 ~ 11	2 ~ 6

体型分类客观反映了我国群体中体型的差异，Y体一般为宽肩细腰，A体为一般正常体型，B体腹部略为凸出，多为中老年，C体腰围尺寸接近胸围尺寸，为肥胖体。

（三）号型标志

按《服装号型》标准规定服装成品必须有“号型”标志：先“号”后“型”，两者间用斜线分开，成人服装要求后接“体型分类代号”，即采用“号/型+体型”的标志方式。但儿童服装不分体型，因此号型标志没有体型分类代号。

例如，女上装的号型标志为160/84A，则160表示身高为160cm，84表示人体净胸围为84cm，体型分类代号A表示净胸围减净腰围的差数在14～18cm之间。女下装的号型标志为160/66A，表示该服装适合身高为160cm左右，净腰围为66cm左右，净胸围减净腰围的差数在14～18cm之间的人穿着。

（四）号型系列

《服装号型》国家标准分别按男子、女子和儿童设置了号型系列。成人号型系列设计如下：

号：一般将成人的号按5cm分档，如155、160、165等。

型：胸围按4cm分档，如80、84、88等；腰围按4cm分档，如60、64、68等；或腰围按2cm分档，如60、62、64等。

成人上装：身高与胸围搭配组合成5·4系列。

成人下装：身高与腰围搭配组合成5·4系列或5·2系列。

需要注意的是，为了与上装5·4系列配套使用，满足腰围分档间距不宜过大的要求，才将5·4系列按半档排列，组成下装的5·2系列，在上下装配套时，可在系列表中按需选一档胸围尺寸，对应下装尺寸系列选用一档或两档甚至三档腰围尺寸，分别配置1条、2条或者3条裤子或裙子。

（五）服装号型标准的应用

因为服装号型产生的方法科学，代表性强，具有覆盖面广，对象区分细致，关键部位数据选定和匹配合理，档次划分清晰等优点，所以有利于企业准确设定相关服装产品的各档规格。服装规格在某种程度上讲就是服装号型在服装产品上具体运用的最终表象。

第四节　成衣纸样制图规范

一、成衣纸样制图主要部位代号

为了简化制图标注，国际上常用人体部位或结构图部位的英文单词的首写字母作为代号，见表1–4–1。

表1–4–1

序号 / 部位	中文	英文	代号
1	胸围	Bust	B
2	腰围	Waist	W
3	臀围	Hip	H
4	领围	Neck	N

续表

部位＼序号	中文	英文	代号
5	总肩宽	Shoulder	S
6	长度	Length	L
7	袖长	Sleeve Length	SL
8	袖窿弧长	Arm Hole	AH
9	前袖窿弧长	Front Arm Hole	FAH
10	后袖窿弧长	Back Arm Hole	BAH
11	上裆长	Crotch	CR
12	乳点	Bust Point	BP
13	颈后中心点	Back Neck Point	BNP
14	前颈窝中心点	Front Neck Point	FNP
15	侧颈点	Side Neck Point	SNP
16	肩端点	Shoulder Point	SP
17	领围线	Neck Line	NL
18	胸围线	Bust Line	BL
19	腰围线	Waist Line	WL
20	中臀围线（腹围线）	Middle Hip Line	MHL
21	臀围线	Hip Line	HL
22	袖肘线	Elbow Line	EL
23	膝围线	Knee Line	KL

二、成衣制图符号说明

成衣纸样是沟通设计、生产和管理部门的技术语言，是组织和指导生产的技术文件之一。为了保证企业各环节沟通顺畅，服装行业对成衣制图符号做了较为严格的规定，具体见表1–4–2。

表1–4–2

序号	名称	符号	说明
1	轮廓线	————————	粗实线，线的宽度为0.5 ~ 1mm，标志样板的完成线
2	辅助线	————————	细实线，线的宽度为粗实线的一半
3	挂面位置线（贴边线）	— — — — — — — —	长短线标志，线条宽度与粗实线相同
4	对称线	-·-·-·-·-·-·-	点划线，线条宽度与粗实线相同，表示裁片在此处对称
5	翻折线	—— —— —— —— —	表示裁片沿线翻折
6	净缝线	— — — — — — — —	也称缝纫机针脚线，用短虚线表示，有时也用于表示明线
7	等分线	⌒⌒	用于将某部位划分成若干相等距离

续表

序号	名称	符号	说明
8	布纹符号	←——→	也称为经向符号，箭头的方向为面料的经向
9	顺向符号	——→	表示毛绒或者图案的倒顺方向
10	归缩符号		表示裁片在此部位归缩
11	拔开符号		表示裁片在此部位拉伸
12	缩缝符号	缩缝	表示裁片在此部位缝合时缩缝
13	收碎褶符号	收碎褶	表示裁片在此部位缝合时收成碎褶
14	直角符号		表示两线相交为直角
15	拼合符号		表示两片纸样需要在此部位合并
16	相同符号	# * △ ▲ ◇ ● ◎ ★ ☆ " *	表示相关部位尺寸相同
17	省略符号		表示长度较长，尺寸相同，但结构图未画出的部分
18	扣位及扣眼位		表示钉扣子的位置或扣眼的位置
19	拉链缝至位置		表示拉链缝合结束的位置
20	褶裥符号	倒褶 凹褶 凸褶	表示收褶的形式，斜线的方向表示褶的倒向，从高向低折

第二章　成衣纸样设计原理

第一节　下装纸样设计原理

一、人体下肢形态

（一）人体下肢带骨骼构成

人体下肢带骨骼由骨盆、股骨、髌骨、小腿骨（胫骨和腓骨）以及足骨构成，如图2–1–1所示。

（二）人体下肢正面形态

人体下肢骨中，骨盆是连接人体躯干和下肢带的关联体，骨盆的形态和运动特征对下装有重要影响。如图2–1–2所示，从正面看，女性骨盆比男性的低，水平要宽。女性骨盆是扁的倒梯形。女性盆骨宽，加上大腿外侧（大转子部位）的脂肪带厚度，所以侧臀更外突。女性的腰节比男性的腰节要高，同样身高的男女，女裤长度长于男裤。女性腰细胯宽，与直筒的男性腰部相比较，下装穿着相当稳定。大多数成年女性臀围明显大于胸围。

如图2–1–2所示，股骨和小腿骨在膝关节处形成的约6°的倾斜角度，从物理、机械角度来看，是容易取得直立姿势的平衡的，也能够承受体重和起缓冲作用，并能保证行走的稳定性。从对下装的影响来看，正因为这种人体特征，合体的裙装或裤装下摆需呈内倾型。从表面看女性的大腿是由更多的脂肪构成，女性大腿根部显得宽，因此更为柔软，从视觉角度来说，形体更浑圆，骨点较为圆润及模糊。女性的小腿通常线条更柔和，膝关节较狭窄，踝关节尤其是内踝凸出较不明显。

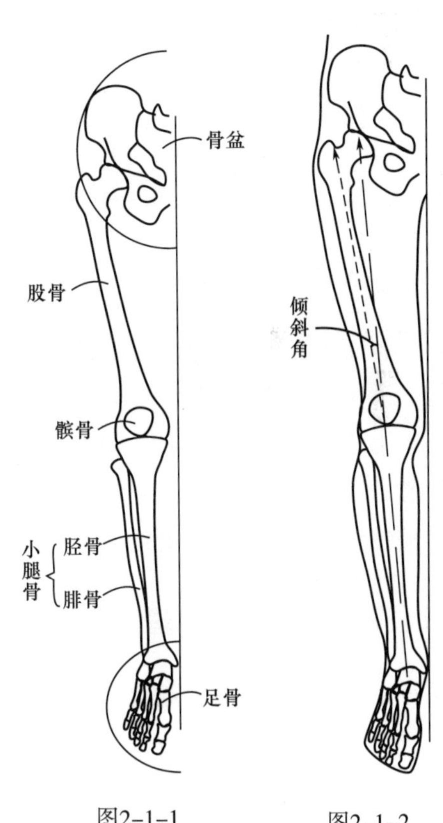

图2–1–1　图2–1–2

（三）人体下肢外侧面形态

如图2–1–3所示，从侧面看，女性的骨盆呈前倾的状态。女性的骶骨要比男性尖，骶骨端与坐骨间的距离也要比男性大。这是决定臀部形态的主要原因，因为人体臀大肌的下缘到臀沟之间尽是脂肪，以此为中心到臀部最后突出部分厚厚的脂肪层形成了臀部，因女性臀部的皮下脂肪比男性厚，所以女性臀部较向后上翘，丰满圆润，比男性的后臀更丰满，但臀峰比男体低，有下坠感，而男性的臀部较偏上，因此女裤的后裆缝夹角可能大于男性，后裆底弧度可能更大。女性骨盆前倾，腰椎前凸，加上腹部脂肪带厚度，所

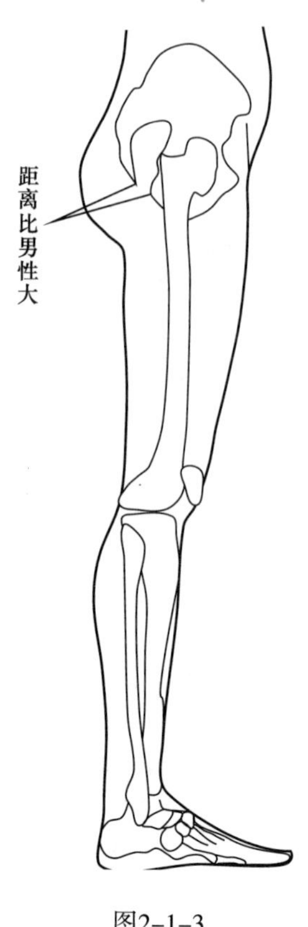

图2-1-3

以女性腹部前凸弧度明显，男性如果腹直肌发达，也有弧度，但一般女性更明显，这种形态对下装的腰腹合体度有重要影响，即裙子和女裤前腹多收省，当然平腹的人，也可无省。

二、人体下肢运动

（一）与服装相关的主要下肢关节

1. 椎间关节

椎间关节属于平面关节，可多轴运动：前后运动（向前运动包括臀部拉伸、腘窝拉伸，向后运动包括腹部拉伸、膝部拉伸），左右运动（一侧拉伸，另一侧缩短），旋转运动（臀或腹部拉伸）。

2. 髋关节

髋关节属于杵臼关节，球型关节的一种，可多轴运动：前后运动（向前运动包括臀部拉伸、腘窝拉伸，向后运动包括腹部拉伸），左右运动（向内侧运动则外侧拉伸，向外侧运动则内侧拉伸），旋转运动。

3. 膝关节

膝关节属于屈戍关节，只做单轴运动，即向前弯曲（膝盖凸起，腘窝收缩）。

（二）人体日常主要运动

根据上述关节运动，结合成衣的穿着场景，提炼出满足人体日常生活的主要下肢运动，包括：弯腰、坐、下蹲、抬腿上台阶、侧方迈腿等。

上述运动引起人体的主要变化就是臀部扩张（包括围度和长度）、大腿内侧拉伸、臀股沟皮肤拉伸以及膝盖部位皮肤拉伸等，这些运动反映到下装纸样设计中就是需要解决臀围的舒适性、裆部的舒适性、开腿的角度、膝盖部位的舒适性等。

三、下装纸样设计原理

（一）半身裙纸样设计原理

1. 半身裙的构成原理

半身裙腰部适体，臀部、下摆则根据款式变化。直筒裙通常被当作半身裙的基础（也称原型），下面就以直筒裙为例分析半身裙的构成原理。

如图2-1-4所示，直筒裙其实就是用一块长度为裙长、宽度为臀围尺寸的矩形面料，包裹人体下肢最大围度（一般女性是臀围），臀围和腰围的差量以省道的形式处理。

2. 原型裙的制图与结构要点

（1）裙装所需人体测量与规格设计：原型裙制图需要裙长（L）、腰长、腰围（W）和臀围（H）的尺寸，如图2-1-5所示，具体测量方法参考第一章第三节内容。

①裙长（L）尺寸可根据款式设定，一般设计为膝裙的长度，即从人体腰围线到髌骨中点的垂直高

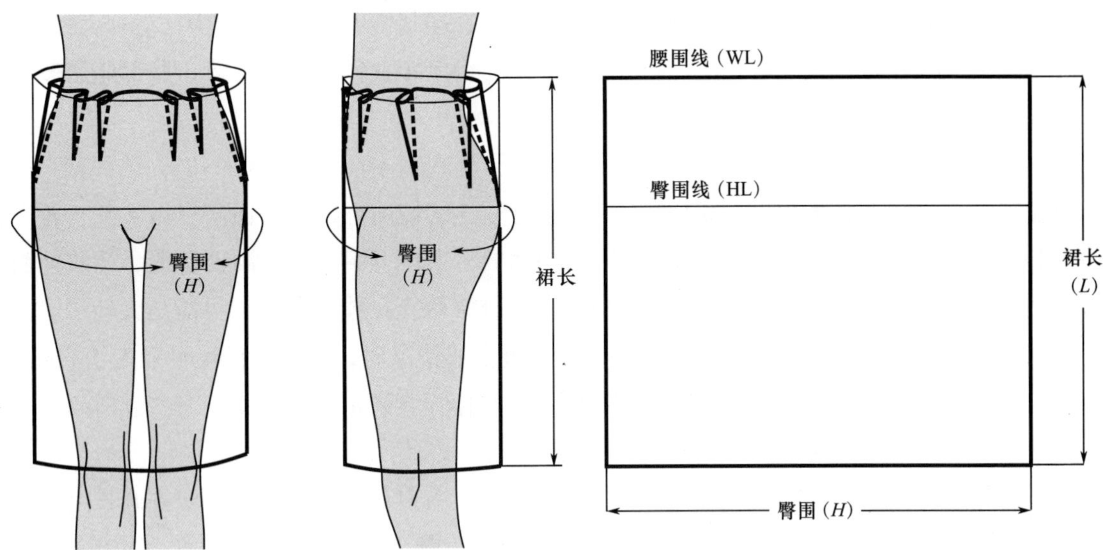

图2-1-4

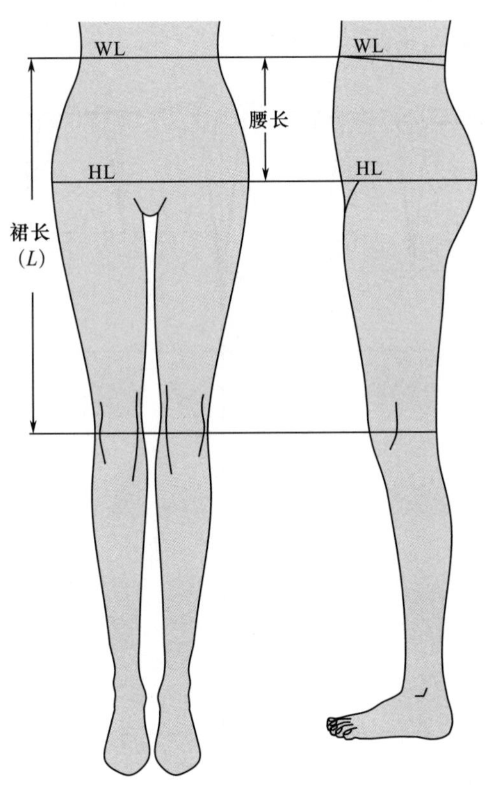

图2-1-5

度，如图2-1-5所示。

②腰长尺寸可直接采用人体测量的尺寸，如图2-1-5所示。

③腰围（*W*）在裙装中是最小的围度，要求贴身。腰围尺寸不因造型的变化而变化，它是裙装围度规格中变化最小的。腰围尺寸是在净腰围的基础上设定的。裙装腰围尺寸的设计要考虑两个因素，一是人体在大力呼气、进餐后或蹲、坐等运动时，腰围都会增加；二是裙装腰围是裙子在人体上的附着部位和受力

部位，不能加放太多放松量，所以一般原型裙腰围的尺寸是在净腰围的基础上加放0～2cm，考虑舒适性可略多加，考虑贴体性宜少加，此处取1cm。需要注意的是，中老年女性多为肉肚体，腹部脂肪较多，弹性较大，在设计腰围规格时，加放量可偏小甚至不加放。

④裙装臀围（H）尺寸的设计要考虑三个因素，一是人体在基本活动时如蹲、坐，臀部就会扩张，经大量人体测量，我们发现扩张量约为4cm，所以在考虑舒适性的情况下，用普通面料做下装，臀部的放松量最小约为4cm；二是原型裙为直筒裙，由一块矩形的面料将人体下半身最丰满处包覆，裙装前面与人体接触点可能是腰，可能是腹部，也可能是大腿，侧面与人体接触点可能是髂嵴，可能是大转子，也可能是大腿，后面接触点一般都是臀部最凸出处，也就是说出现上述情况时，臀围放松量可能大于4cm；三是臀围放松量加大，虽然能够满足包围下肢和运动的需要，但是作为直筒裙美观性就差一些。所以，原型裙的臀围放松量一般可设计为2～6cm，可根据个人的习惯进行选择，此处取4cm。

（2）半身裙的结构制图与要点（图2-1-6）：制图时，左右对称只画一半，一般先画长度，后画围度和宽度，具体如图2-1-6所示，图中所示的裙长（L）、腰长、腰围（W）、臀围（H）均指含有加放量的成品尺寸，本书裙原型腰围加放量为1cm，臀围加放量为4cm。

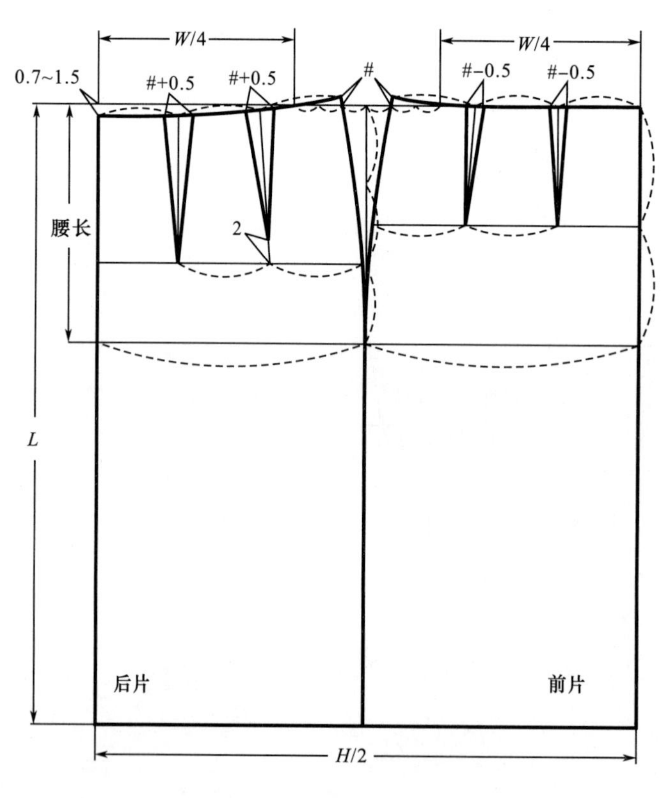

图2-1-6

在半身裙的纸样设计中，需要注意以下关键点：

①腰省的大小是由臀围和腰围的落差决定的。落差大则腰省大，落差小则腰省小。根据习惯每片腰省的个数不超过2个，臀腰差在22cm以下的裙装原型每片可以只收一个省道，一般后片腰省大于前片腰省，这是因为从侧面观察人体，人体臀凸点的角度大于腹凸点的角度，腹略凸臀后翘的体型更为明显。

②腰省长度前后不一样，这是由腹部和臀部的形态决定的。前省指向的是人体的腹部凸出部位，后

省指向的是人体的臀部凸出部位，从侧面观察人体，人体的腹部凸出部位偏上，人体的臀部凸出部位偏下，所以一般前省短后省长，如图2-1-7所示。

③前后腰省的形状不一样。因为原型是简单的、不带任何款式变化因素的、包含了人体基本数据的服装纸样，所以原型裙在处理腰部省线时，采用了简化的直线处理。但实际上，人体前腹和后臀的形态不一样，所以在制作贴体裙装时，前后省形状如图2-1-7所示。

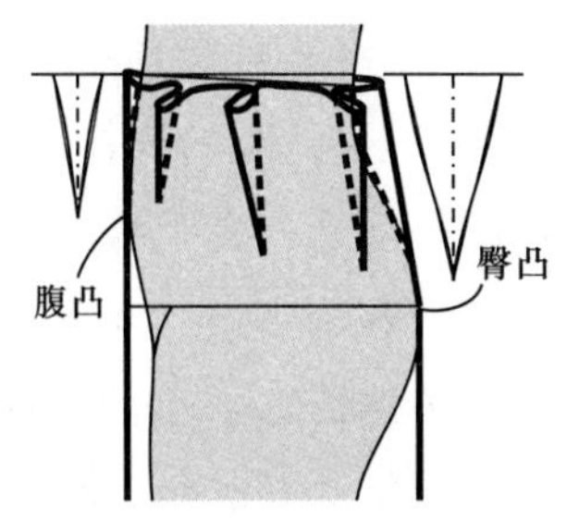

图2-1-7

④原型后腰中心低于前腰中心的设计原理。如图2-1-6所示，原型裙后腰比前腰低0.7～1.5cm，这是因为女性的脊椎侧视呈S形，小腹向前顶，人体腰围线前高后低，所以后腰中心自然要比前腰中心低。低落量与体型有关。需要注意的是，很多西方人臀部较高，所以裙装的后中心线较长，其后腰不但不下落，还可能上抬（起翘）。

（二）裤装纸样设计原理

1. 裤装的构成原理

裙装是对人体腰部、腹臀部进行包覆，而裤装除了包裹人体腰腹部的外，还在臀围以下加上裆部，以形成对人体裆部和腿部的包裹。裙裤是裤装的一种，既有裙子的外观，也有裤子的结构特征和功能，如图2-1-8所示，裙裤其实是在裙子前后中心线上放出人体的臀腹的厚度，即裆部，就完成了对人体裆部和大腿的包裹，裙子即变成了裤子。

只是大多数裤子不像裙裤那样需要裙子的外观和宽松的裤腿，一般裤装的裤腿会设计得更贴近腿形，所以与裙裤相比，普通裤装的裤口会向内收进，如图2-1-9所示。

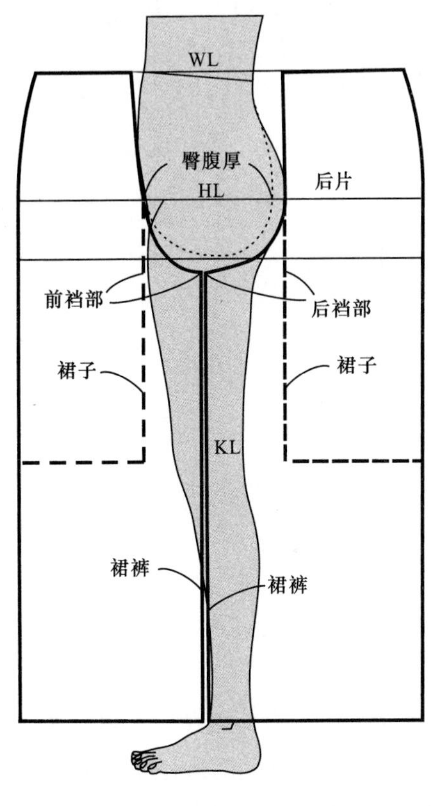

图2-1-8

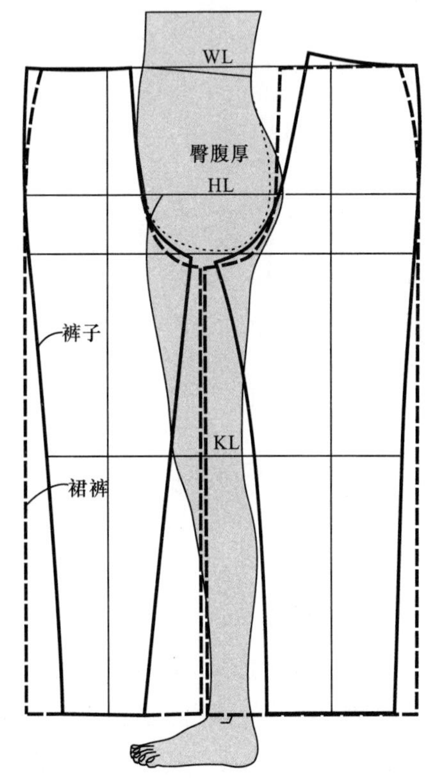

图2-1-9

2. **裤装结构要点**

（1）裤装的人体测量与规格设计（图2–1–10）：裤装制图一般需要裤长、上裆长、腰围、臀围、裤口围等尺寸，有些款式还需要大腿围、小腿围和踝围尺寸，如图2–1–10所示，具体测量方法参考第一章第三节内容。

①裤长尺寸可根据款式设计。普通长裤的长度可设计为腰围高加上鞋跟的高度，再减去1～2cm的活动量。

②上裆长，也叫股上长，是设计裤装结构的关键尺寸，裙装不需要。裤装的上裆长一般为人体上裆长+0～3cm。

③腰围是设计裤装结构的关键尺寸，其加放方法同裙子。

④臀围是设计裤装结构的关键尺寸，其加放方法同裙子。

⑤裤口围尺寸根据款式设计，一般要大于踝围。大腿围、膝围、小腿围和踝围在一些紧体裤装设计中可能会用到，大腿围用于设计裤装的横档宽，膝围用于设计裤装的中裆，小腿围用于设计裤装的小腿围。

（2）裤装的结构制图与要点：一般裤装的结构制图框架如图2–1–11所示。

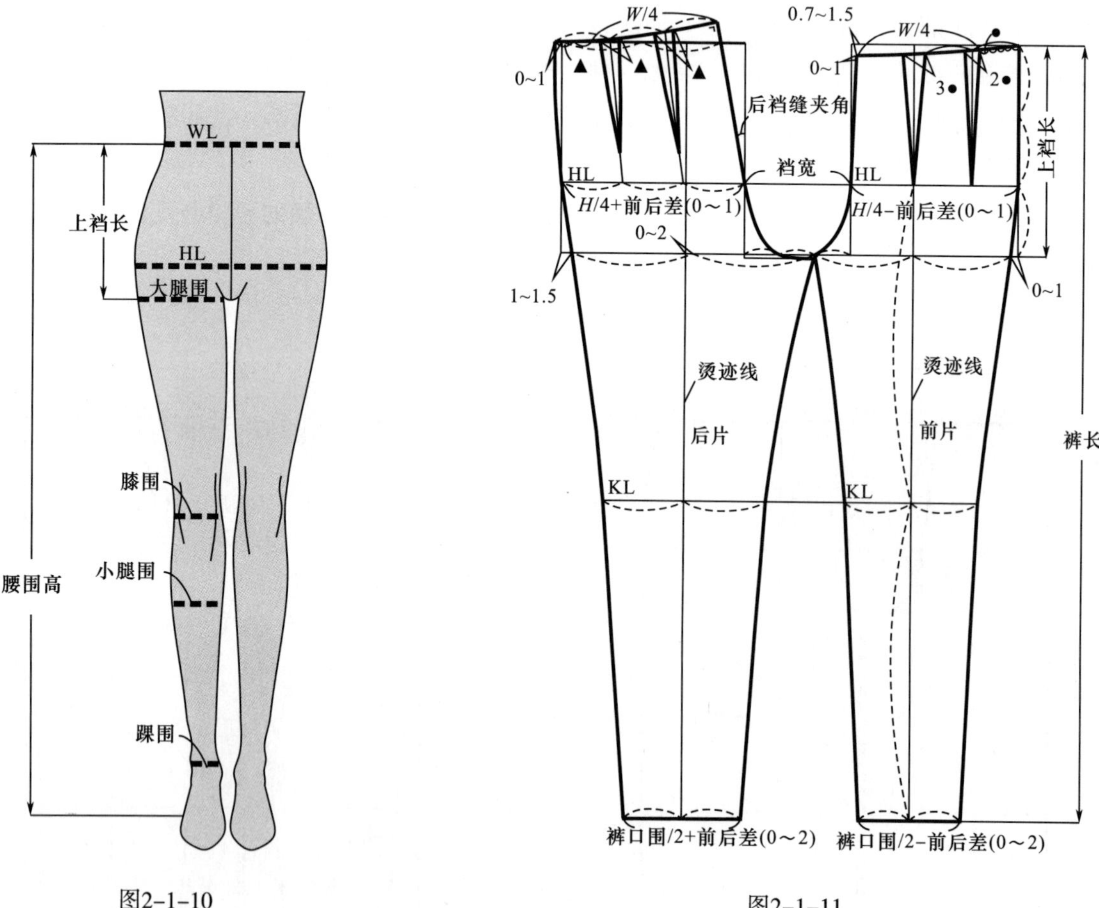

图2–1–10　　图2–1–11

在裤装的纸样设计中，裤装裆部的设计是裤装结构设计的重点和难点，需要解决着装舒适性和美观性的问题，设计时应注意以下关键点：

①上裆长设计。上裆长与款式有关，在不考虑弹性面料的情况下，合体裤贴合人体，其上裆长为人体上裆长加上0～1cm的放松量，合体裙裤的上裆长为人体上裆长加上2～3cm的放松量，宽松裤则根据款式进行设计。裤子裆越长，人体裆部与裤装裆部就不会形成摩擦，蹲坐的舒适性越好，但是这样一来，两腿

迈开运动时的舒适性就差一些，且合体的裤子裆部过深也影响美观性。

②裆宽设计。裆宽要容纳的就是人体的腹臀厚，一般人体的臀腹厚占人体臀围的0.24倍，考虑到面料的拉伸性能，一般占到裤装成品臀围的0.21倍，因为裙裤的裤腿宽松，裤腿与人体腿部无接触，裙裤的裆宽一般要大一些，占裙裤成品臀围的0.18～0.20倍，合体的瘦腿裤，因裤腿与人体贴合紧密，下裆缝倾斜角度较大，所以裆宽可设计得小一些，大约占裤装成品臀围的0.12～0.14倍，一般的裤型占到裤装成品臀围的0.15～0.18倍，具体受款式的影响，基本规律是大腿宽松的裤子，裆宽大，而大腿紧的裤子，裆宽小。需要注意的是，臀围尺寸相同的人体，臀部厚实与臀部扁薄的裆宽是不一样的。

③后裆缝夹角和后翘设计。人体后臀点与后腰点夹角为20°～22°，臀沟与后腰点夹角为10°～12°。裤装后裆斜线夹角受到：臀腰差大小、省道的数量、省道的大小、款式等因素的影响，因此裤装要适体，后裆缝就会倾斜一定的角度，同时为了保证两个后片在后裆缝缝合后腰围线是光滑圆顺的，后裆缝就需要在上平线的基础上起翘，因此后裆缝起翘量是随着后裆缝夹角的大小而变化的，后裆缝的倾斜夹角越大，后翘就越高，这样做的优点是臀部的长度方向松量就越多，人体蹲坐的舒适性越好，但是人体直立时，臀股沟下堆积的横褶就越多，影响美观性。一般裙裤的后裆缝夹角为0°～5°，宽松裤的后裆缝夹角为5°～10°，适体裤的后裆缝夹角为11°～14°，紧身裤的后裆缝夹角为15°～18°。需要注意的是，同样的款式，臀翘的人其裤装后裆缝夹角要大些，后翘也要高些，臀平的人则相反。

第二节　新文化式原型及衣身平衡原理

一、新文化式原型简介

新文化式原型结构图主要以短寸式原型实验的平面展开图为依据，由日本文化服装学院设计，只需净胸围（B）、背长和袖长三个净体尺寸，所选择的实验对象为日本文化女子大学学生，以净胸围为主要参数，属于胸度式原型，胸围放松量为12cm，腰围放松量为6cm。

原型衣身制图如图2-2-1、图2-2-2所示，图中胸围（B）表示人体的净胸围，腰围（W）表示人体的净腰围。

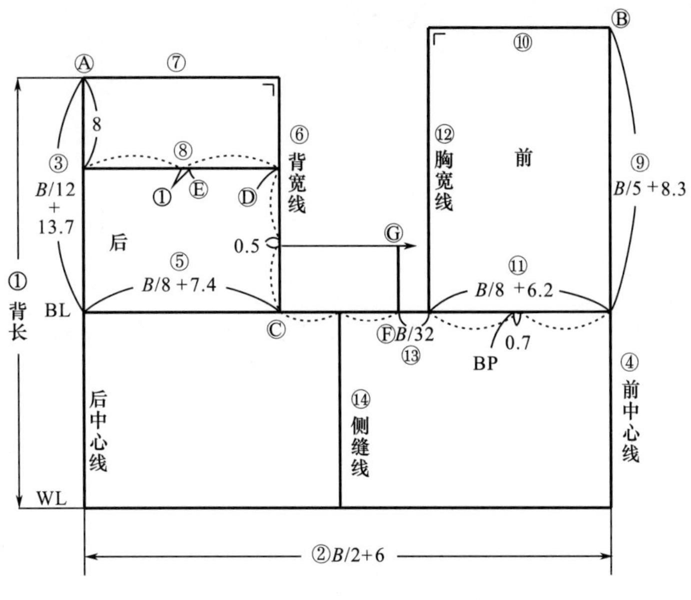

图2-2-1

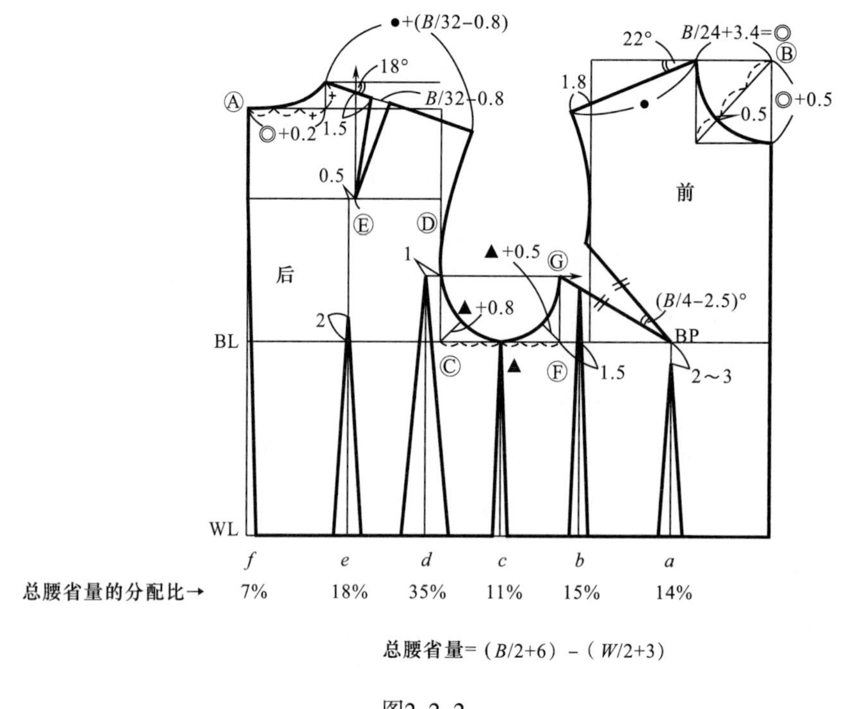

图2-2-2

原型衣身缝制后效果如图2-2-3所示，新文化式原型的人体数据多采用的是年轻女性，站姿测量时，人体挺拔，所以袖窿省较大，前后腰节长的差量较大，腰部合体，前后肩部，特别是后肩部在袖窿处有较为明显的松量。

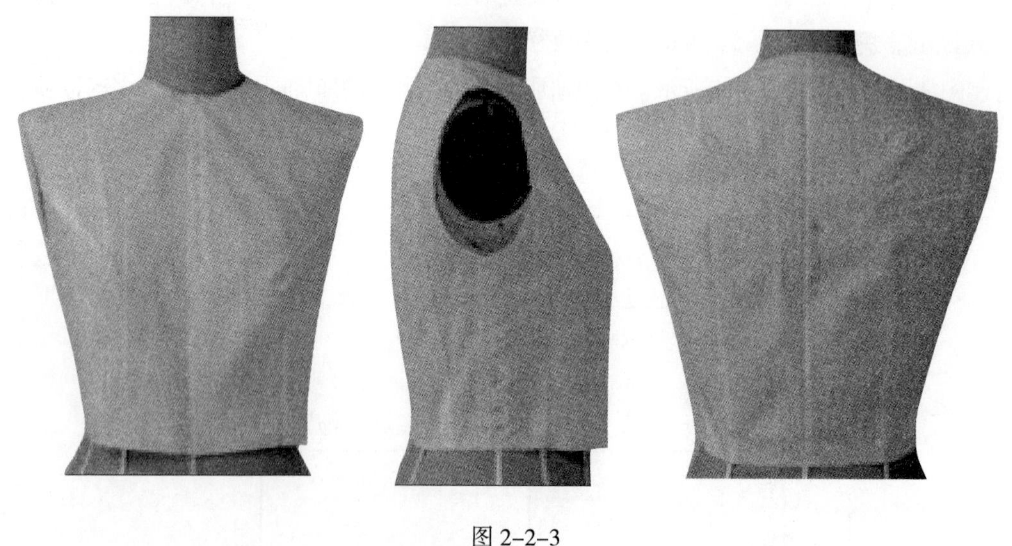

图 2-2-3

袖子制图如图2-2-4～图2-2-6所示。袖子制图前需要将前片袖窿省道合并，如图2-2-4所示，袖山高占前后袖窿深均值的5/6。

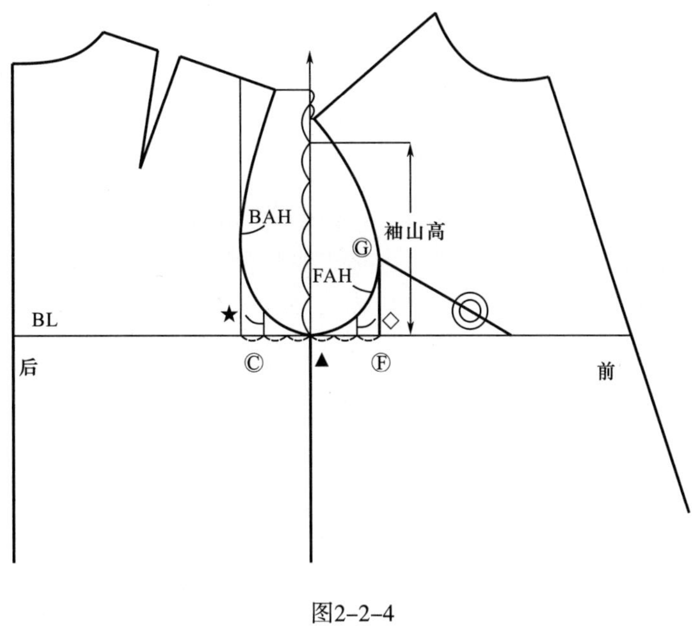

图2-2-4

图2-2-5中所示的☆表示随着人体净胸围的增加，后袖山斜线需要增加的量。

图2-2-6为原型袖子完成图。

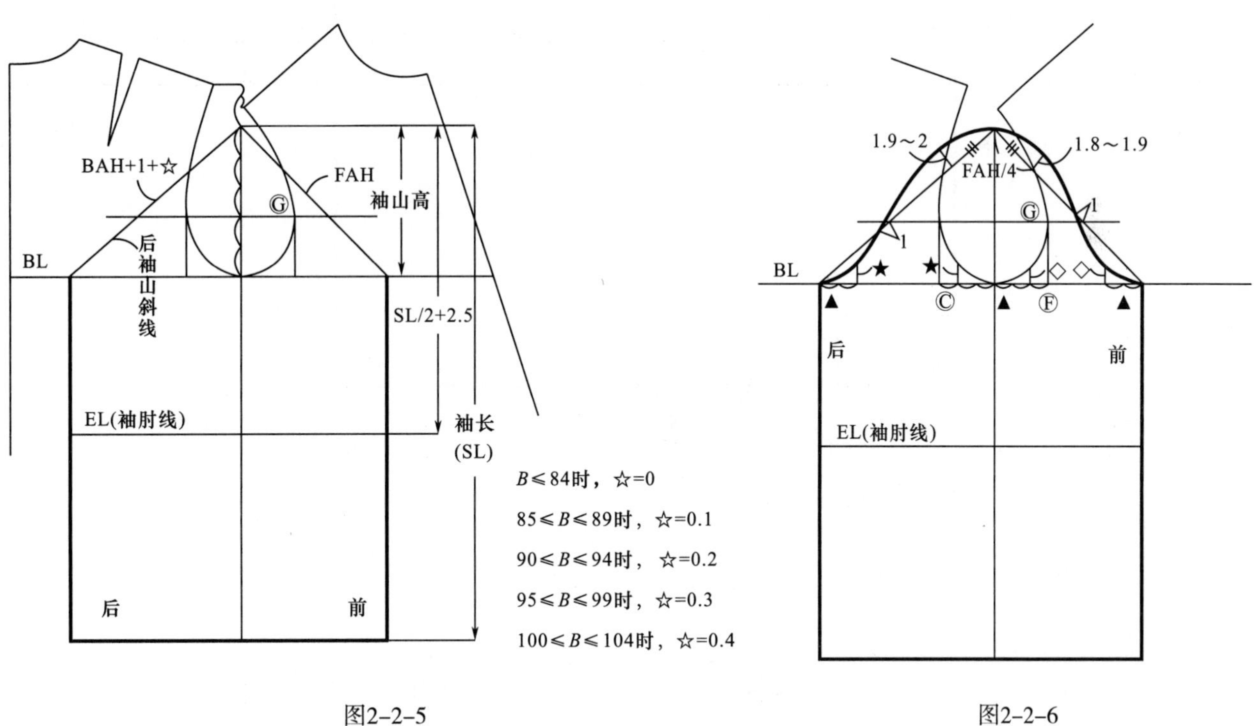

图2-2-5　　　　图2-2-6

二、衣身平衡原理

（一）衣身平衡

衣身结构平衡是指服装在穿着状态时，前后衣身在腰围线以上部位保持平整，表面没有褶皱和扭纹，当然故意设计的除外。

服装衣身平衡的关键在于浮余量的处理。

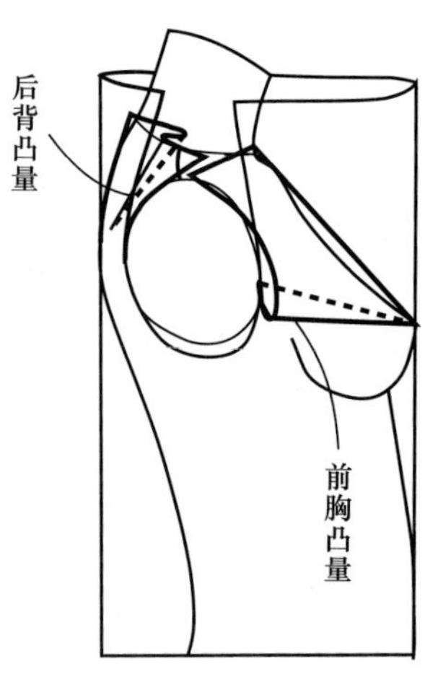

图2-2-7

(二)衣身浮余量

衣身前后浮余量是指衣身覆合在人体或人台上，将衣身纵向前中心线、后中心线及纬向胸围线、腰围线分别与人体或人台标志线覆合一致后，前衣身在胸围线以上出现的多余量称为前浮余量，亦称胸凸量，后衣身在肩背横线以上出现的多余量称后浮余量，亦称背凸量，如图2-2-7所示。

如图2-2-8所示，新文化式原型的前浮余量就是前袖窿省，后浮余量就是后肩省。新文化式原型浮余量的大小与人体净胸围有关，前袖窿省可按角度法绘制，角度为（B/4−2.5）°，也可直接量取省大B/12−3.2cm，后肩省省大为B/32−0.8cm，其中B为人体净胸围。

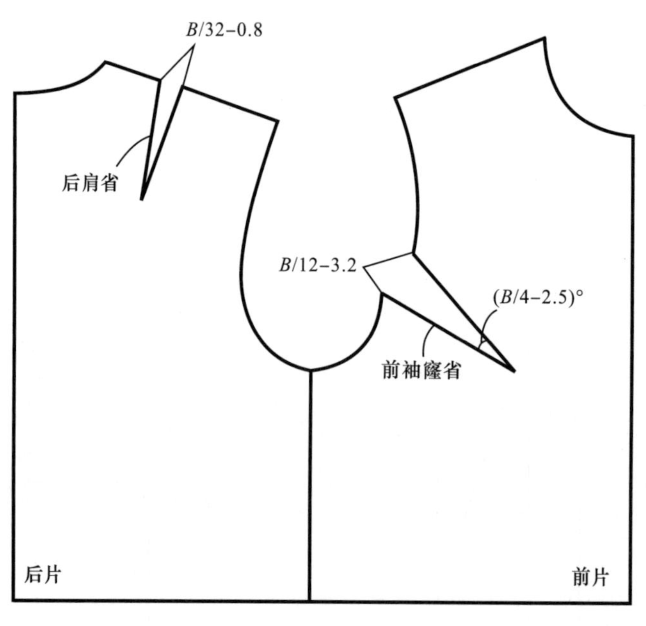

图2-2-8

(三)衣身浮余量的处理方法

衣身浮余量的处理方法可分为结构处理和工艺处理两种。

1. **结构处理方式**

结构处理方法又分为收省（含省道、碎褶、规律褶、分割等形式）和下放两种方法。

（1）省道处理方式（图2-2-9）：

①前片浮余量处理：如图2-2-9所示，将前浮余量对准胸高点，保持前中心线呈垂直状，侧视衣身呈箱形（H型），胸围线、腰围线水平，将浮余量在前中心、领口、肩部、袖窿、腋下或者其他部位以省道、碎褶、规律褶、分割的形式分解。

②后片浮余量处理：如图2-2-9所示，将后浮余量对准肩背凸点，保持后中心线呈垂直状，侧视衣身呈箱形（H型），腰围线水平，将浮余量在后中心、领口、肩部或者其他部位以省道、碎褶、规律褶、分

割的形式分解。

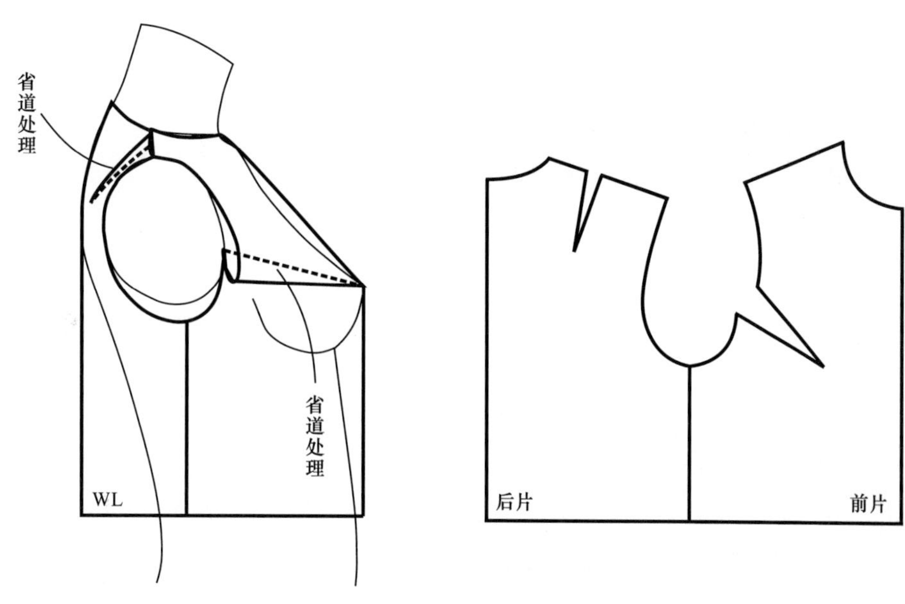

图2-2-9

（2）下放处理方式（图2-2-10）：

①前片浮余量处理：如图2-2-10所示，将前浮余量捋向腰部至衣身自然平整，保持前中心线呈垂直状，侧视衣身向外倾斜，衣身形态向梯形（A型）发生变化。需要注意的是，由于面料的悬垂性不同，即使下放量一样，不同的面料其向外倾斜的程度不同。

②后片浮余量处理：如图2-2-10所示，将后浮余量捋向腰部至衣身自然平整，保持后中心线呈垂直状，侧视衣身向外倾斜，衣身形态向梯形（A型）发生变化，需要注意的是由于面料的悬垂性不同，即使下放量一样，不同的面料其向外倾斜的程度不同。

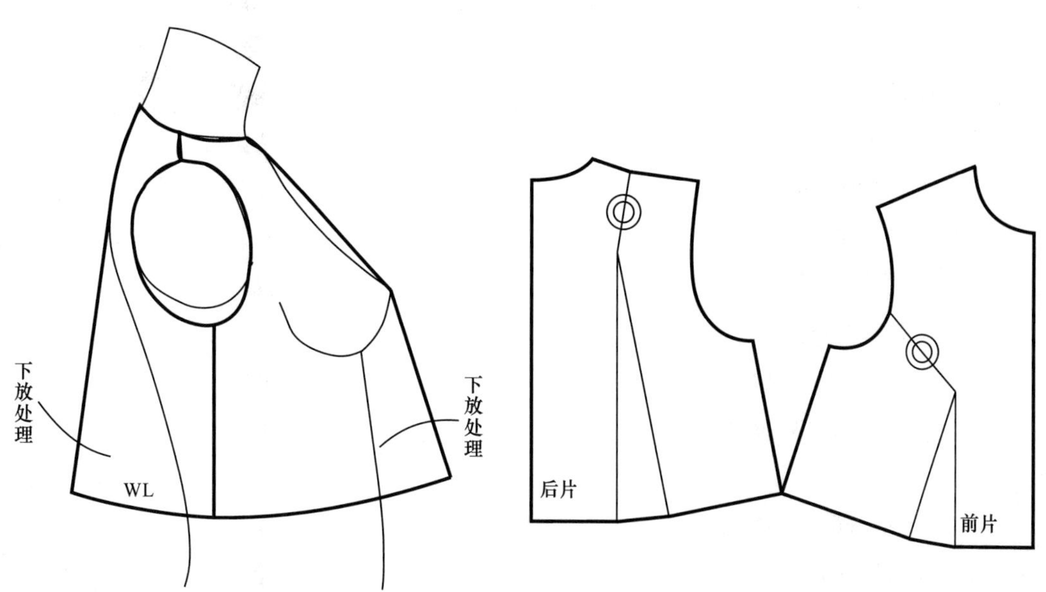

图2-2-10

③下放处理后衣身形态向梯形（A型）发生变化，适合下摆宽松的服装（如A廓型的服装），不适合腰腹合体的服装。但因为前后衣片的胸围线、腰节线不在同一水平线上，所以不适合格子图案和横条纹的服装。

2. 工艺处理方法

工艺处理方法是指采用撇胸、吃势等方式将浮余量分解，其本质是分散的省道，但不以省道的形式出现，需要粘牵条、缝制吃势、熨烫归拢等工艺的配合，如图2-2-11所示。

图2-2-11

三、衣身平衡技术路线分析

服装款式千变万化，衣身或松或紧，如何从中找到制图规律十分重要。本书作者经过实践，总结出以下衣身纸样设计技术路线：

（1）判断服装类别：区分类别如衬衫、连衣裙、外套、大衣等，一般前开口的外套、大衣都装有挂面，所以这类服装就可以处理撇胸，后片领口和肩部需要向上提高以满足内层服装穿着的需要。

（2）判断服装的宽松程度：如合体、较合体、一般、较宽松还是宽松。一般较宽松、宽松风格的服装衣身偏离人体，服装本身的浮余量就比较少，即原型的省量不用都收掉，宽松服装一般下摆较宽松，浮余量可以采用下放的方式解决；而合体风格服装的贴体程度高，浮余量一般不下放，或者只是少量下放。

（3）分析服装内部结构线：分析服装款式有无省道、碎褶、规律褶、分割线等结构线，分析这些结构线离胸部和肩胛骨的距离，当这些结构线离胸部和肩胛骨较近时，则可将部分或全部浮余量处理为省、碎褶、规律褶、分割线等形式。

（4）分析面料特性：即分析面料是否容易缝制吃势，是否容易熨烫归拢等，如果容易，就可将部分浮余量处理为吃势量、归拢量。

（5）判断服装有无垫肩或其他肩部支撑：当服装肩部有垫肩时，人体背部和胸部的凹凸会趋于平缓，服装的浮余量会变小，一般垫肩越厚，浮余量越小。

第三节　部件纸样设计原理

一、领型纸样设计原理

（一）领型简介

在上衣造型中占主导地位的是领和袖，其中领是关键，因为领接近人的头部，具有衬托脸部的效果，是人的视觉中心。

领型的设计既要适合颈部的结构与活动规律，又要具有防寒、防风、散热等实用功能，例如秋、冬季以防寒为主要目的，领式宜选择高领，夏季为使人穿着透风凉爽，则更多选择无领款式。简言之，领型的设计既要满足生理上实用功能的需要，又要满足心理上审美功能的需要。

一般情况下根据领型的造型特点，将领型分为无领、立领、翻领和摊领几大类，然后在此基础上加上褶皱、分割等处理变化形成多种领型。

1. **无领**

无领也称为领口领，这种领型没有领身部分，只有领窝部分，并且领窝部位的形状就是衣领的造型，主要可分为开口型和贯头型两种，如图2–3–1所示，左图为开口型，右图为贯头型。

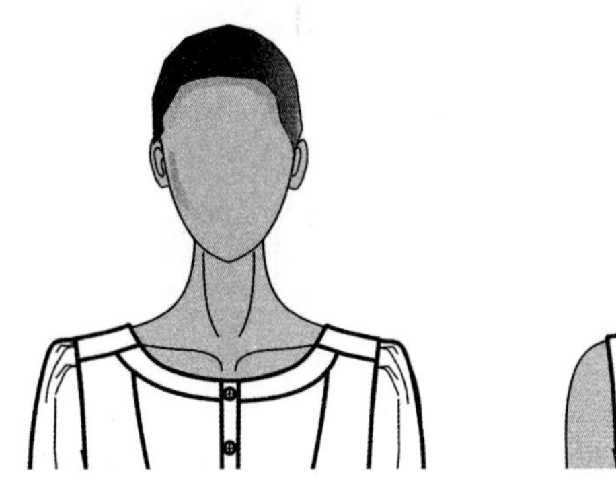
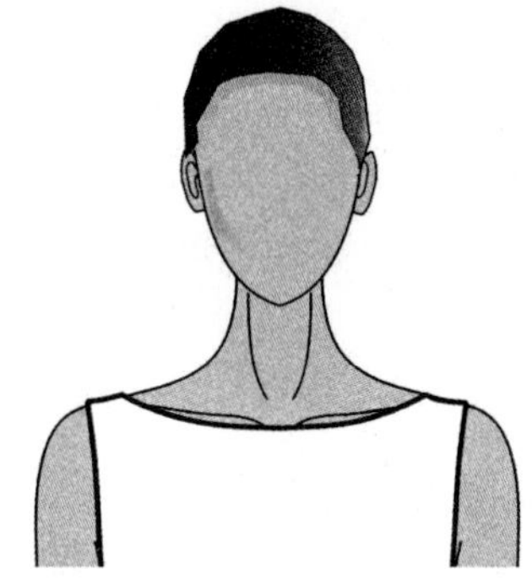

图2–3–1

2. **立领**

立领分为单立领和翻立领两种，其中单立领的衣领只有领座部分，翻立领的衣领包括领座和翻领两部分，如图2–3–2所示，左图为单立领，右图为翻立领。

图2–3–2

3. 翻领

翻领分为一片翻领和翻驳领，翻领的领身分领座和翻领两部分，但两部分是用同料相连成一体，如图2-3-3所示，左图为一片翻领，右图为翻驳领。

图2-3-3

4. 摊领

摊领可以看成是立领或者翻领的变形，领身分为领座和翻领两部分，其领座宽度一般为0～1cm，翻领宽度可自由设计，翻领和领座连在一起，如图2-3-4所示。

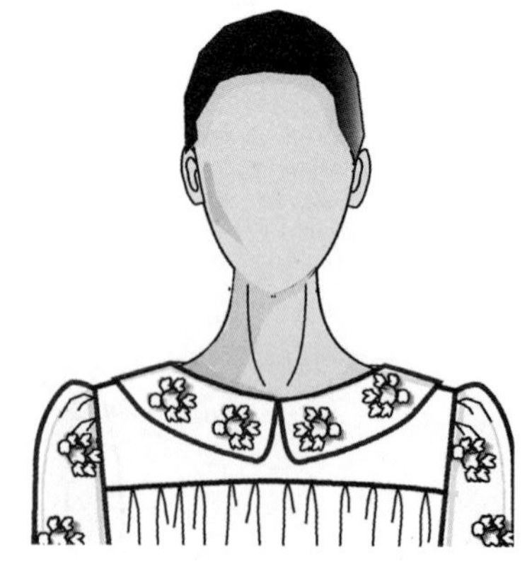

图2-3-4

5. 变化领型

在上述基本领型的基础上，加上褶皱、省道、波浪、分割等手法，领型可以变化出连身领、抽褶领、垂褶领和波浪领等多种造型，如图2-3-5所示。

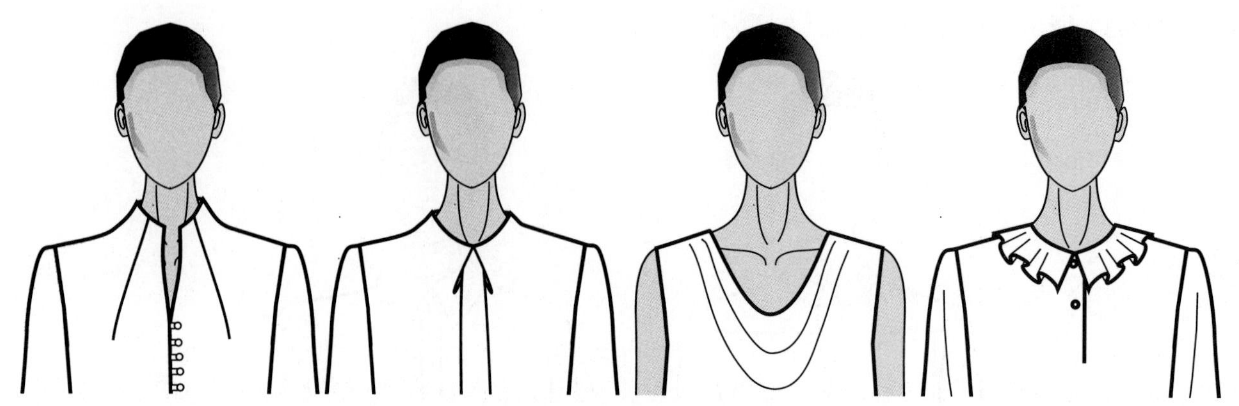

图2-3-5

（二）人体颈部特征

1. 颈部骨骼

颈部骨骼是头部的支柱，由7块颈椎骨组成，其中第1颈椎骨与头部枕骨相连，第7颈椎骨与脊椎骨相连接，且隆起较高，称为窿椎。

窿椎点是衣身与衣领的交界点，用BNP表示，是测量衣长的定位点。颈部两侧依靠锁骨与胸骨连接形成胸锁关节及锁骨窝，锁骨窝是前衣身直开领的重要标注，用FNP表示，锁骨后端与肩胛骨横梁相连接，与肱骨相连形成肩关节。

2. 颈部肌肉

由于颈部骨骼被肌肉环抱，使肩颈部位区分并不明显，尤其侧面肩颈点部位由于肩部三角肌与颈部斜方肌隆起而造成颈根分界线不清，只能从BNP至FNP作弧线才能求出颈根部形状，如图2–3–6所示。

人体颈部上细下粗近似圆台形状，颈中部围度与颈根部围度之差为2.5 ~ 3cm，颈部后长6 ~ 7cm，颈部前长4 ~ 5cm。侧面观察颈部呈前倾，我国女性人体脖颈前倾角度约为17° ~ 19° ，侧倾夹角约96° ，如图2–3–6所示。女性颈部截面成柿子状，其宽度与长度之比为1 : 1.4左右。

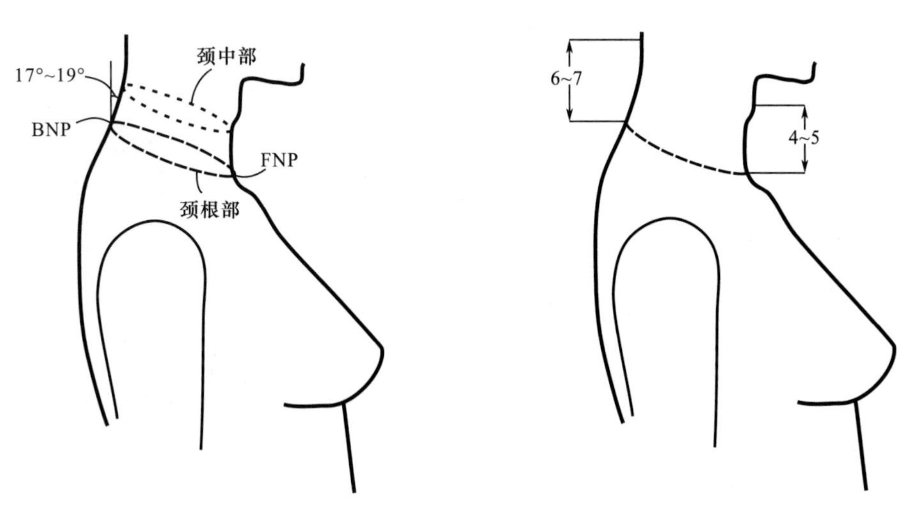

图2–3–6

（三）基本领型的纸样设计原理

1. 无领

无领结构设计的关键在于合理控制前后横开领差。从头顶透视，女性的肩背部是外弧形的，胸颈部是内弧形的，为了保证服装穿着在人体上前后领口部位平服，一般后横开领大于前横开领，以新文化式原型为例，新文化式原型的前后横开领的差值是0.2cm，穿着在人体上后，前领口略有松量，如果在此基础上制作无领款式的结构图，如图2–3–7所示，可以将原型的前后横开领差量调整到0.5cm左右，即将前横开领减小0.3cm或将后横开领开大0.3cm，然后在原型前中心线的基础上向右平行绘制1.5cm的搭门宽，这样服装穿着在正常体的身上，领口部位就会变得平整，如图2–3–7所示。

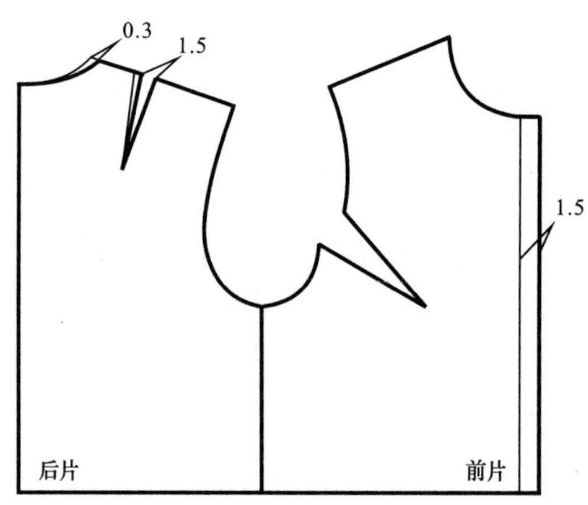

图2-3-7

女性胸部的乳凸形成了优美的曲线变化，这一重要的体型特征构成了女上衣造型变化的基础。但用原型纸样所制成的衣片在乳凸的周围会形成一定的虚空现象，如图2-3-8左图所示，因此对于开大领口的无领上衣，如图2-3-8右图所示，需要将在开大的领口处多余的量处理掉，以达到合体美观的造型效果。

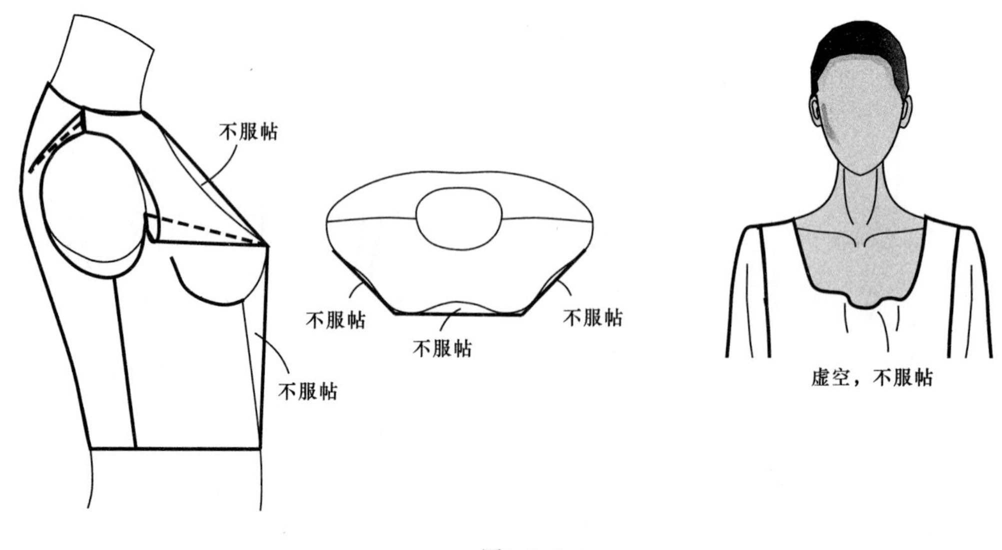

图2-3-8

一般绘制开大领口（贯头）的无领款式时，先根据款式图的领口造型在原型衣身上绘制新的领口线，绘制时需要注意两点：一是前后横开领的开大量要一致，二是当前领口开得较大时，需要将领口线处的浮余量以省道形式转移到其他部位或者用工艺归拢，处理后的后横开领与前横开领的差值一般控制在0.7cm以内。

如图2-3-9所示的款式，先观察其横开领与原型横开领的距离，这种距离可以用比例判断，也可以直接观察确定，假设通过观察，该领型的横开领在原型的基础上沿肩线开大了2cm，直开领大约位于原型前领口与原型胸围线的1/2处，至于领口形态则完全根据款式图绘制，然后根据上述原理，在前领口处多收进0.3～0.5cm的省道，省道转移后，后横开领比前横开领大0.7cm。

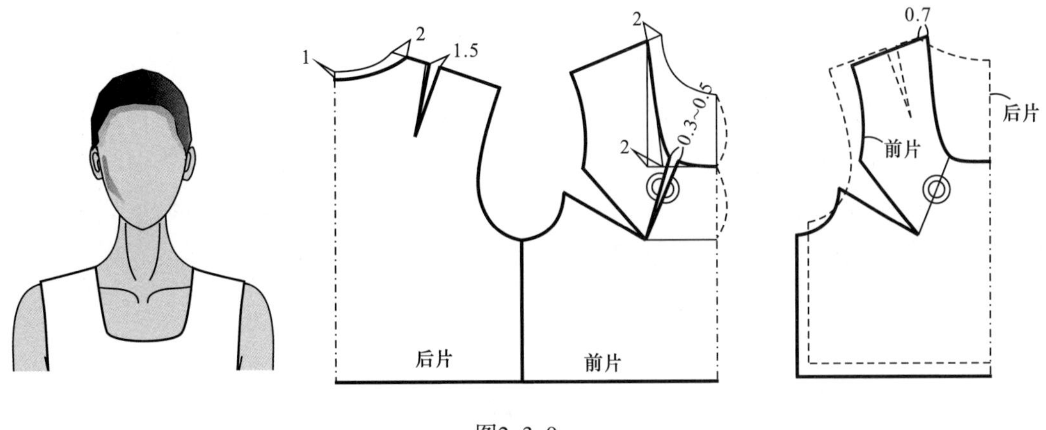

图2-3-9

2. **立领**

立领是装领的基本类型，根据其领侧与人体颈部的关系分为三种类型，即直条式立领、在颈部适体的立领和颈部外倾的立领（如凤仙领），如图2-3-10所示，其结构图如图2-3-11所示，为了避免后领口外倾，需要在原型后直开领深的基础上向上抬高0.3cm，降低装领服装的领口深度。

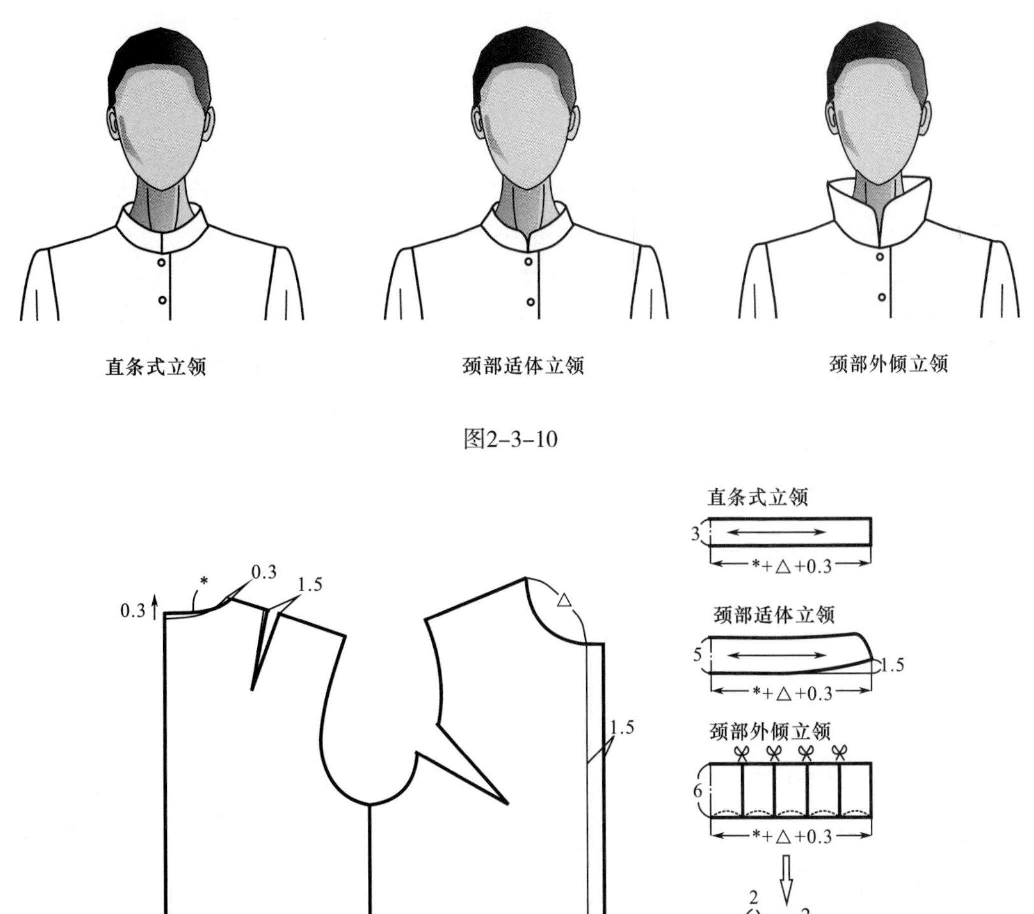

图2-3-10

图2-3-11

观察三种领型结构可以发现，三种立领变化的关键在于领上口线的长度变化和装领线的曲率变化，如图2-3-12所示，当领上口线长度缩短时，领子上口会贴近人体颈部，变成适体性的立领；当领上口线长度拉展增加时，领子上口会偏离人体颈部，变成外倾型立领。因为内倾型的领子上口贴近人体颈部，所以领子的高度不能太大，在原型领口的基础上一般不超过7cm，且前领宽要比后领宽要小，同时领上口一圈与人体颈部一周需保持一指的活动松量，否则会卡脖子，影响人体的舒适性，而外倾型的立领则因为领上口偏离人体，不受此尺寸的限制，但其挺拔度受材料的影响。

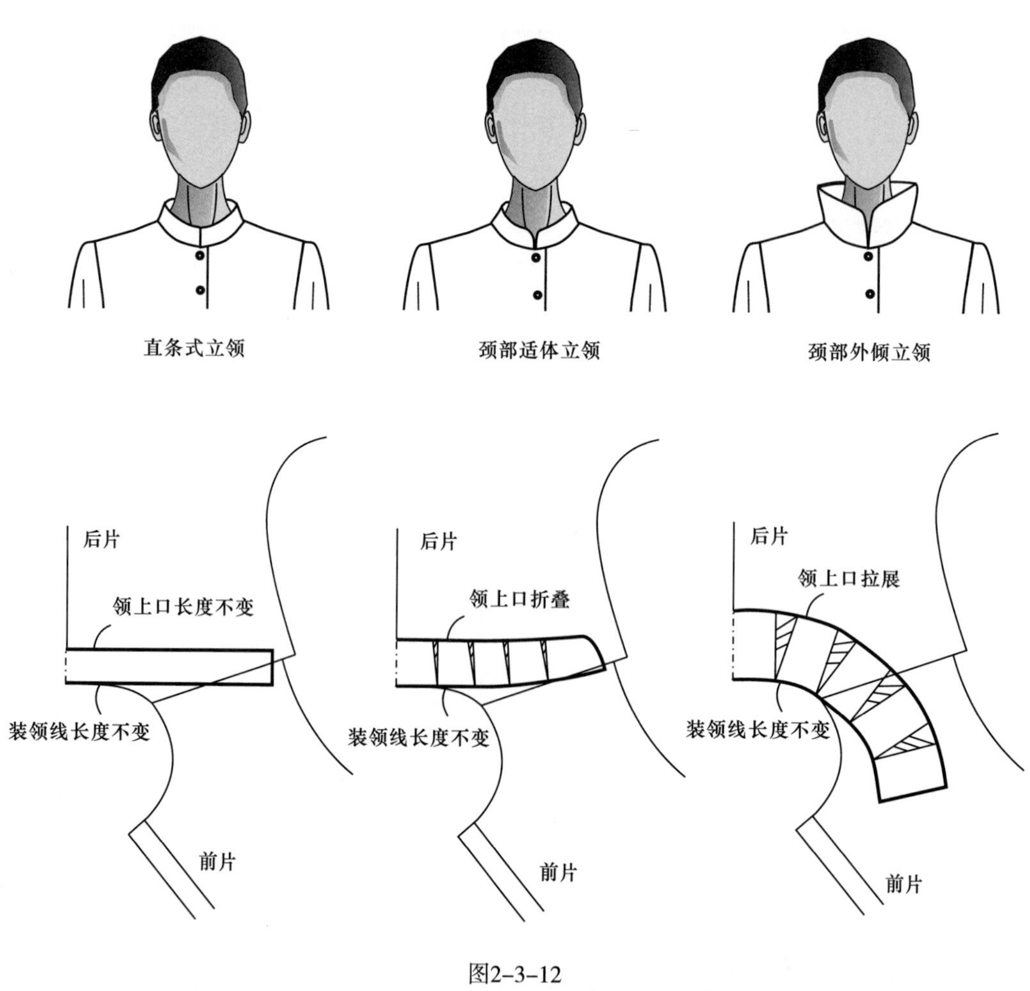

图2-3-12

如果继续拉展图2-3-12所示领子的上口，如图2-3-13所示，领子就可以部分翻折下来盖住衣身领口线来构成曲线型的翻领，再继续拉展领子外口，直至装领线的形状与衣身领口线的形状接近或者相同时，领子就会摊在衣身上，构成摊领结构，如果再拉展，当装领线的曲率大于衣身领口线的曲率时，领子就会在衣身上形成波浪，构成波浪领。

在立领结构中有一种领型既可以称之为立领也可以称之为翻领，这种领型就是男式衬衫领，这种领子的造型是由一个独立的领座和独立的翻领缝合而成，所以这种领子也被称为翻立领，其款式和结构如图2-3-14所示，需要注意的是该款衬衫的门襟为明门襟，总宽为3cm，在原型前中心线的基础上分别向左和向右1.5cm，男式衬衫领领座和翻领的领头部位可以自由设计为尖、圆、方等各种形状。

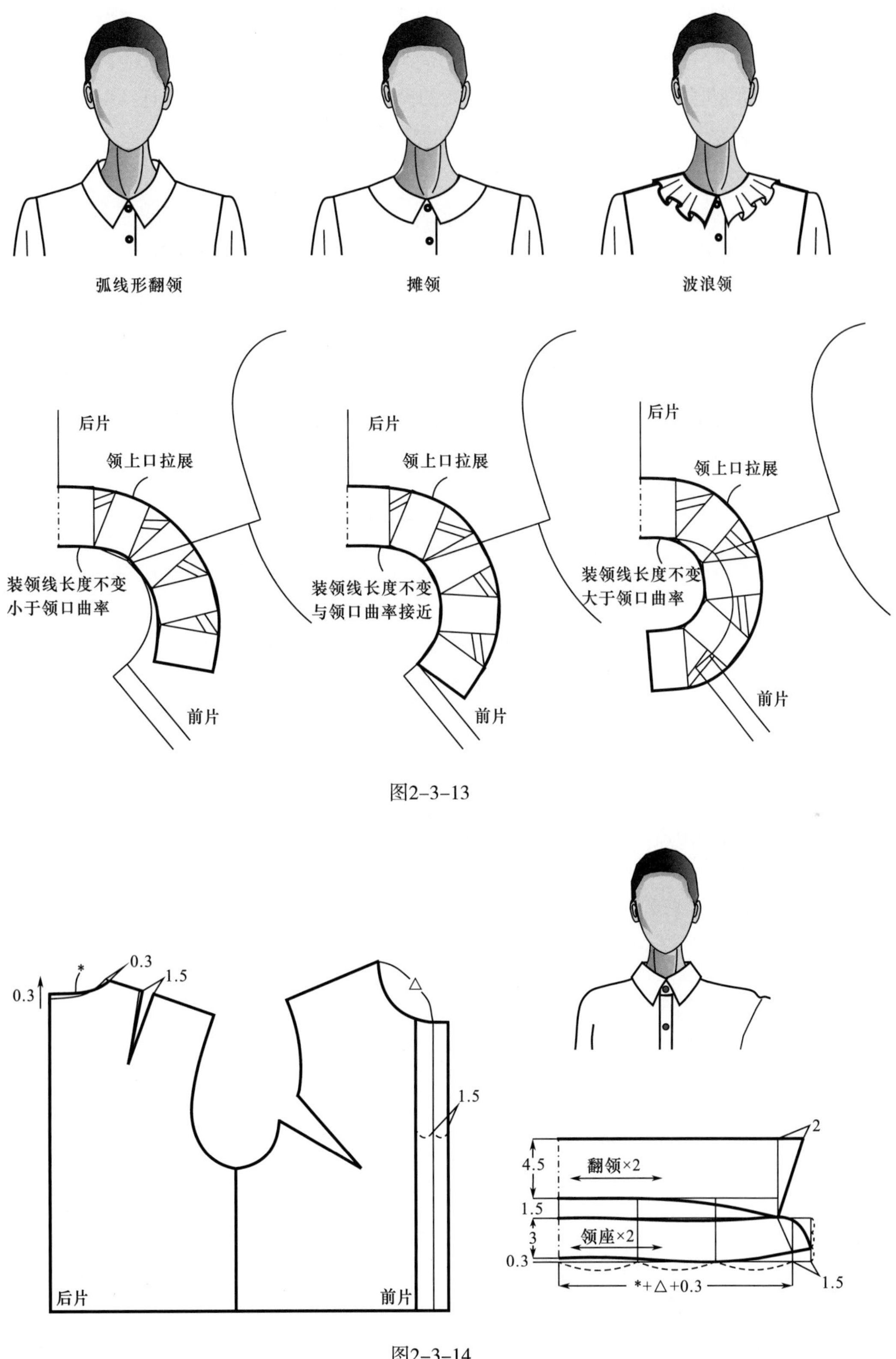

图2-3-13

图2-3-14

3．**翻领**

翻领是领座和翻领连接在一起，翻领部分向外翻摊的一种领型。根据翻领与衣身的关系可以分为一片翻领和翻驳领（参见图2–3–3），虽然两种领型外观差别较大，但是其纸样设计原理是一致的。

（1）一片翻领的纸样设计（图2–3–15～图2–3–21）。

一片翻领各个部位的名称如图2–3–15所示，一般领座的宽度nb为2.5～3.5cm，翻领的宽度mb比nb至少要大0.5cm，否者翻领翻折后不能盖住装领线，两者的差值除了受款式的影响，还受到面料厚度的影响，本例取$nb=3$cm，$mb=4$cm。

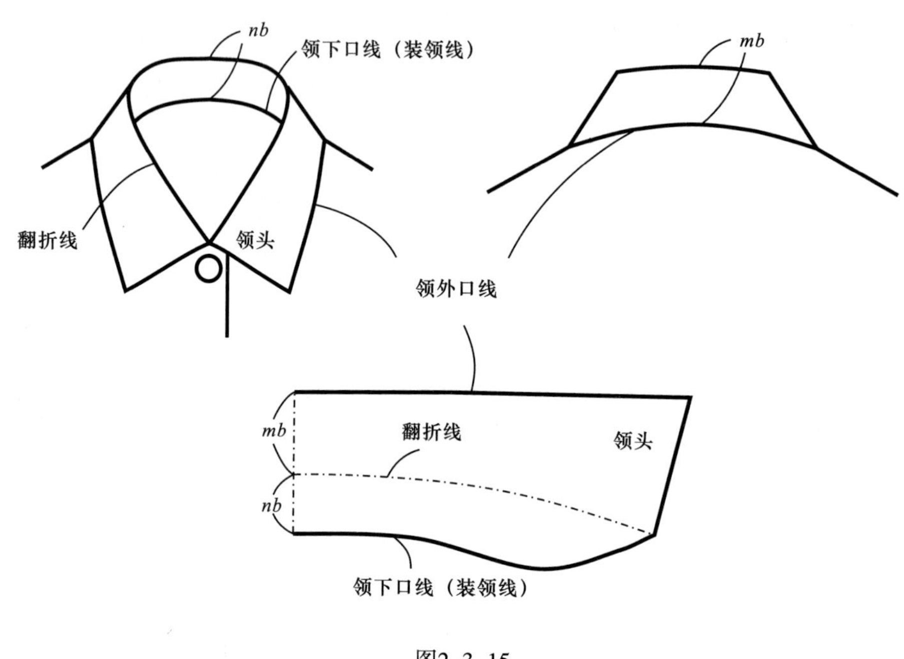

图2–3–15

首先在图上定义P点和B点，B点为该款服装的实际前横开领大点，P点为前中心线上领子的直开领深点。具体制图步骤如下：

①先绘制翻折线如图2–3–16所示：过B点垂直向上（或与水平线呈95°）绘制$AB=nb=3$cm（自主设计尺寸），绘制$AC=mb=4$cm（自主设计尺寸），与前肩线交于C点，$CO=AC=mb=4$cm，O点在肩线延长线上，连接OP，OP为翻领的翻折线。

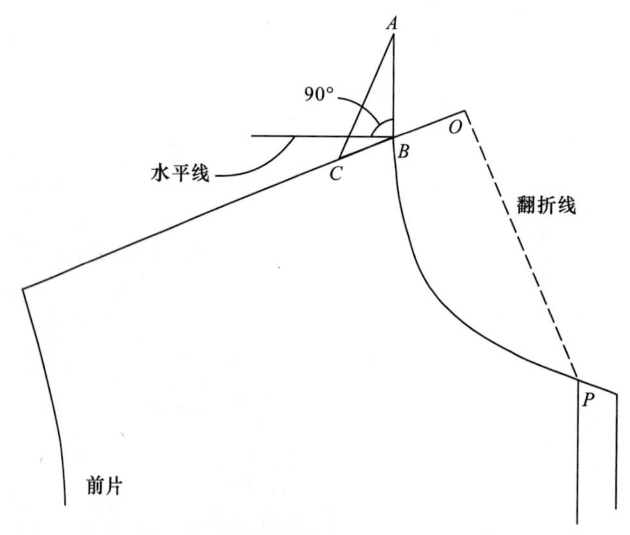

图2–3–16

②根据服装款式绘制领头形状，并以*OP*为对称轴，对称绘制领头形状，*C*′点为*C*点的对称点，如图2-3-17所示。

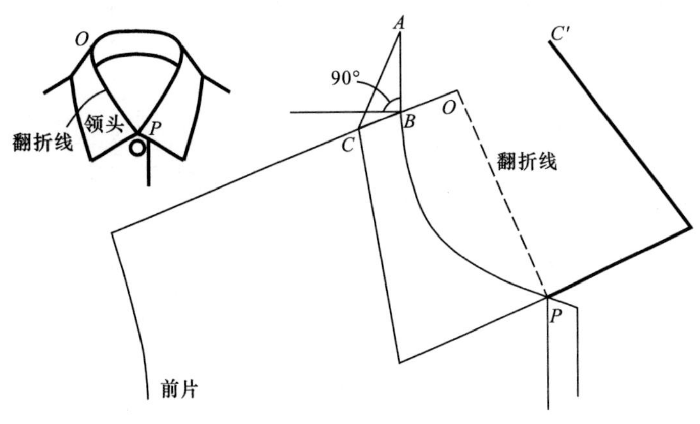

图2-3-17

③以*C*′为圆心，*nb*+*mb*＝7cm为半径画弧线与肩线交于*B*′点，*B*′*C*′=7cm，如图2-3-18所示。

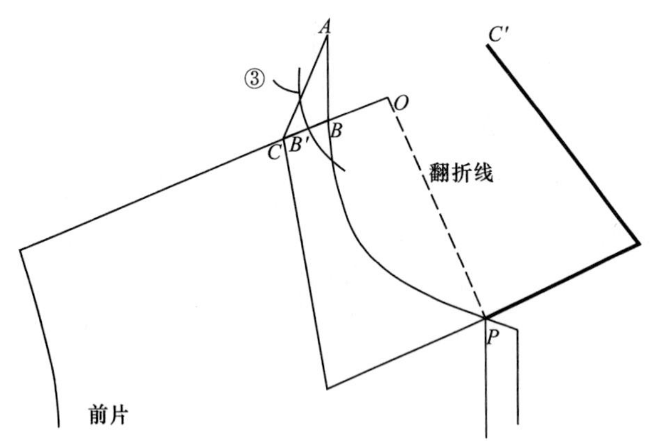

图2-3-18

④测量*CB*长度（△），在后领口上绘制翻领轨迹线，并测量后领口弧线（*）、翻领轨迹线（#）的长度，如图2-3-19所示。接下来领子的画法有两种方法，方法一是展开法，方法二是双切圆法。

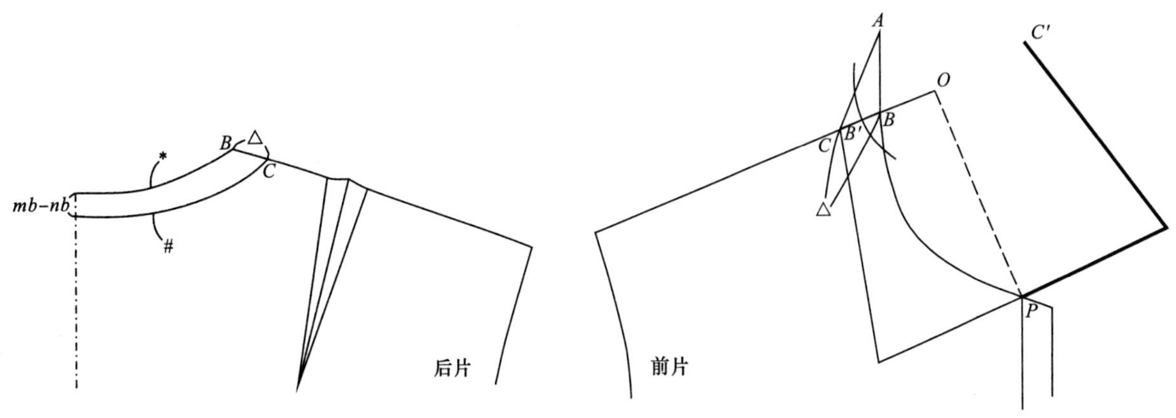

图2-3-19

⑤方法一：展开法，如图2-3-20所示，连接$B'C'$，以$B'C'$及*+0.3cm为边长绘制矩形$B'C'MN$，然后将矩形沿$C'B'$线剪开，以B'为圆心，逆时针拉展，拉展量为 #−*+面料厚度影响量，面料厚度影响量一般为0～0.5cm，面料越厚影响量越大。画顺领外口线和装领线，即完成。

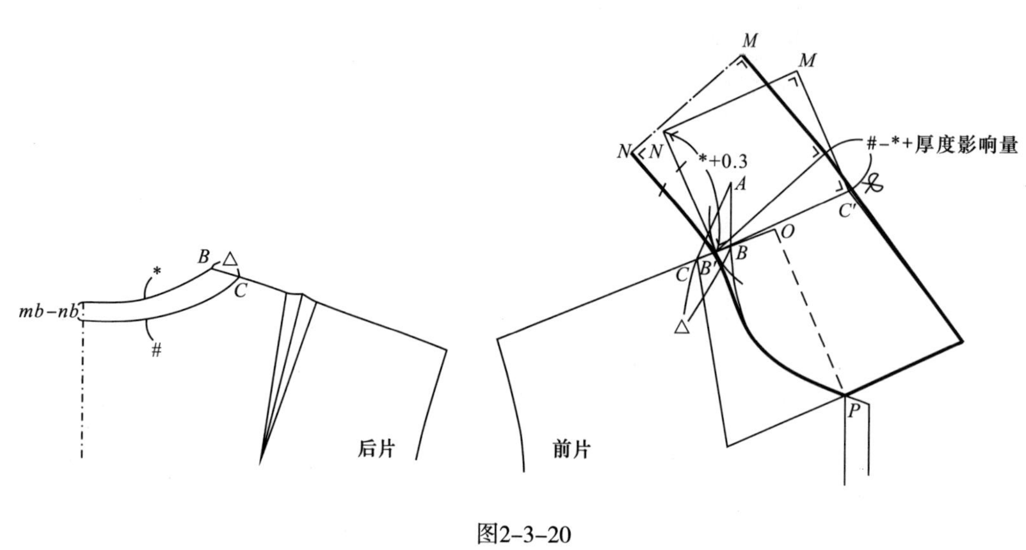

图2-3-20

方法二：双切圆法，如图2-3-21所示，以B'点为圆心，*+0.3为半径，画弧线1；以C'为圆心，以#+厚度影响量为半径画弧线2，绘制弧线1、弧线2的公切线段NM；调整M点的位置，使$NM=nb+mb=7$cm，其中N点不动，调整后的M点必须在弧线2上；连接NB'点；连接MC'点。绘制装领线：弧线连接NP两点，N点必须为直角，弧线可以不过B'点，以画顺为准；画顺领外口线，保持M点为直角。

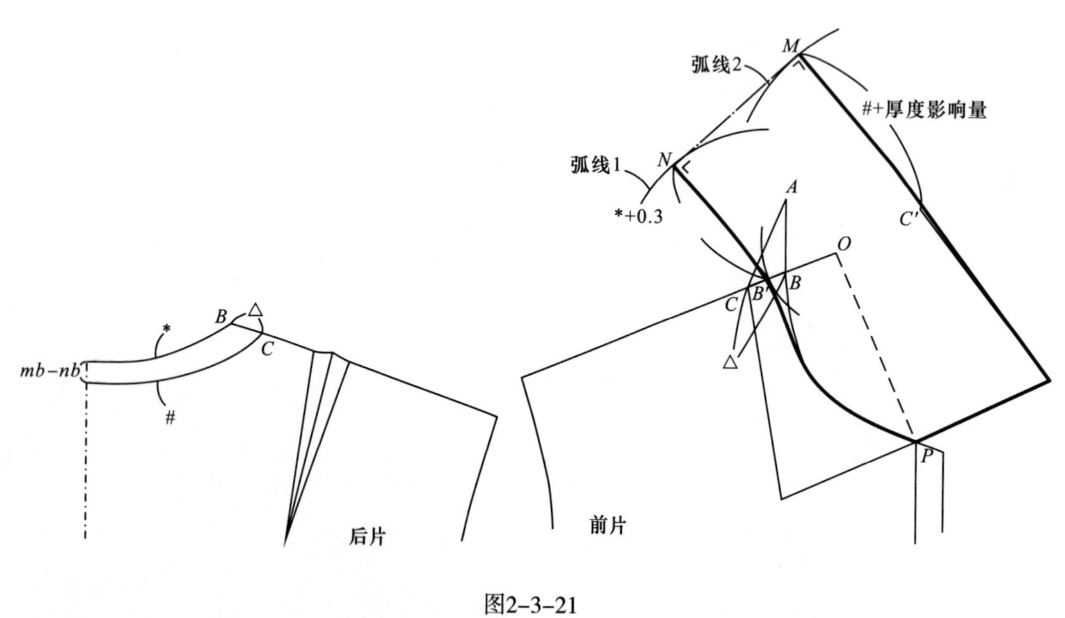

图2-3-21

（2）翻驳领的纸样设计（图2-3-22～图2-3-24）。

翻驳领各个部位的名称如图2-3-22所示，本例取$nb=3$cm，$mb=4$cm。

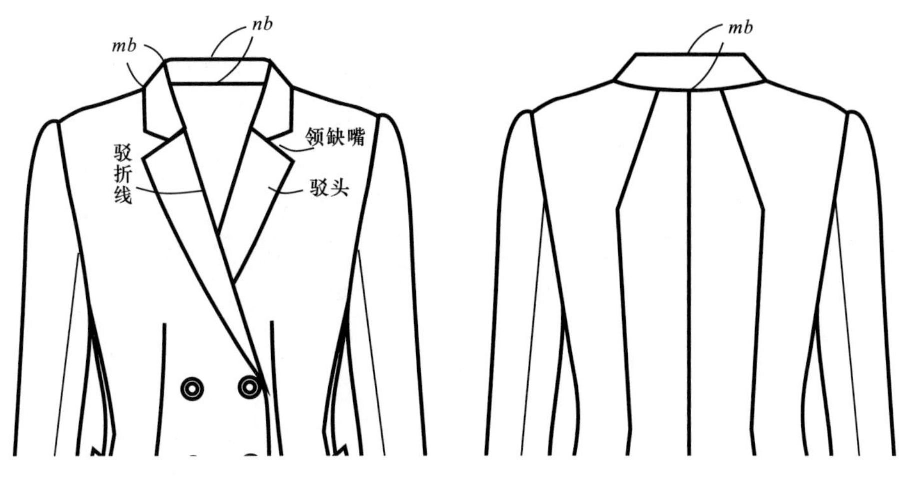

图2-3-22

首先定义P点和B点，B点为该款服装的实际前横开领大点，P点位于前片向外放出4.5cm的止口线上，注意与一片翻领的区别。具体制图步骤如下：

①过B点垂直向上绘制$AB=nb=3$cm，绘制$AC=mb=4$cm，与前肩线交于C点，$CO=AC=mb=4$cm，连接OP，OP为翻驳领的驳折线。根据服装款式绘制缺嘴形状，并以OP为对称轴，对称绘制领头形状，C'点为C点的对称点，以C'为圆心，$nb+mb=7$cm为半径画弧1，定义Q点，以Q点为圆心，线段QB的长度为半径画弧线2，与弧线1交于B'点。测量CB长度（△），在后领口上绘制翻领轨迹线，并测量后领口弧线（*）、翻领轨迹线（#）的长度，如图2-3-23所示。

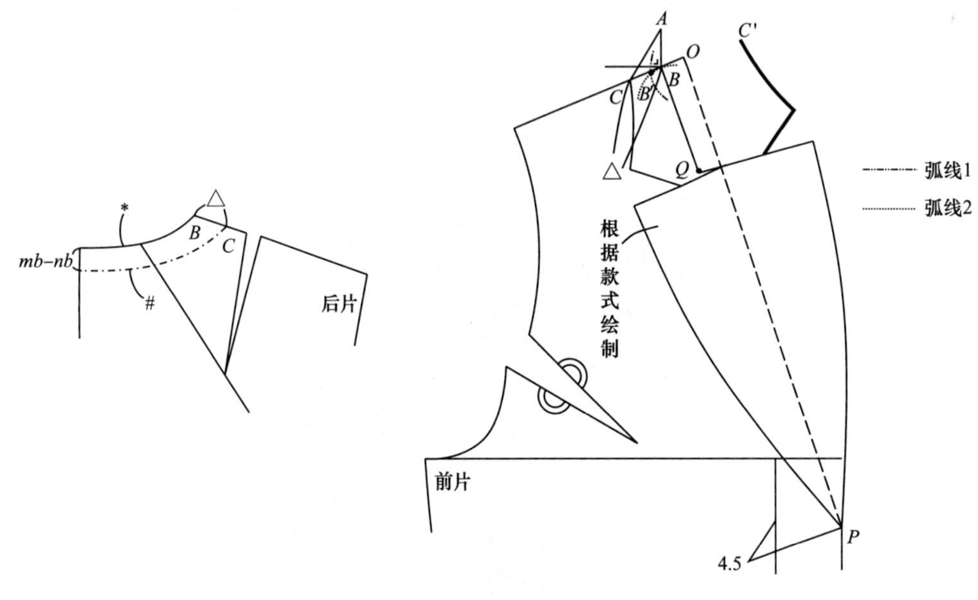

图2-3-23

②以B'点为圆心，*+0.3cm为半径，画弧线3；以C'为圆心，以#+0.3cm为半径画弧线4，绘制弧线3和弧线4的公切线段NM；调整M点的位置，使$NM=nb+mb=7$cm，其中N点不动，调整后的M点必须在弧线2上；连接NB'点；连接MC'点，绘制装领线：弧线连接NB'两点，N点必须为直角，以画顺为准；画顺领外口线，保持M点为直角，如图2-3-24所示。

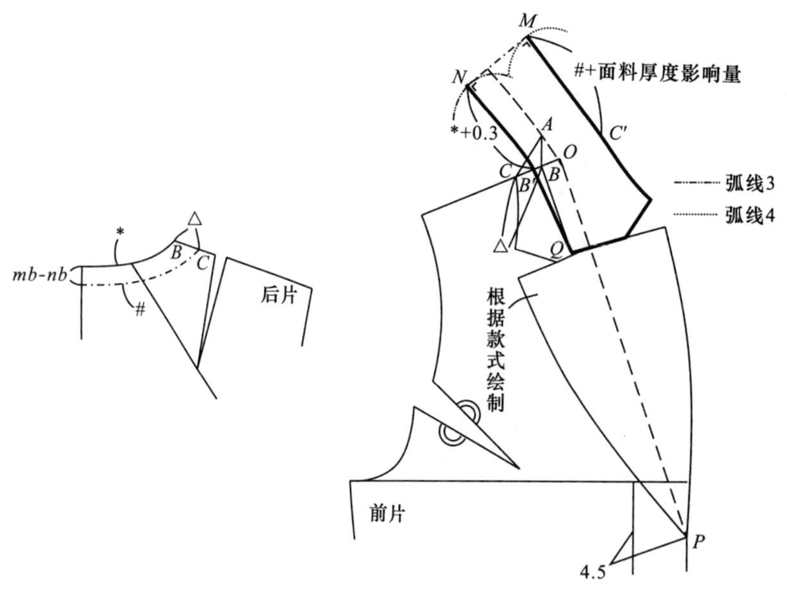

图2-3-24

二、袖型纸样设计原理

(一)袖型简介

袖型按袖山与衣身的相互关系可分为圆袖、连袖和分割袖三种基本结构，如图2-3-25所示。在基本结构上加以抽褶、垂褶、波浪等造型手法即可以形成变化结构。

图2-3-25

1. **圆袖**

圆袖的袖山形状为圆弧形，与袖窿缝合组装衣袖。

2. **连袖**

连袖是将袖山与衣身组合连成一体形成的衣袖结构。

3. **分割袖**

分割袖是在连袖结构基础上，按造型将衣身和衣袖重新分割、组合形成新的衣袖结构。按造型线分类可分为插肩袖、半插肩袖、落肩袖及覆肩袖。

4. **变化袖型**

将抽褶、垂褶、波浪等造型手法应用于基本结构中，即形成了变化繁多的变化结构。例如，抽褶袖：在袖山、袖口部位单独或者同时抽缩，形成皱褶的袖类；波浪袖：在袖口部位拉展，扩张形成飘逸的波浪状袖类；垂褶袖：在袖山部位折叠，袖中线处拉展形成自然的垂褶袖类；褶裥袖：在袖山、袖身中做褶裥，形成有立体感的褶裥袖。

（二）人体与服装袖型的关系

服装的袖子虽然容纳的是人体的上肢，但是人体上肢运动时，人体的肩部、背部、胸部、腰部的肌肉、皮肤都可能发生变化，特别是胸、背部尤为明显。因此，分析袖型纸样，首先需要了解人体上肢、臂根、胸背部的基本构成情况。

1. **人体上肢构成及形态**

从解剖学上讲，人体的上肢骨由上肢带骨和自由上肢骨构成，如图2–3–26所示。上肢带骨由锁骨和肩胛骨构成，自由上肢骨由肱骨、桡骨、尺骨、手骨和腕骨构成。肱骨的前凸形状构成了人体臂根围在该部位的强弯曲形状，其对合体服装的袖窿构成影响很大。桡骨和尺骨构成了桡尺车轴关节，该关节造成的人体前臂内旋，对合体袖的袖身造型影响很大。尺骨茎突形成的肘部在屈肘时十分明显。

人体手臂侧视呈向前弯曲的形状，在肘部形成明显的弯势，手臂的这种形态对袖身造型的弯与直影响很大，如图2–3–27所示。

2. **人体臂根形态**

人体臂根围线由肩峰点、前后腋点经人体腋底构成，如图2–3–28所示。从正面观察，肩峰点比前腋点偏离人体中轴线，人体肩峰点比腋低偏离人体中轴线，后腋点比前腋点偏离人体中轴线，即人体的背宽大于胸宽。由此可知，人体臂根围截面呈向内倾、向前倾的斜面。因此，合体服装的袖窿也应该呈此斜面形态。

3. **人体手臂运动形态**

当人体手臂做扩胸、抬臂等动作时，会引起背部、胸部、臂部皮肤扩展。在宽松袖型中，人体与服装之间有

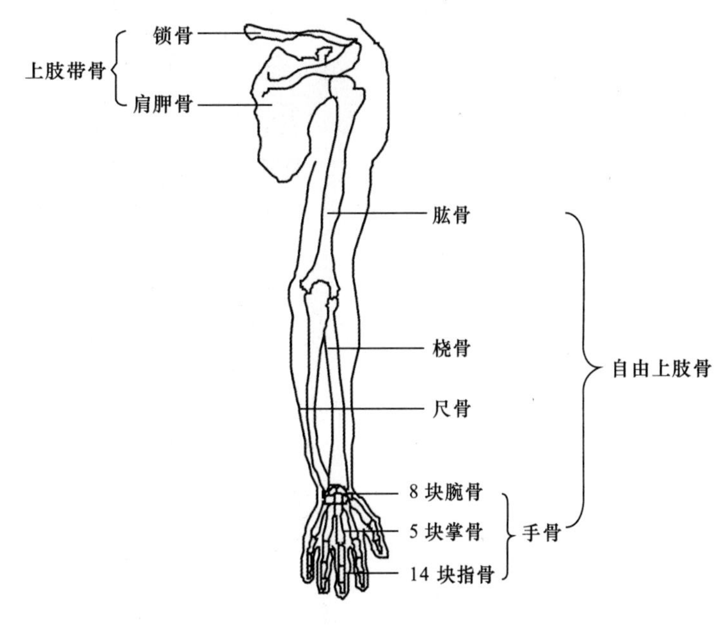

图2–3–26

空隙，人体可以较自由活动，但在合体袖型中，人体与服装之间缺少空隙，人体运动时，服装会形成运动拘束感，需要特别注意合体袖型结构中活动量的处理。

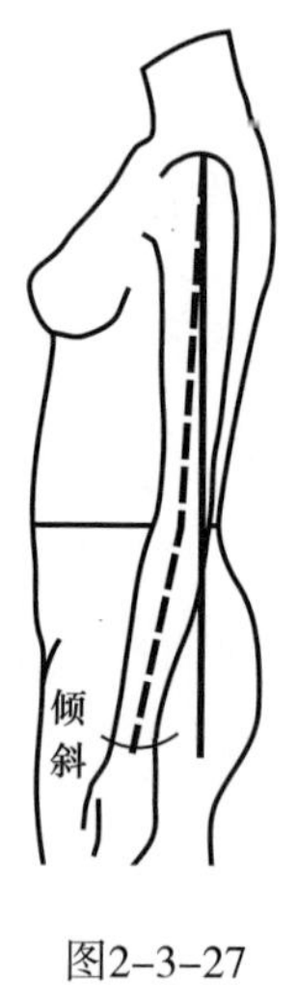

图2-3-27

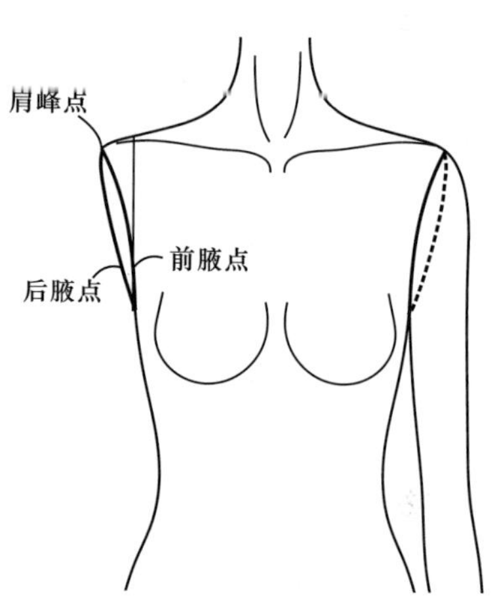

图2-3-28

（三）袖型的纸样设计原理

1. **袖窿纸样设计原理**

（1）袖窿深浅的设计：新文化式原型胸围线位于腋窝下2cm的位置，适合于制作合体、普通风格的衬衫以及合体风格的外套。为了避免走光，夏季无袖贴身服装在原型袖窿的基础上需要提高0.5～1cm；合体外套一般在原型袖窿基础上下挖0～1cm，宽松服装的胸围线则可根据款式图的比例确定。

（2）袖窿弧长（AH）的设计：根据实验可知，人体腋窝围度大约占人体胸围的0.41倍，服装的袖窿弧长（AH）一般为$B/2$±（0～2cm）左右（B为服装成品规格），各类服装的袖窿弧长关系为：衬衫AH < 外套AH<$B/2$ <风衣AH<大衣AH，一般情况下，前袖窿弧长≤后袖窿弧长。

（3）袖窿形态的设计：服装袖窿形态可以分为圆袖窿、尖袖窿和方袖窿。圆袖窿与人体腋窝形状相似，适合于合体风格的服装；尖袖窿和方袖窿偏离人体腋窝，适合于宽松风格的服装。

2. **袖山纸样设计原理**

袖子造型可以分为袖山造型和袖身造型两部分，此部分讨论袖山的设计。

（1）袖山高的设计：袖山的高度与袖窿的深度、袖窿弧线长密切相关，所以确定袖山高的方法有多种，其中常用的有三种。

①方法一：以袖窿深为设计依据，袖山高＝前后袖窿深的均值$d \times b$，b为系数，如新文化式原型的袖山高即为$d \times 5/6$，如图2-3-29所示。

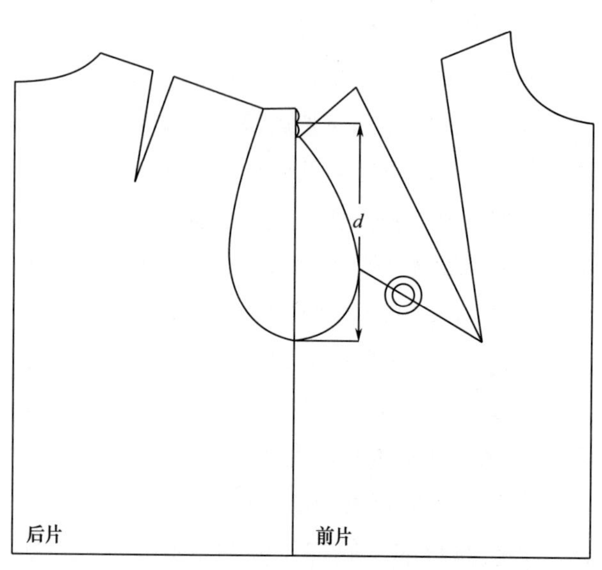

图2-3-29

②方法二：以袖窿弧线（AH）的尺寸为设计依据。袖山高=AH/$a \pm b$，a一般为3～10cm，b则随具体款式而变化，合体袖的袖山高为 AH/3±（0～1cm）。

③方法三：在原型袖子的基础上进行变化，变化规律如图2-3-30所示。

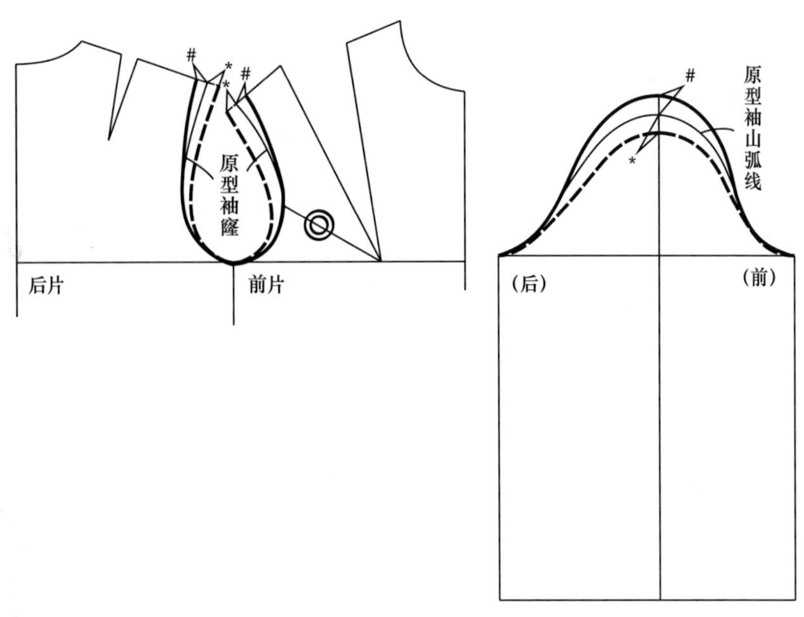

图2-3-30

（2）袖山弧线长的设计：袖山弧线长等于袖窿弧线长AH与袖山缩缝量之和。影响袖山缩缝量的因素如下：

第一，袖山造型对袖山缩缝量的影响。在装袖服装中，合体服装的袖山较高，袖肥较小，袖山缩缝量较大，这是因为袖山缩缝量除了能满足人体肩部的饱满造型外，还能存储活动量，为手臂向前、向后运动提供活动量。宽松服装的袖山较低，袖肥较大，袖山缩缝量较小，这是因为宽大的衣身已经能够满足手臂的需要，不再需要袖山缩缝给予活动量。

第二，面料的厚薄对袖山缩缝量的影响。对同一种袖型来讲，缩缝量的大小随面料的厚度而定，面料越厚，缩缝量越大。缩缝量与面料的厚度成正比。宽松风格的袖山缩缝量为0～1cm（面料由薄到厚变化）；较宽松风格的袖山缩缝量为1～2cm（面料由薄到厚变化）；较贴体风格的袖山缩缝量为2～3cm（面料由薄到厚变化）；贴体风格的袖山缩缝量为3～4cm（面料由薄到厚变化）。

第三，缝份的倒向对袖山缩缝量的影响。在袖子的工艺制作中，袖窿与袖山缝合后缝份的倒向也影响缩缝量的大小。缝份的倒向有三种：缝份倒向袖侧、缝份倒向衣身侧和分缝。其缩缝量关系为以下不等式：缝份倒向袖侧＞分缝＞缝份倒向衣身侧。缝份倒向衣袖，表明衣袖处在外圈，衣身处于里圈，缩缝量大，而且此类袖袖山头饱满。缝份倒向衣身侧，衣身处于外圈，袖子处于里圈，此类袖的袖山头与衣身相连平展，缩缝量就小，甚至缩缝量为负值。分缝的缩缝量介于二者之间。

第四，垫肩厚度对袖山缩缝量的影响。装垫肩时，垫肩会比袖窿净缝宽1cm，如果袖山缩缝量不够会在袖子上显出垫肩印，不美观，一般垫肩厚度与缩缝量成正比。

此外，袖山缩缝量一般是前少后多，越宽松的袖型前后越接近，越合体的袖子后袖山的缩缝量所占比例越大。因人体手臂大多向前活动，所以后片较多缩缝量可以满足人体运动的需要。

（3）袖底弧线与袖窿弧线的配伍原理：越合体的袖型，袖底弧线的形态与衣身袖窿弧线的形态越近似。其中，前片比后片更近似。因人体手臂大多向前活动，所以前片需要合体，袖子与袖窿的吻合度更高。

3．袖身纸样设计原理

人体的手臂呈自然前倾型，所以袖身造型分为直身型和弯身型两类。因为人体的手臂呈自然前倾型，所以向前弯曲的弯身袖与直身袖相比，更加合体。

（1）直身袖的展开设计：直身袖的展开方法如图2-3-31所示。

（2）弯身袖的展开设计：弯身袖的基本结构如图2-3-32左图所示。弯身袖的展开方式多样，常见的弯身袖有两片袖和一片袖。两片弯身袖的展开方法如图2-3-32右图所示，一片收省弯身袖的展开方法如图2-3-33、图2-3-34所示。

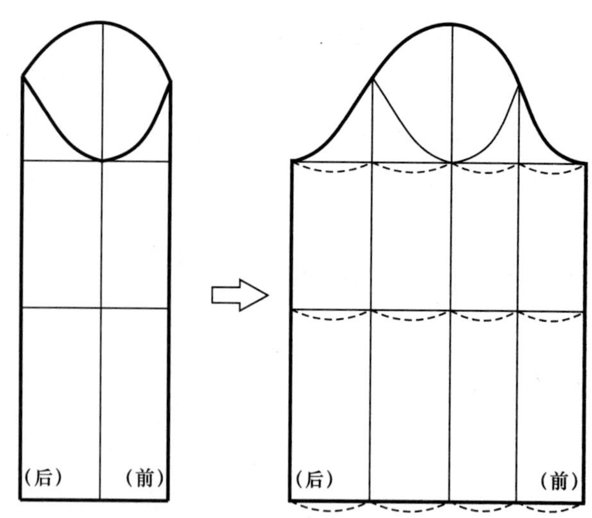

图2-3-31

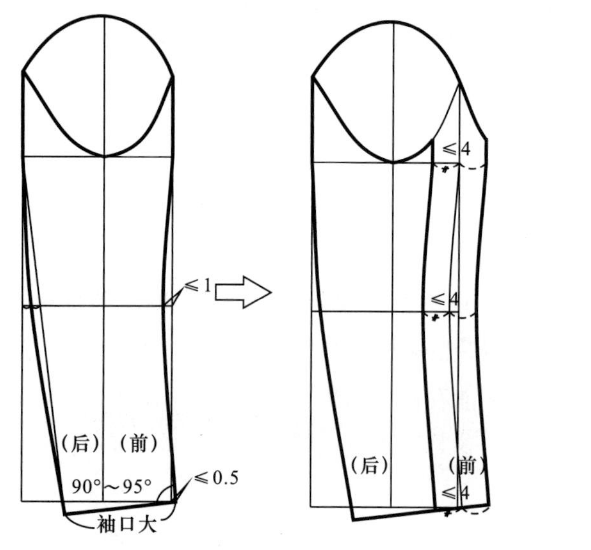

图2-3-32

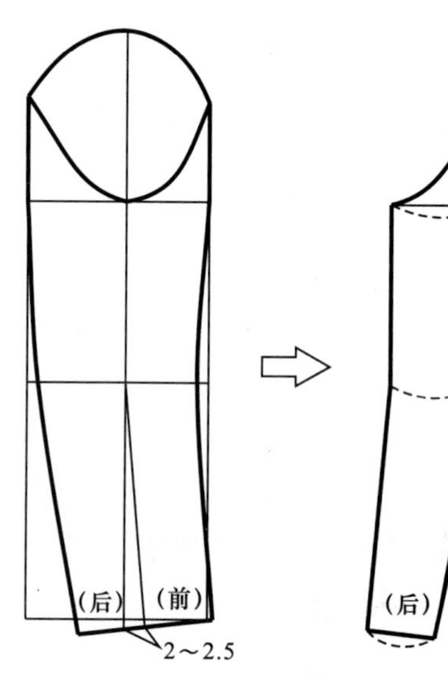

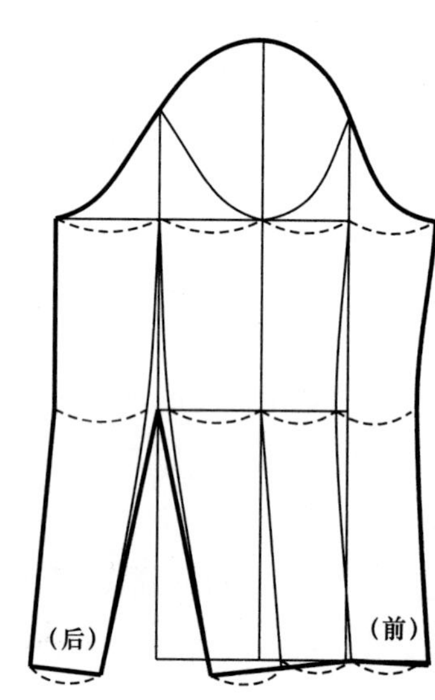

图2-3-33

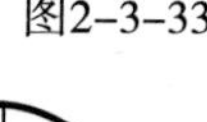

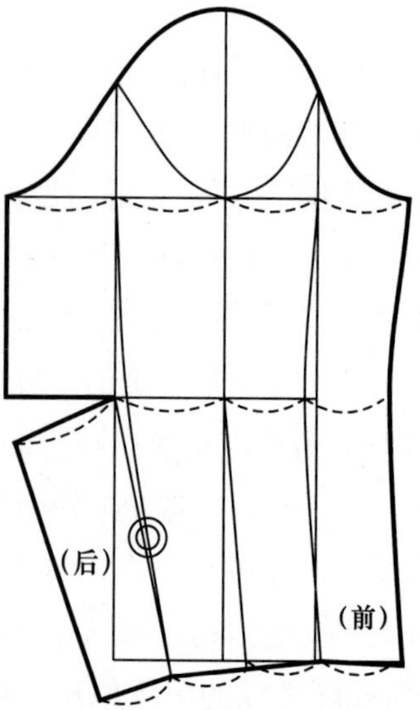

图2-3-34

4. 连身袖与分割袖纸样设计原理

（1）连袖和分割袖的本质：连袖其实是圆袖和衣身的组合，如图2-3-35所示，图中阴影部分是多余的松量，穿着在人体上会形成斜向的褶皱，如果从袖中缝将袖子分为前后两片，并分别向前后衣身旋转，阴影部分的量会越来越少，袖子会由宽松向合体变化，同时袖山底部会逐渐与衣身重叠，重叠量越大，袖子损失的活动量越大，袖子的舒适量会降低。所以决定连袖合体程度的首要因素是袖子与水平线的夹角，夹角越大，袖子越合体，但活动舒适性会降低。

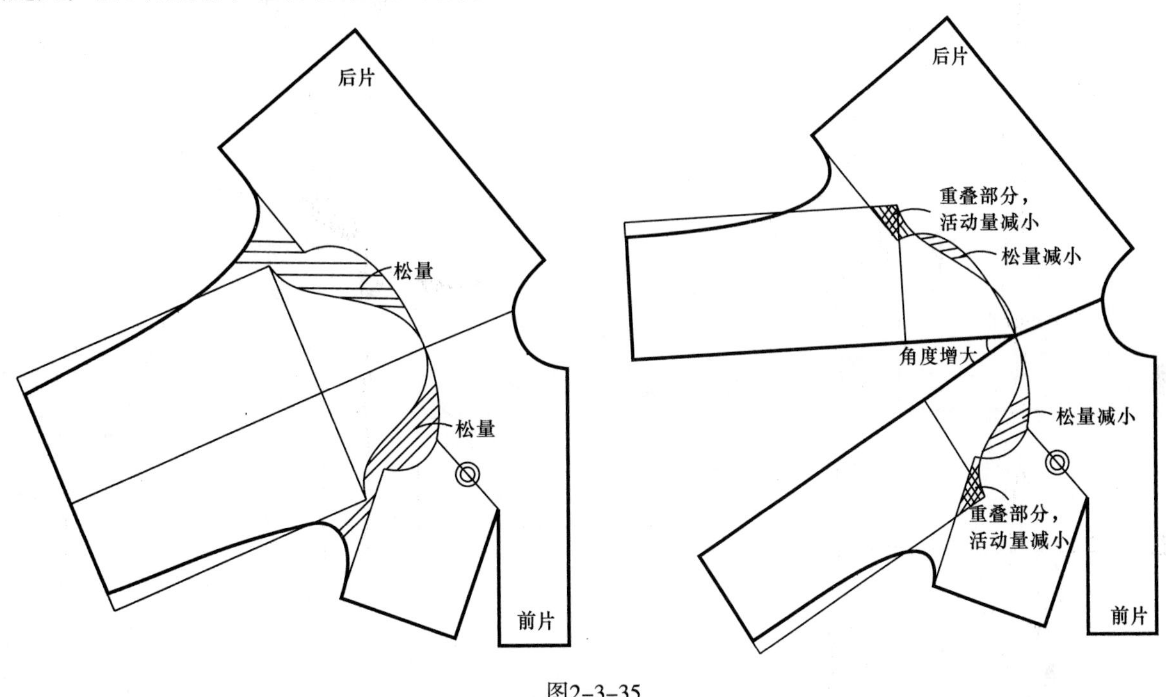

图2-3-35

分割袖是在连袖的基础上将袖子和衣身分离，如图2-3-36所示，这时袖山底部与衣身的重叠部分会打开，袖子的活动量会增加，所以同样角度的连袖和分割袖相比，分割袖的活动舒适性要好些。

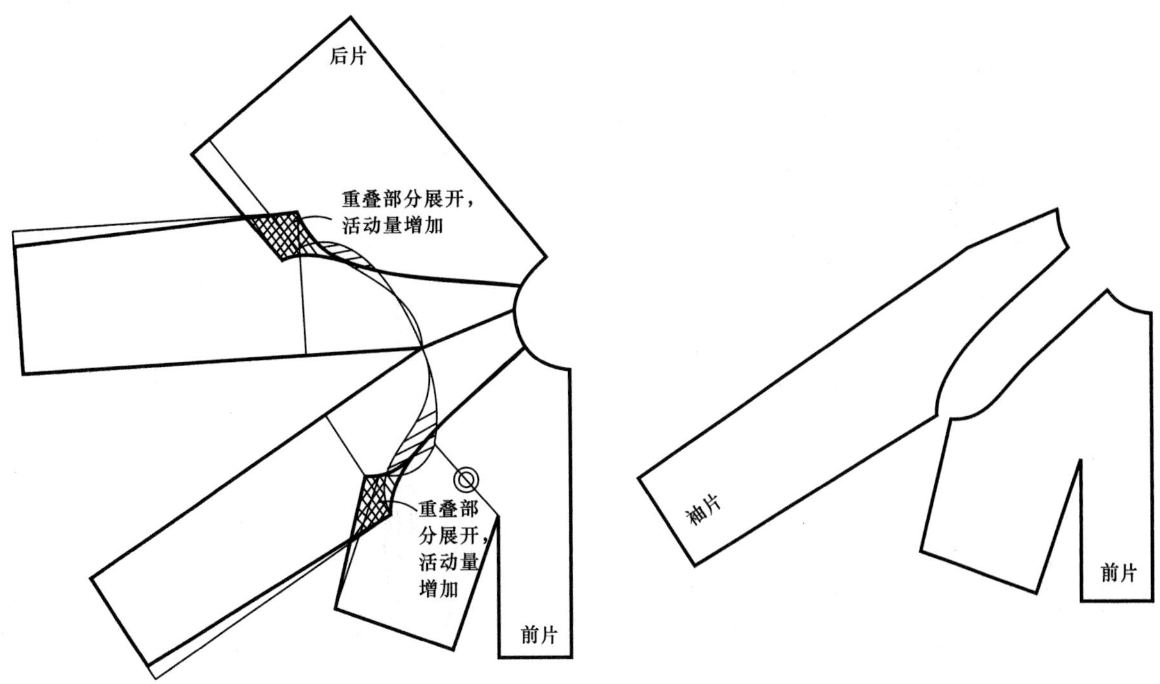

图2-3-36

（2）连袖和分割袖的角度设计原理：连袖和分割袖与水平线的夹角前片设为α，后片设为β。前α的设计规律为：宽松风格为0～肩斜角；较宽松风格为肩斜角～30°；较贴体风格为30°～45°；贴体风格为46°～60°。

后β的设计规律为：当前α的角度小于等于40°时，前后袖中线可以取一样的角度；当前α的角度大于40°时，后$\beta=\alpha-(\alpha-40°)/2$。因此服装举手的最大角度为$(\alpha+\beta)/2$。

（3）连袖袖山高的设计原理：设计方法同装袖。

（4）连袖袖身的设计原理：合体连袖的袖身也需要设计成弯身型，方法如图2-3-37所示。

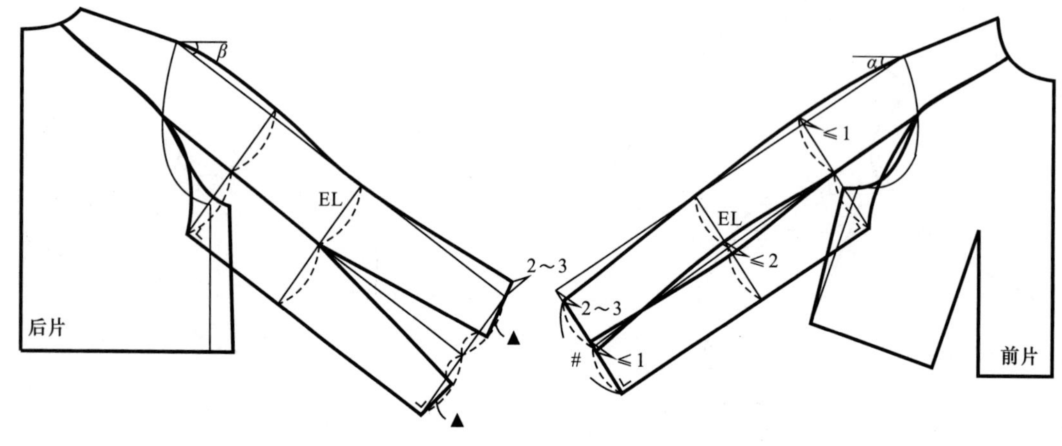

图2-3-37

第三章 图解下装系列纸样

第一节 图解半身裙系列纸样

一、案例1：高腰一步裙（图3-1-1）

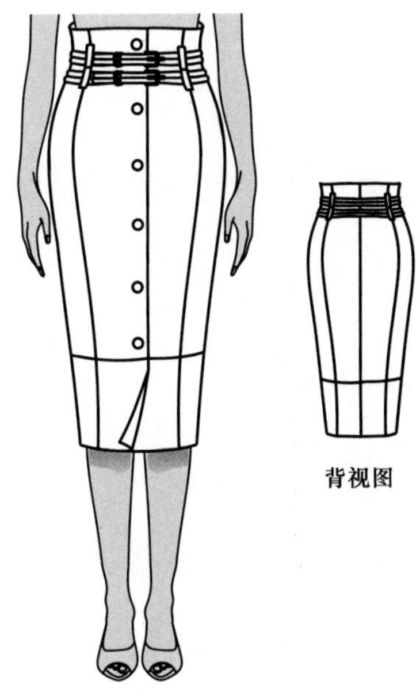

图3-1-1

（一）规格设计（表3-1-1）

表3-1-1

单位：cm

160/68A	腰围（W）	臀围（H）	裙长	前腰节长	胸高
人体尺寸	68	90	—	41	25
原型尺寸	69	94	52	—	—
服装尺寸	69	94	64	41	25

（二）面、辅料说明

本款适合较挺括的中等厚度的纯毛、混纺面料。需双幅面料，长度为裙长+10cm；需同裙长的薄型黏合衬和6颗纽扣。

（三）制图要点（图2-1-6）

本书中的半身裙案例都是在裙装原型的基础上进行制图的，裙原型制图方法如图2-1-6所示，尺寸见表3-1-1。

图3-1-2中的△表示原型后腰省的大小，●表示原型前腰省的大小。

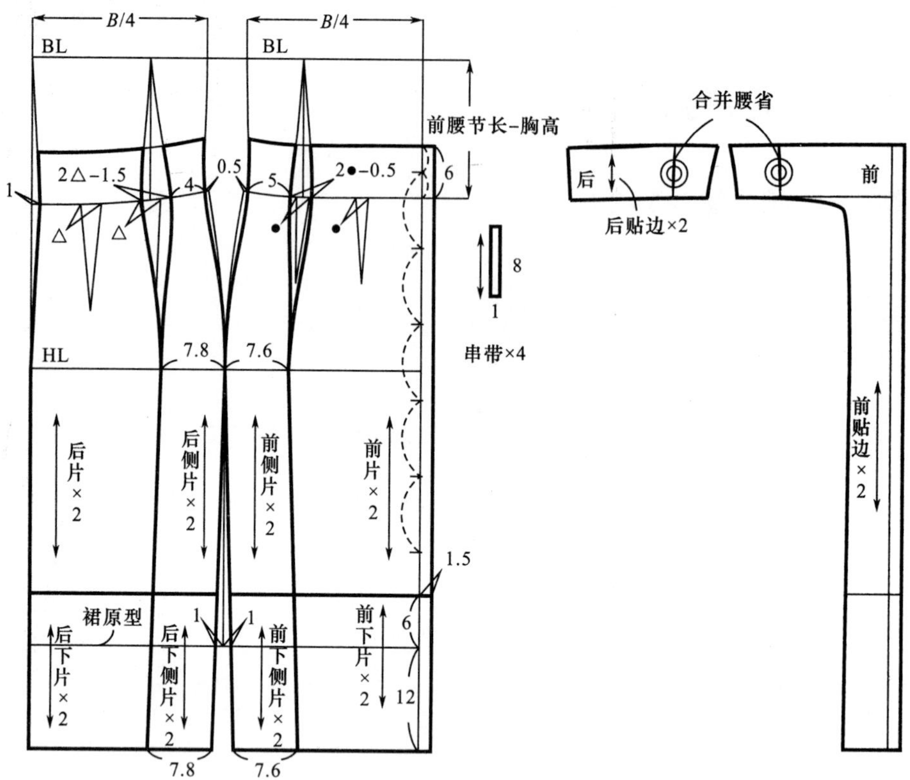

图3-1-2

（四）系列纸样变化（图3-1-3、图3-1-4）

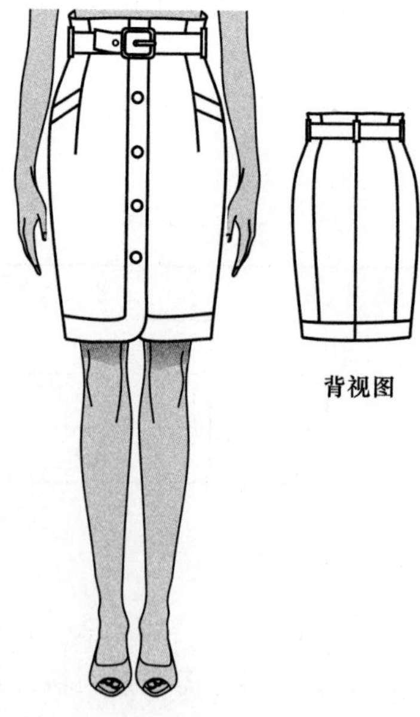

图3-1-3

图3–1–3所示款式的结构是在图3–1–2的基础上变化而来的，如图3–1–4所示。

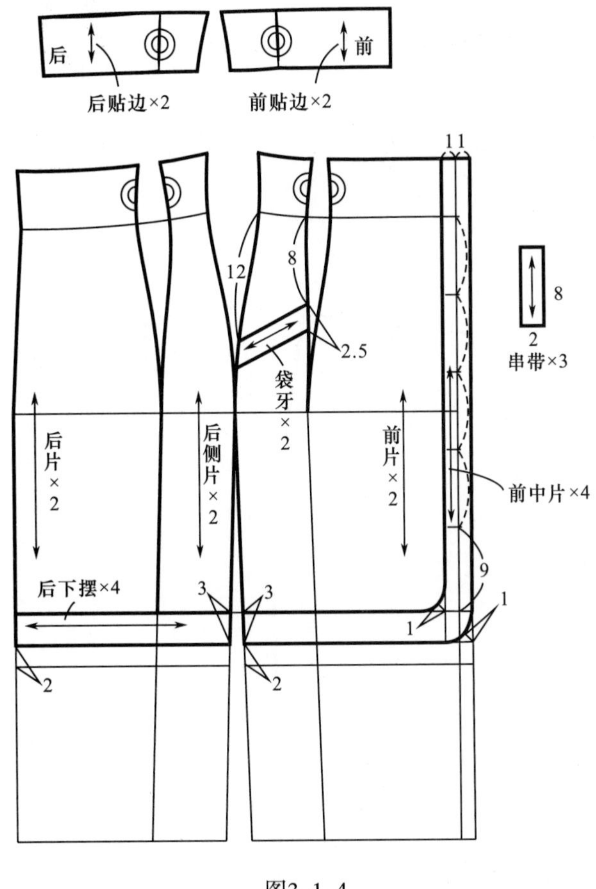

图3–1–4

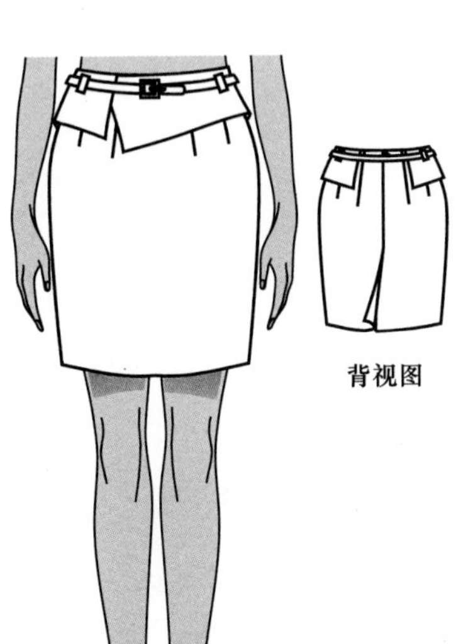

图3–1–5

二、案例2：腰部盖片直筒短裙（图3–1–5）

（一）规格设计（表3–1–2）

表3–1–2

单位：cm

160/68A	腰围（W）	臀围（H）	裙长
人体尺寸	68	90	—
原型尺寸	69	94	52
服装尺寸	69	94	47

（二）面、辅料说明

本款适合中等偏薄的较挺括的纯毛、混纺面料。需双幅面料，长度为裙长+10cm；需同腰围尺寸的薄型黏合衬和20cm长隐形拉链1根。

（三）制图要点（图3–1–6、图3–1–7）

如图3–1–6所示，裙长在原型的基础上缩短了5cm，侧缝收进0.5cm，后衩宽4cm，注意衩的高度不要高过两倍臀长的尺寸。

如图3–1–7所示，分别合并前后腰省，画顺腰围弧线，绘制前后腰部盖片的造型，注意裁剪时，要裁成双层，裙身腰部里层要装贴边。

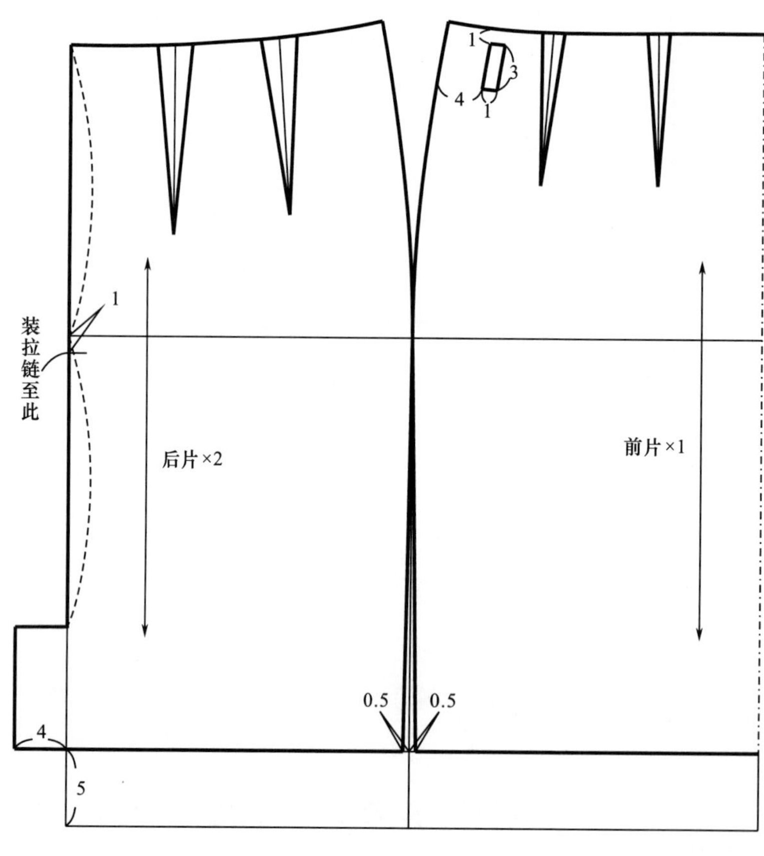

图3–1–6

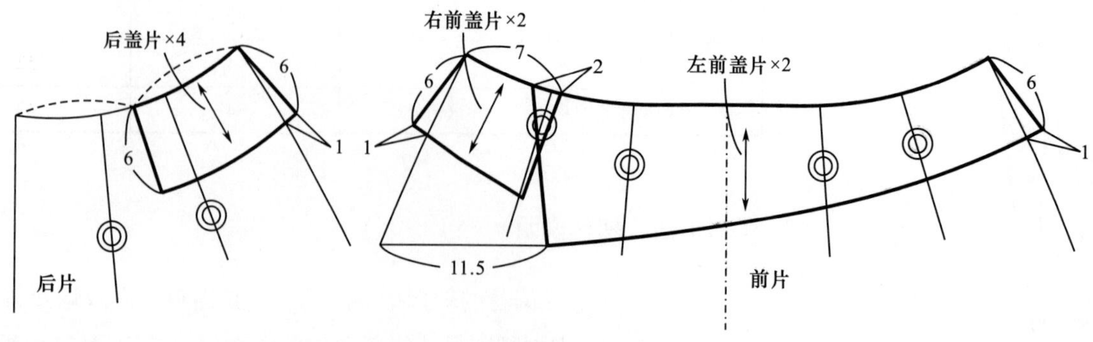

图3–1–7

（四）系列纸样变化（图3-1-8～图3-1-10）

款式图3-1-8的结构是在图3-1-6的基础上变化而来的，如图3-1-9所示，将前腰省延长到臀围线上，重新绘制省线，腰部降低了3cm。

各裁片如图3-1-10所示，注意本款需要普通裤装拉链，需要自己绘制门襟和里襟，所以前腰头的左右不一样长，左腰头的前端要加长3cm，即里襟的宽度。另外，袋垫布靠近袋口的部位裁剪时需要读者自己适当加宽，防止口袋布漏出来，口袋布需要读者自己绘制。

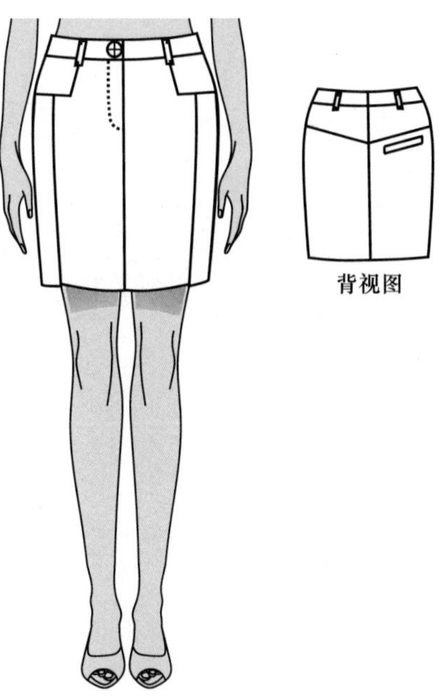

图3-1-8

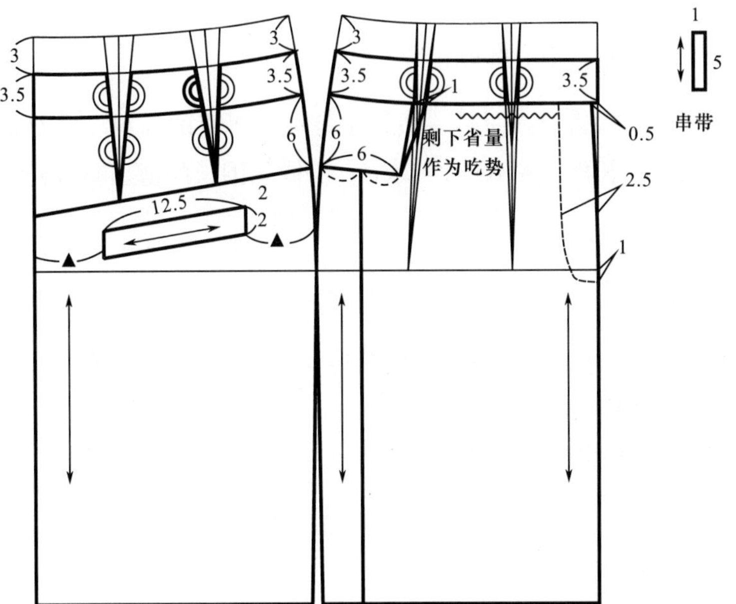

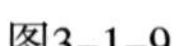
图3-1-9

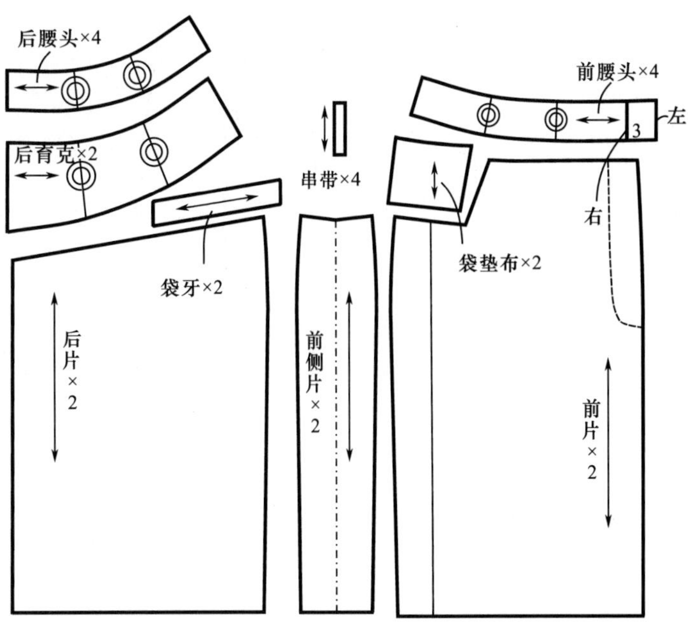

图3-1-10

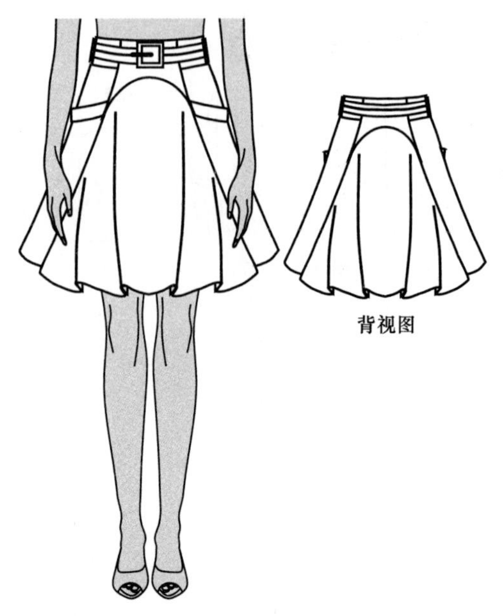

图3-1-11

三、案例3：分割波浪摆短裙（图3-1-11）

（一）规格设计（表3-1-3）

表3-1-3　　单位：cm

160/68A	腰围（W）	臀围（H）	裙长
人体尺寸	68	90	—
原型尺寸	69	94	52
服装尺寸	69	—	48

（二）面、辅料说明

本款适合悬垂性一般，中等偏薄厚度的面料。需双幅面料，长度为裙长×2+10cm；需同腰围长的薄型黏合衬和20cm长的隐形拉链1根。

（三）制图要点（图3-1-12～图3-1-15）

因为本款下摆是波浪裙，所以需要合并原型裙的腰省，展开下摆。如图3-1-12所示，先将腰省延长到臀围线上，然后合并腰省，展开下摆，得到图3-1-13所示的结构。

如图3-1-14所示，在图3-1-13的基础上绘制各分割线和下摆展开线。

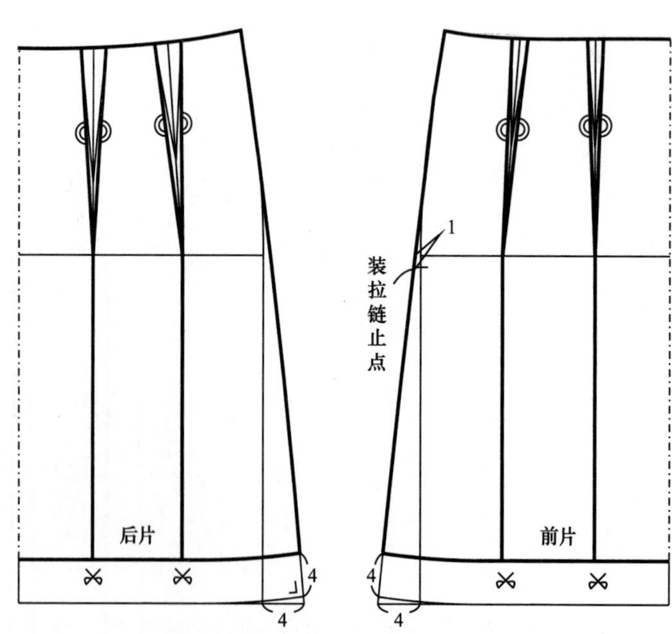

图3-1-12

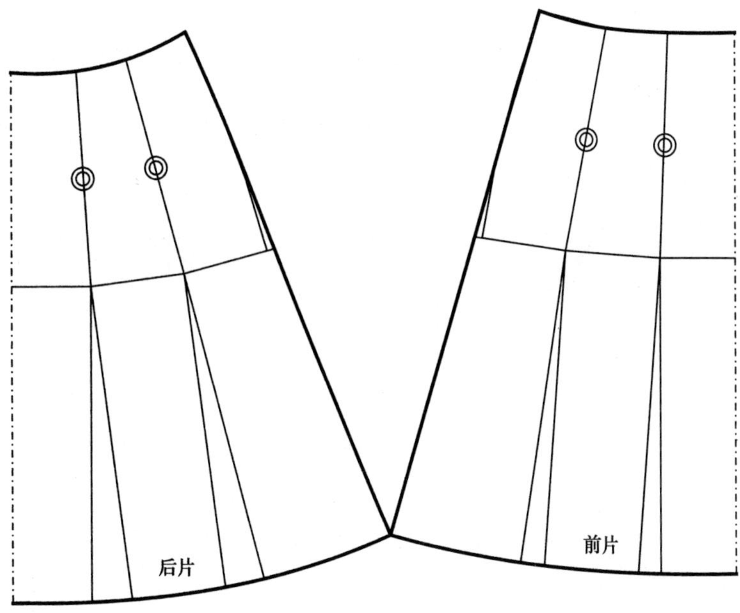

图3-1-13

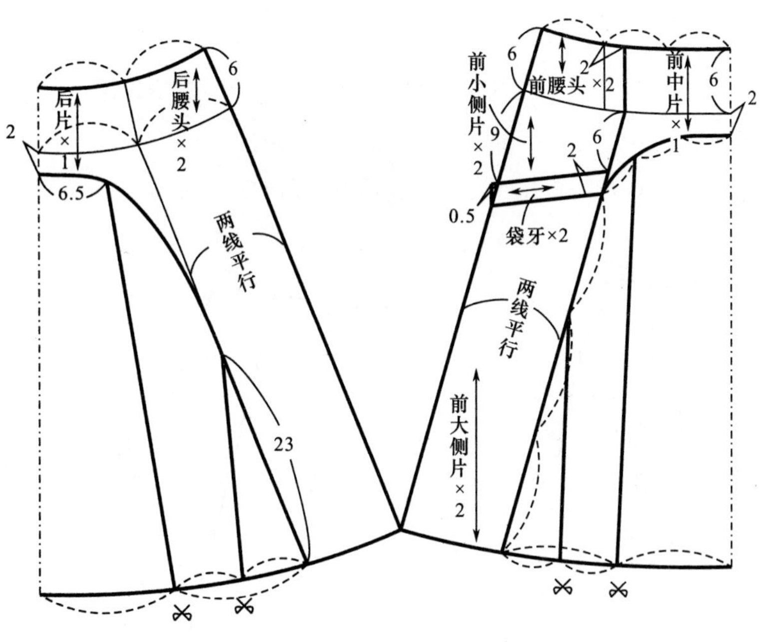

图3-1-14

如图3-1-15所示，剪开下摆展开线，拉展下摆，画顺分割线和下摆。

（四）系列纸样变化（图3-1-16~图3-1-19）

款式图3-1-16的结构是在图3-1-13的基础上变化而来的，如图3-1-17所示，分割了6cm宽的腰带，并绘制拉展分割线。

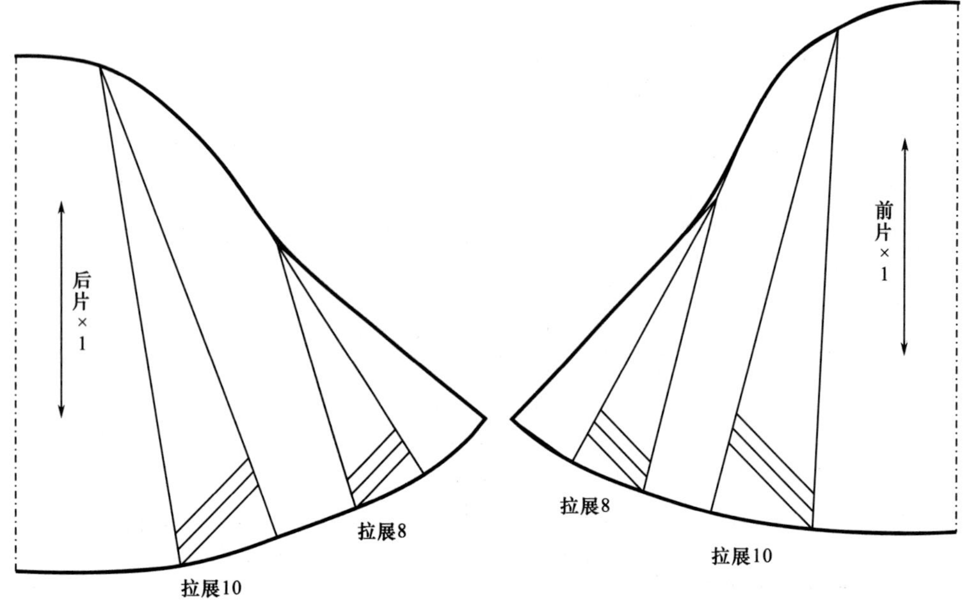

图3-1-15

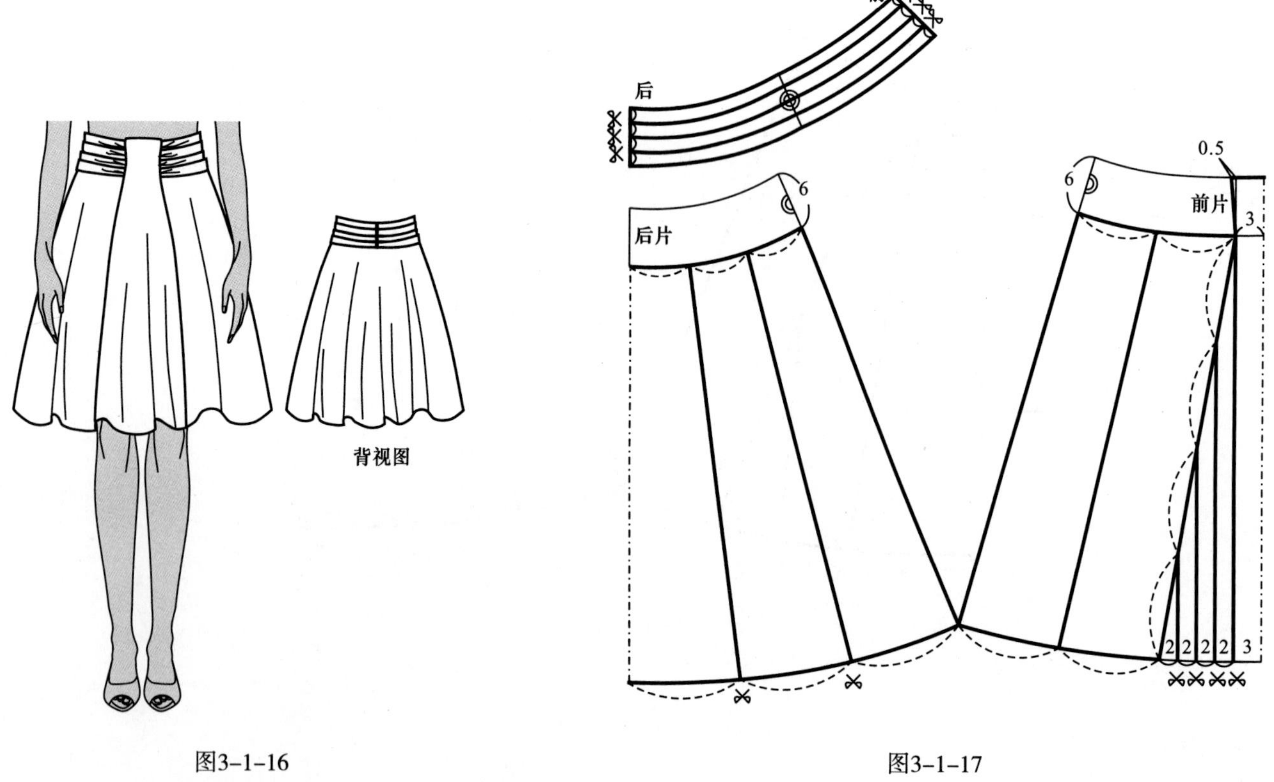

图3-1-16

图3-1-17

如图3-1-18所示，拉展前片和后片的下摆。

如图3-1-19所示，平行拉展腰带的倒褶，不平行拉展前中片的下摆波浪造型，注意，读者需要自己根据图3-1-17所示的未拉展腰头图裁剪腰头里。

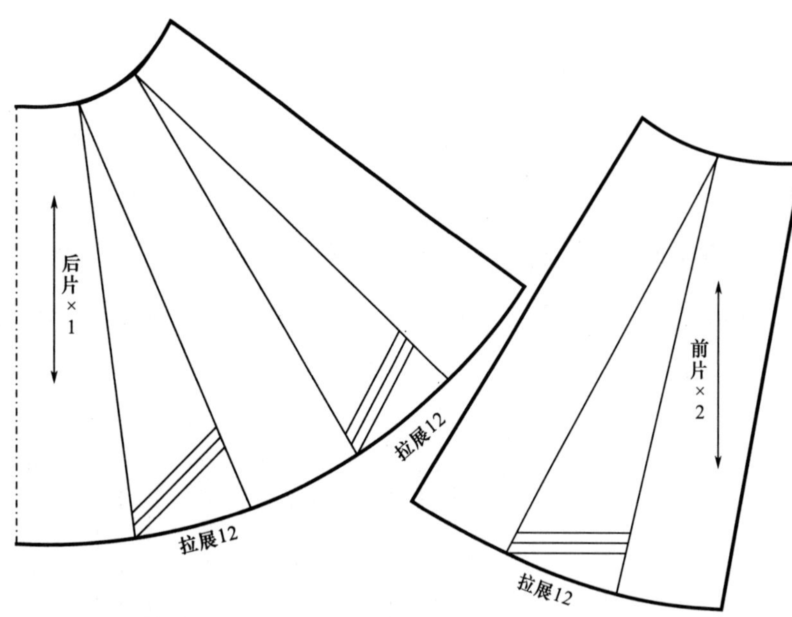

图3-1-18

每个拉展1
腰头×2
每个拉展1
腰头
前中片×1
每个拉展4

图3-1-19

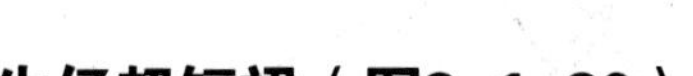

四、案例4：低腰牛仔超短裙（图3-1-20）

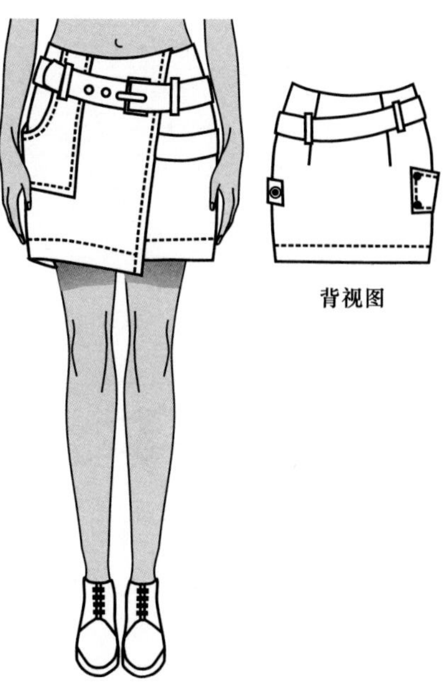

图3-1-20

（一）规格设计（表3-1-4）

表3-1-4　　单位：cm

160/68A	腰围（W）	臀围（H）	裙长
人体尺寸	68	90	—
原型尺寸	69	94	52
服装尺寸	77	94	38

（二）面、辅料说明

本款适合较挺括的牛仔、纯棉面料。需双幅面料，长度为裙长+10cm；需1.2倍臀围长的薄型黏合衬和内径为4cm的金属扣襻1副。

（三）制图要点（图3-1-21、图3-1-22）

如图3-1-21所示，本款为低腰裙，先将原型裙的前后腰省延长到臀围线上，重新绘制省线，然后将腰围线降低4cm，前片裙摆造型左右不对称。

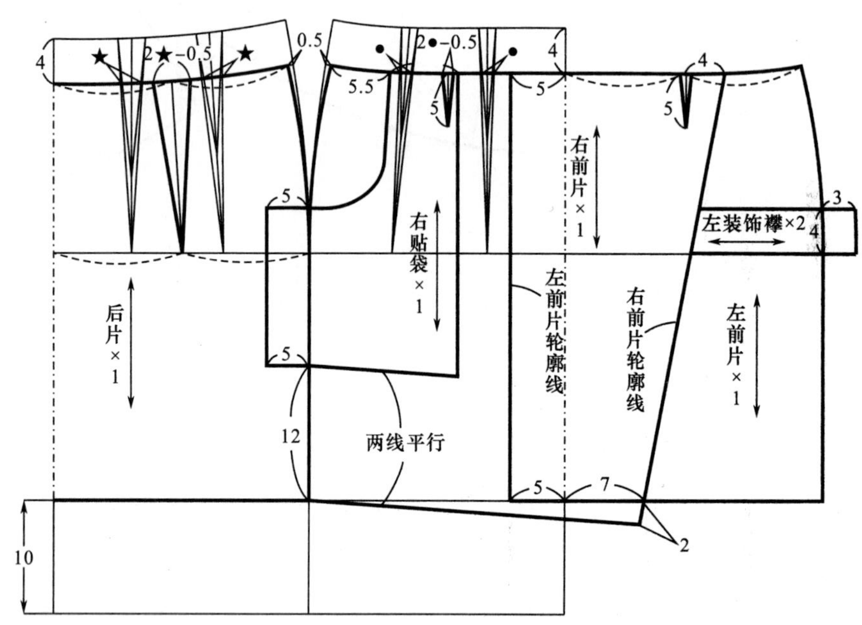

图3-1-21

如图3-1-22所示，为了保证腰头与人体弧度吻合，腰头直接在裙身上绘制，成弧形。

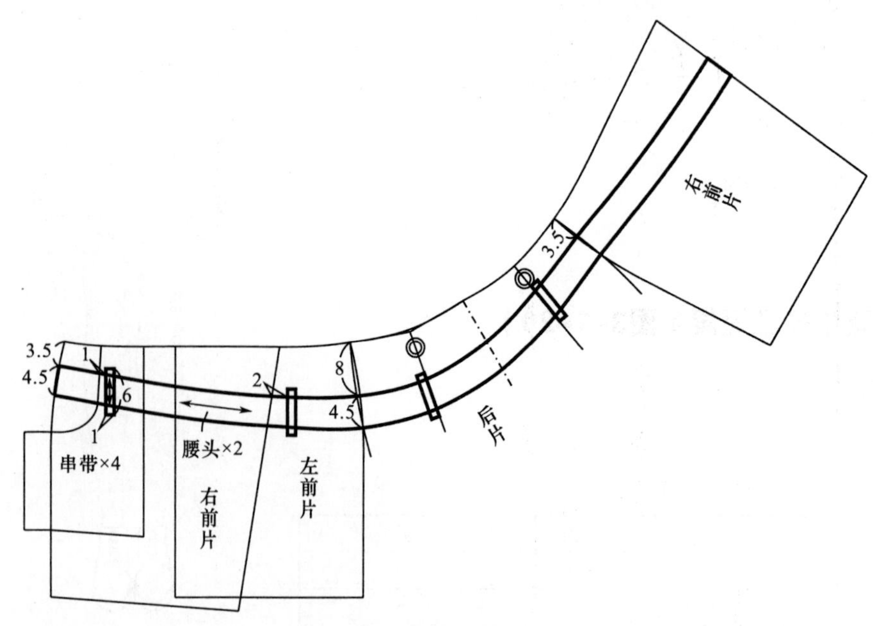

图3-1-22

（四）系列纸样变化（图3-1-23~图3-1-25）

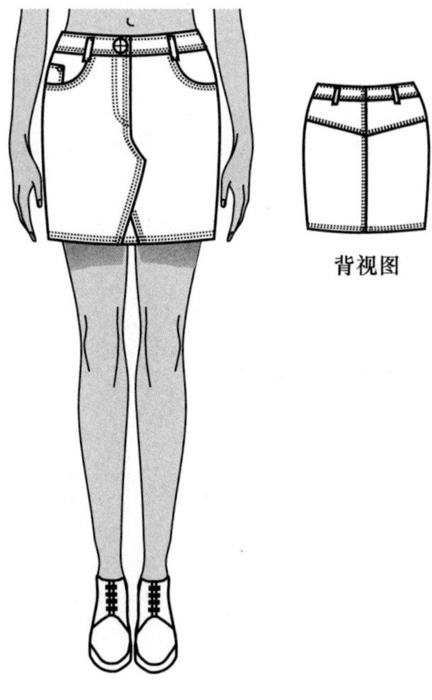

图3-1-23

如图3-1-24所示，款式图3-1-23是在图3-1-21的基础上变化而来。注意，前片制图是在图3-1-21的左前片上绘制的。

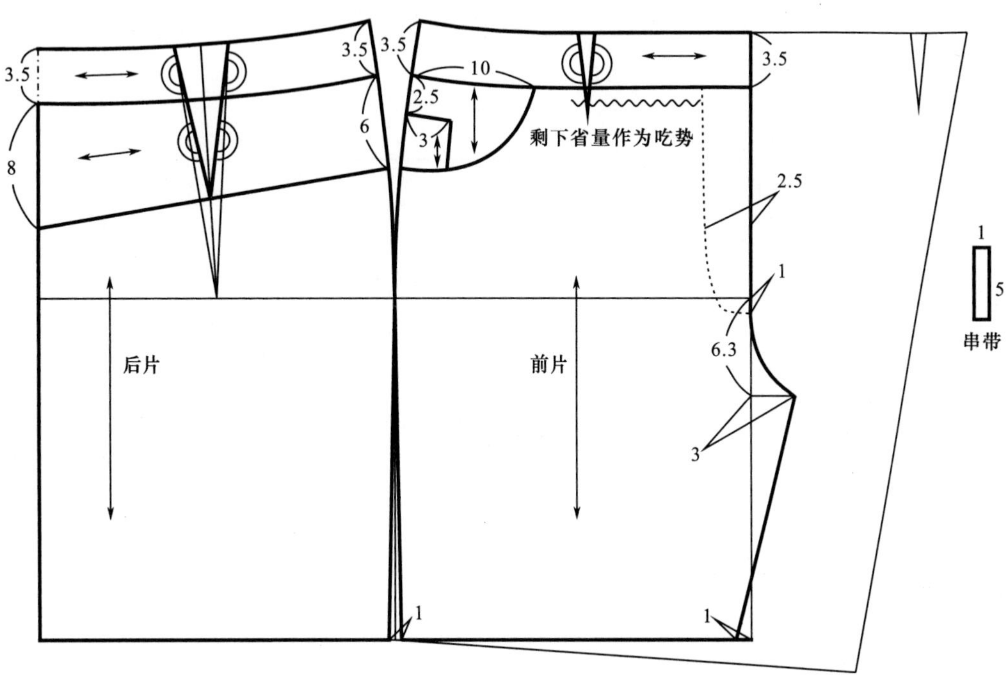

图3-1-24

裁片如图3-1-25所示。注意，本款装普通裤装拉链，需要读者自己绘制门襟和里襟，所以前腰带的前端左右不一样长，左腰带的前端要加长3cm，即里襟的宽度。另外，袋垫布靠近袋口部位需要读者自己适当加宽，防止口袋布漏出来，口袋布也需要读者自己绘制。

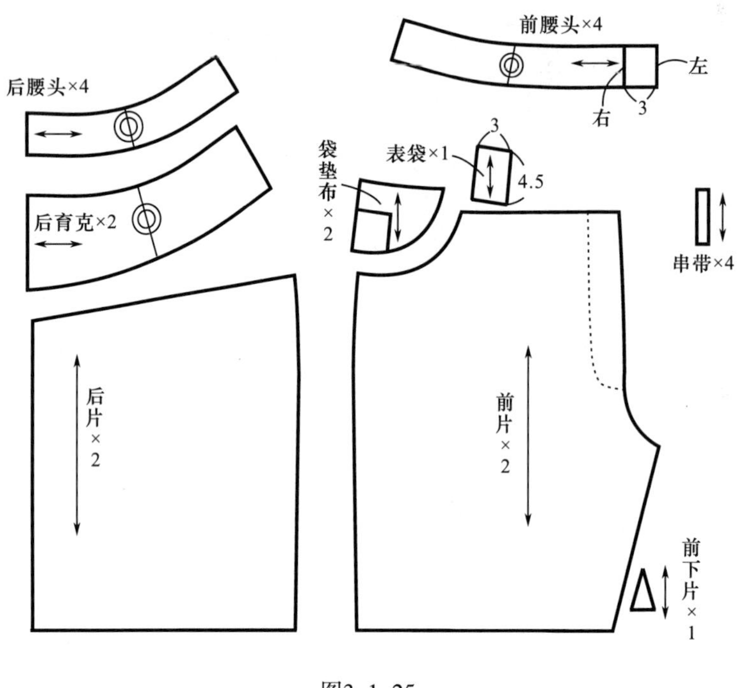

图3-1-25

五、案例5：不对称大摆裙（图3-1-26）

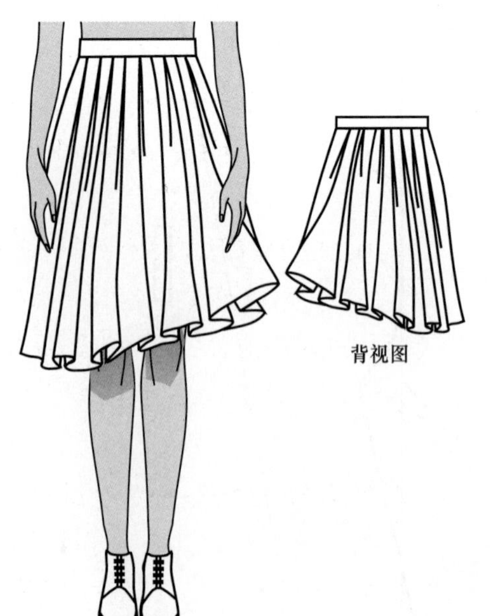

图3-1-26

（一）规格设计（表3-1-5）

表3-1-5　　单位：cm

160/68A	腰围（W）	裙长
人体尺寸	68	—
原型尺寸	69	52
服装尺寸	69	52

（二）面、辅料说明

本款适合悬垂性较好的雪纺面料。需双幅面料，长为180cm；需同腰围尺寸的薄型黏合衬和20cm长隐形拉链1根。

（三）制图要点

如图3-1-27所示，绘制大摆裙的基本形态，注意后腰围线比前腰围线在中心位置要降低1cm。在裙装基本形态上绘制拉展线。腰头宽2.5cm，长为腰围尺寸。

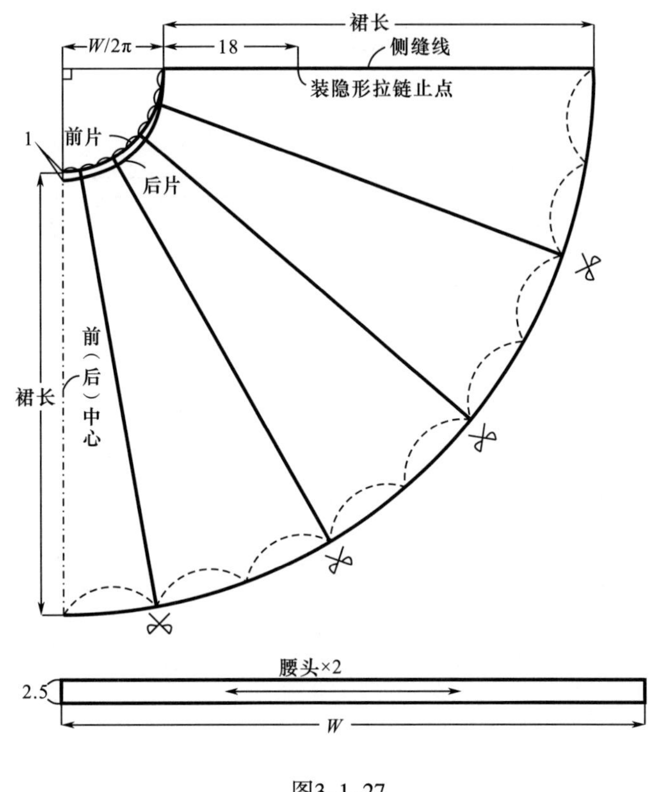

图3-1-27

如图3-1-28所示，沿拉展线不平行展开裙腰和裙摆，其中裙腰每个褶皱拉展4cm，裙摆每个褶皱拉展8cm。根据不对称下摆造型，将左下摆缩短7cm，绘制下摆弧线。

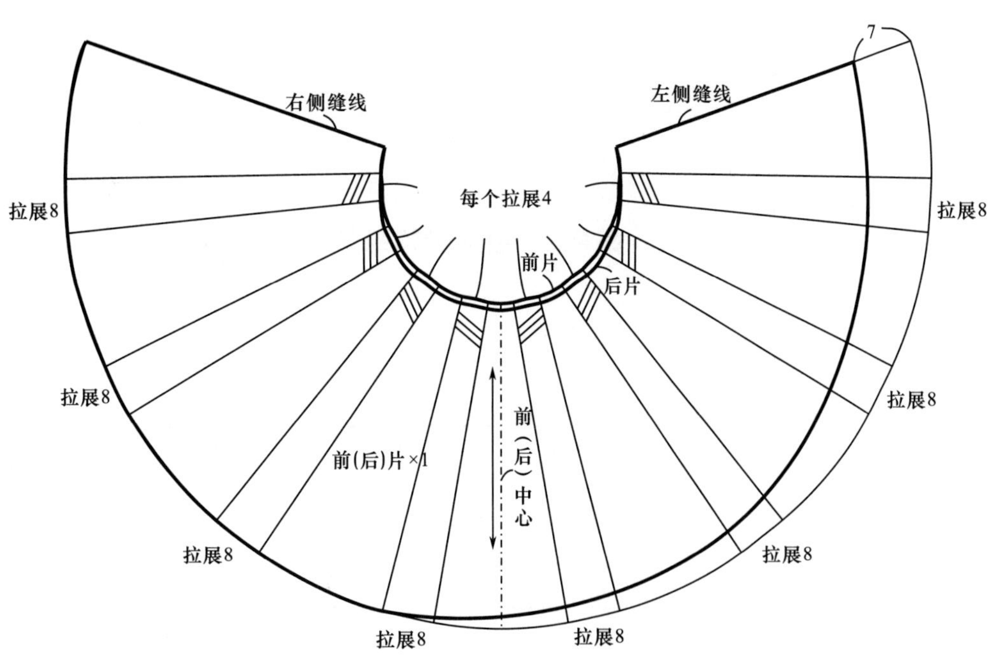

图3-1-28

（四）系列纸样变化（图3-1-29、图3-1-30）

如图3-1-30所示，款式图3-1-29是在图3-1-27的基础上变化而来，裙长加长了12cm，下摆为不规则造型。

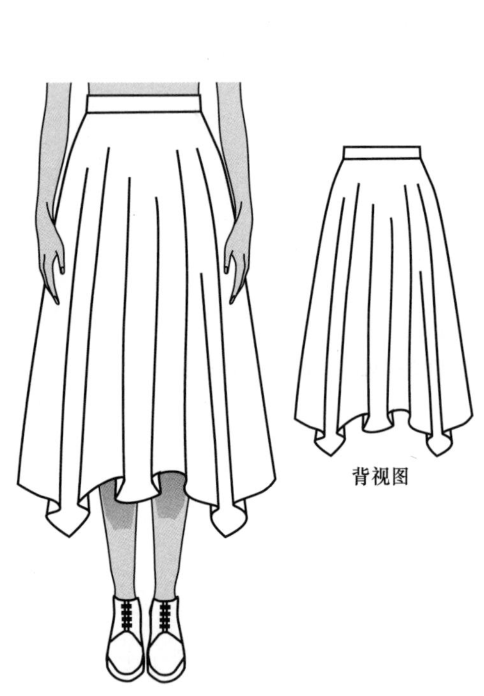

图3-1-29

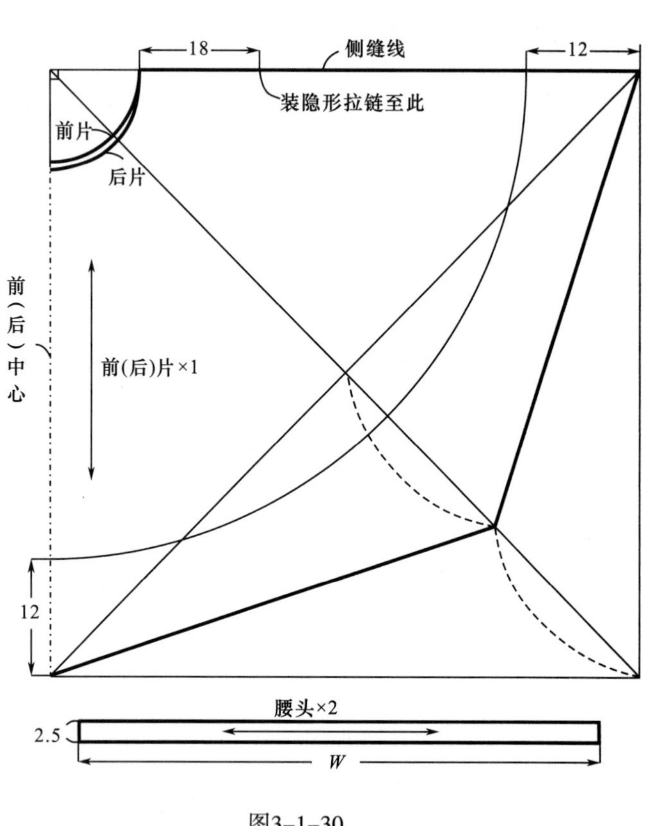

图3-1-30

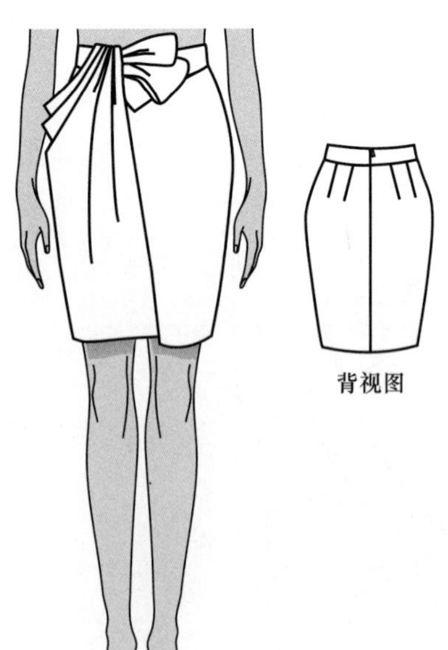

图3-1-31

六、案例6：适腰蝴蝶结褶裙（图3-1-31）

（一）规格设计（表3-1-6）

表3-1-6　　单位：cm

160/68A	腰围（W）	臀围（H）	裙长
人体尺寸	68	90	—
原型尺寸	69	94	52
服装尺寸	69	94	48

（二）面、辅料说明

本款适合中等厚度的较挺括的纯毛、混纺面料。需双幅面料，长度为裙长×2+20cm；需要薄型黏合衬1m和20cm长的隐形拉链1根。

（三）制图要点（图3–1–32～图3–1–35）

如图3–1–32所示，合并原型的腰省，后片分割腰带3.5cm，前片分割育克，●表示原型前腰省的大小，后中心装隐形拉链。

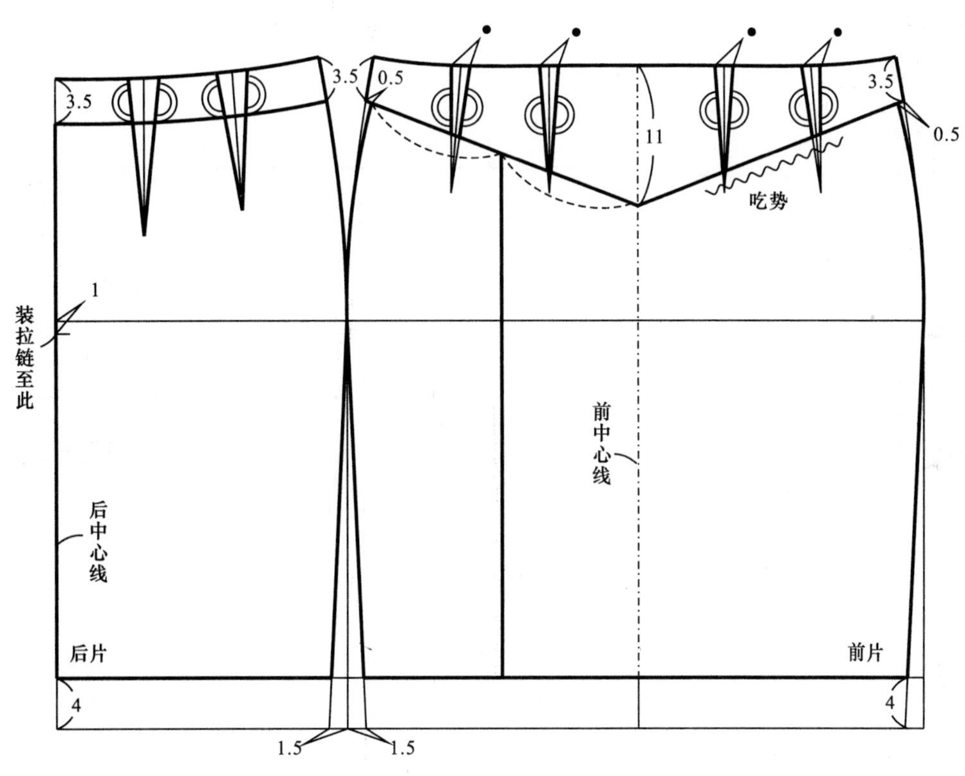

图3–1–32

如图3–1–33所示，合并后片腰省，画顺腰带，合并前片腰省，画顺育克，并对称，绘制育克分割线，图3–1–34绘制的蝴蝶结就缝制在分割线上。将裙前片分割为两片，右片用面料制作，左片用里料制作。

如图3–1–34所示，根据育克分割线的形状绘制蝴蝶结，因为蝴蝶结要对折后缝合在育克分割线上，所以蝴蝶结的两端形状要对称。

如图3–1–35所示，绘制褶皱展开线1～线5。其中，线1水平展开6cm；线2、线3不平行展开，每条线只是上端展开3cm；线4、线5和线6不平行展开，每条线上端展开3cm，下端展开6cm，再在线2、线3展开褶皱的基础上收掉腰省●。

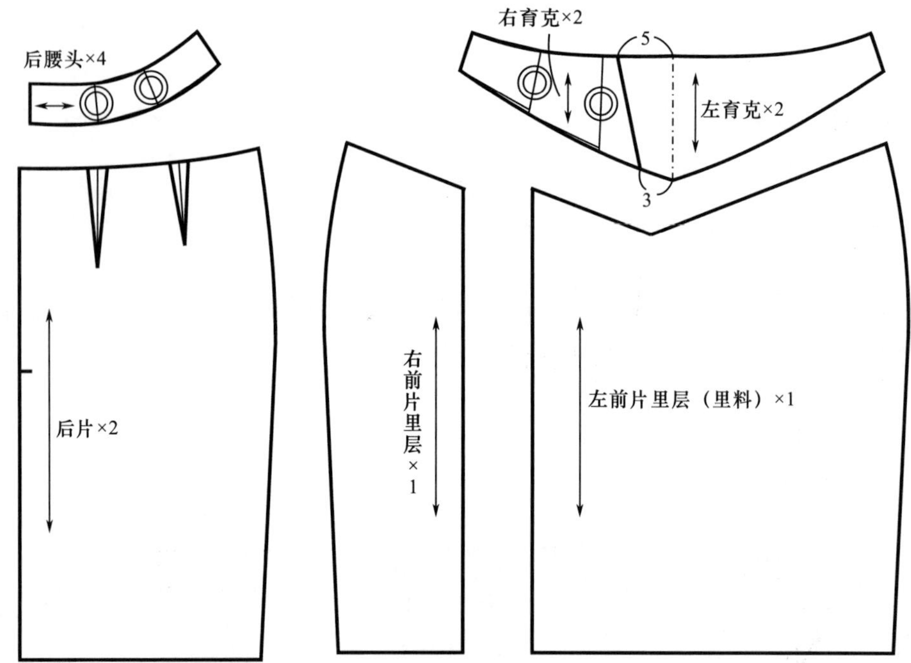

图3-1-33

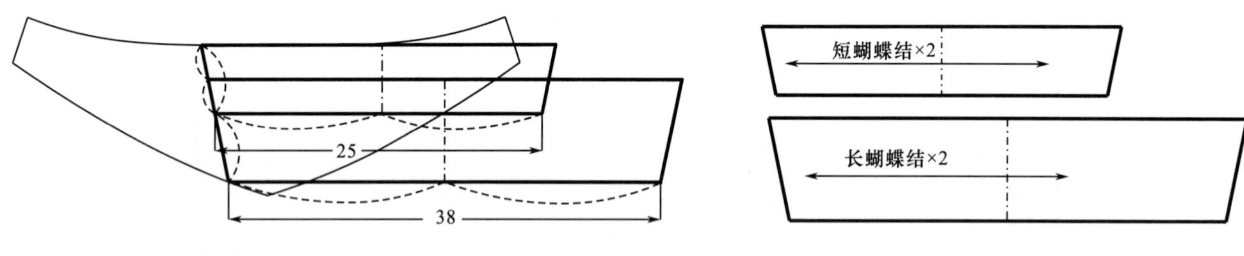

蝴蝶结制图

图3-1-34

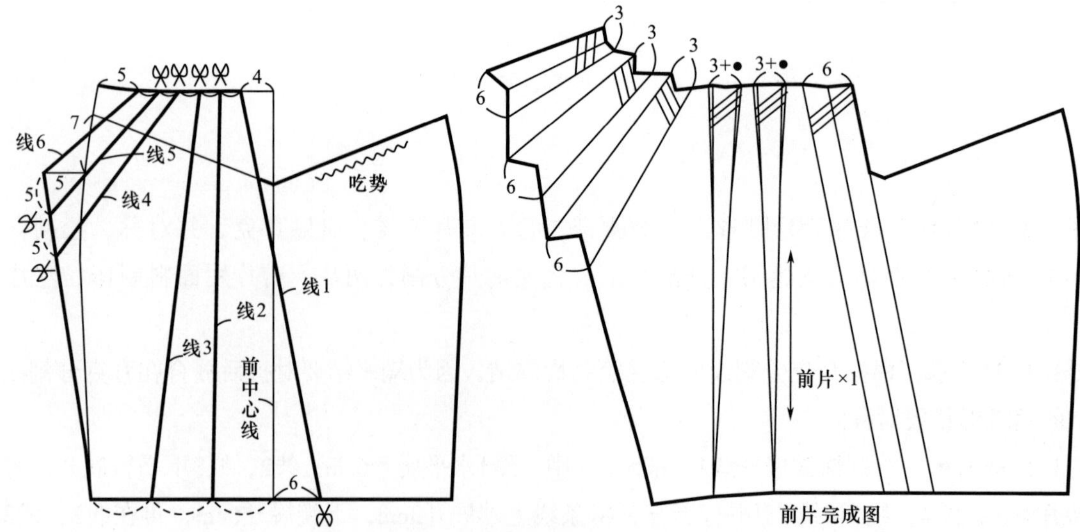

图3-1-35

第二节 图解裤装系列纸样

一、案例1：高腰短裤（图3-2-1）

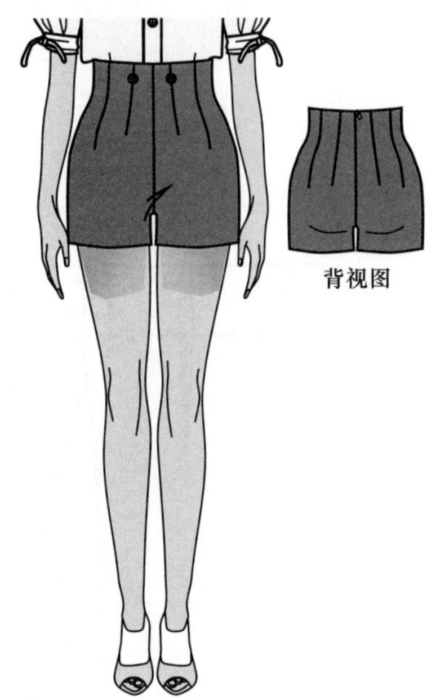

图3-2-1

（一）规格设计（表3-2-1）

表3-2-1 单位：cm

160/68A	腰围（W）	臀围（H）	上裆（CR）	裤长	裆宽	后裆夹角	前腰节长	胸高
人体尺寸	68	90	27	—	—	—	41	25
服装尺寸	69	94	28	41	0.15 *H*	10°	41	25

（二）面、辅料说明

本款适合中等厚度的较挺括的纯毛、混纺面料。需双幅面料，长为裤长+10cm；需同腰头长的薄型黏合衬；2颗纽扣和27cm长隐形拉链1根。

（三）制图要点（图3-2-2）

如图3-2-2所示，绘制高腰裤，需要沿裤腰围线向上延长前腰节长-胸高的尺寸，合体的裤装前臀围小于后臀围，前腰省量小于后腰省量，短裤的裤口要绘制成直角。将腰上的腰省合并后，绘制前后腰的贴边。

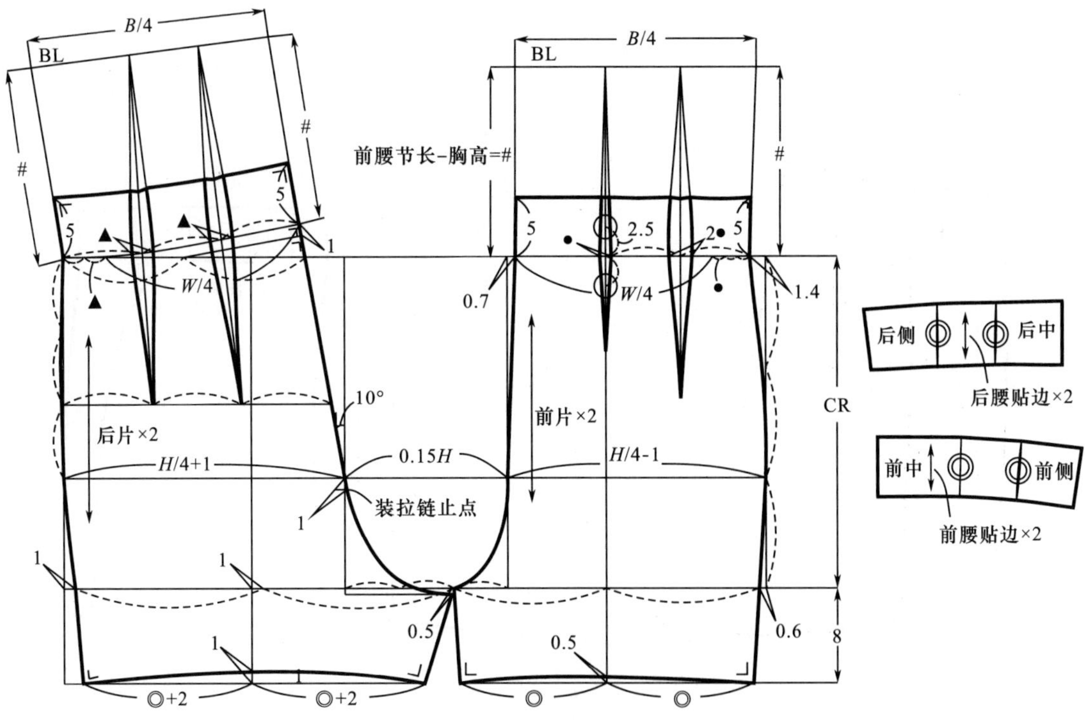

图3-2-2

（四）系列纸样变化（图3-2-3~图3-2-5）

款式图3-2-3的结构是在图3-2-2的基础上变化而来，如图3-2-4所示。

背视图

图3-2-3

2
4
2.4
装拉链止点

图3-2-4

后侧片×2
后片×2
装拉链止点
前片×2
前侧片×2
前侧装饰片×4

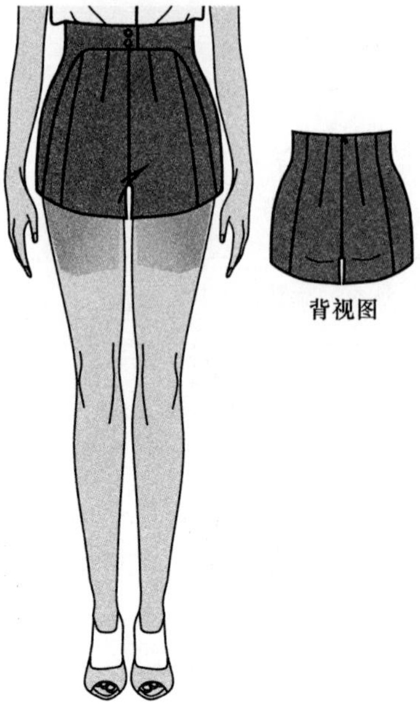

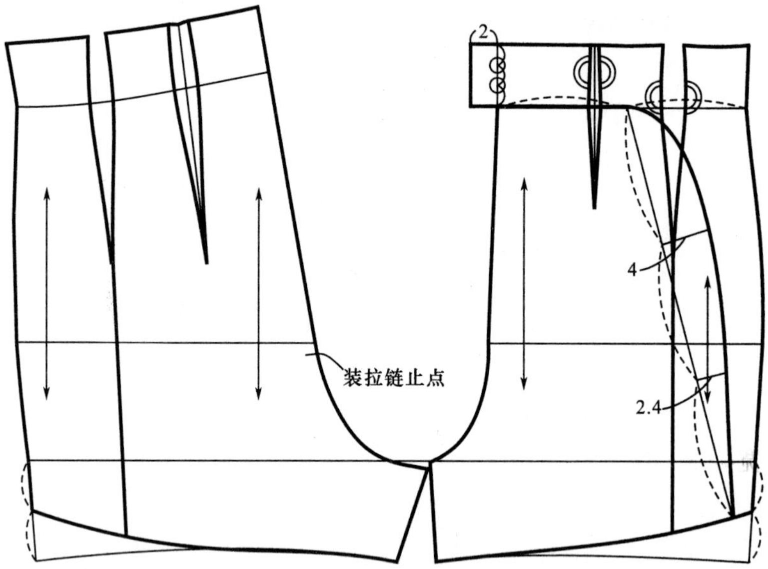

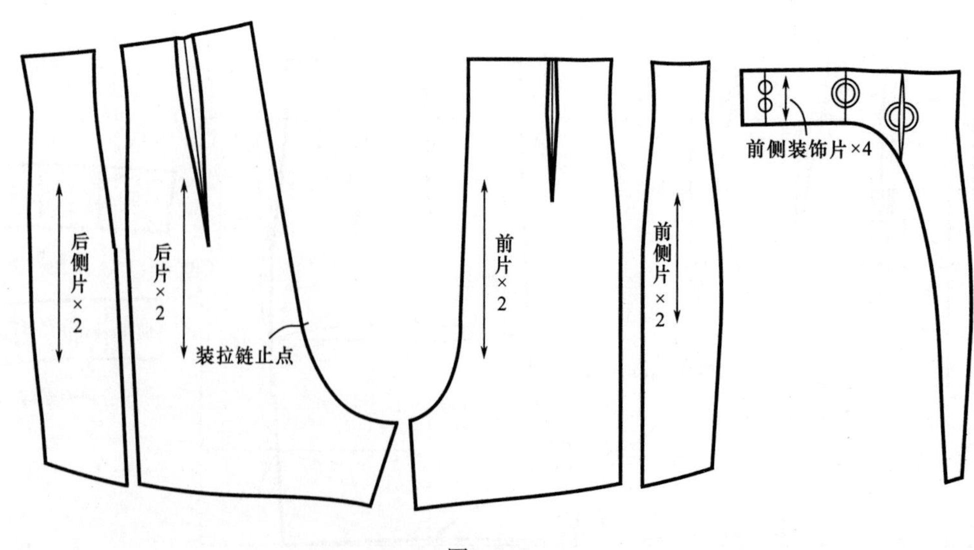

图3-2-5

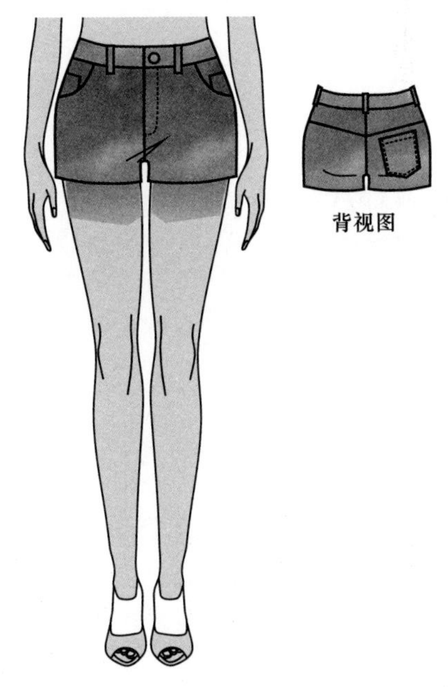

图3-2-6

二、案例2：低腰热裤（图3-2-6）

（一）规格设计（表3-2-2）

表3-2-2　　单位：cm

160/68A	腰围（W）	臀围（H）	上裆（CR）	裤长	裆宽	后裆夹角
人体尺寸	68	90	27	—	—	—
服装尺寸	74.4	94	27	29	0.15 *H*	10°

（二）面、辅料说明

本款适合中等偏薄厚度的较挺括的棉、毛、混纺面料。需双幅面料，长为裤长+10cm；需同腰头长的薄型黏合衬；1颗纽扣和18cm长的普通拉链1根。

（三）制图要点（图3-2-7、图3-2-8）

如图3-2-7所示，低腰裤需要将腰省延长到臀围线上，然后根据款式降低腰围线3cm，再分割腰带宽4cm，前片设计有月牙形口袋，如果前片还余下较大的省量，可在袋口收掉省量0.5~1cm，侧缝撇掉0.5cm，剩下的省量作为吃势，绱腰时缩缝。后片省量则可转入育克的分割线里。

各裁片如图3-2-8所示。

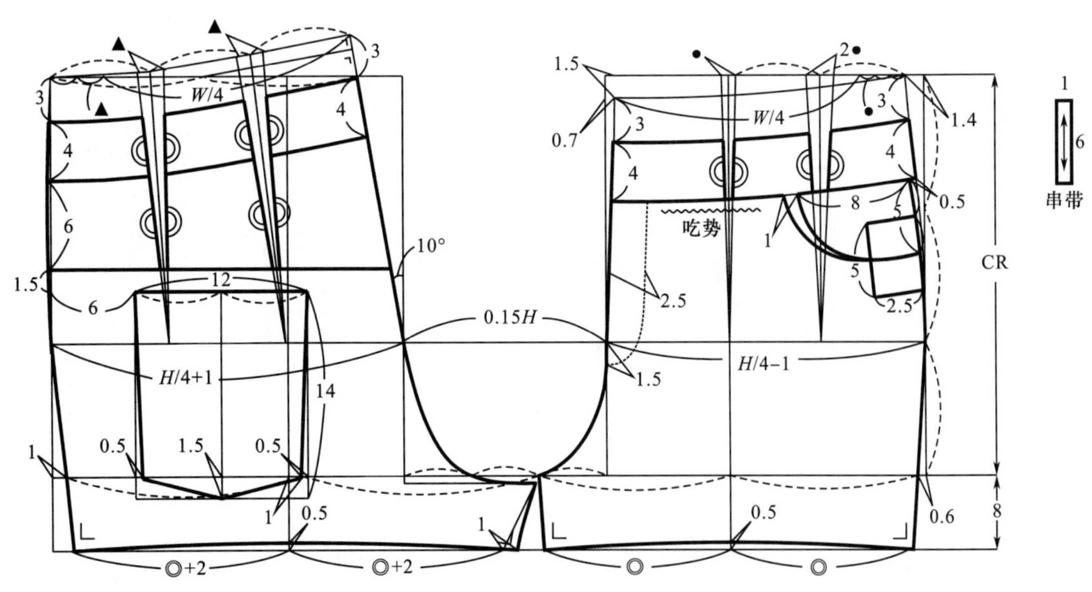

图3-2-7

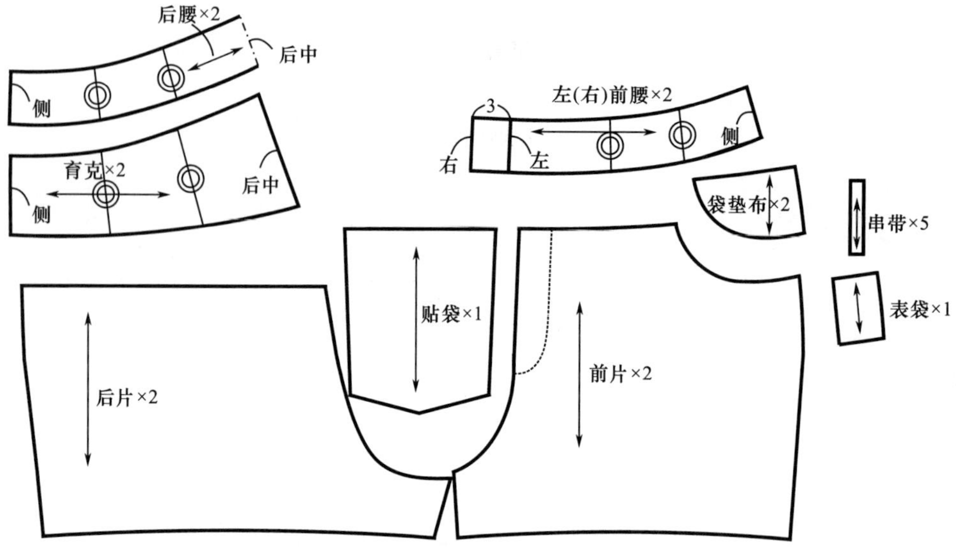

图3-2-8

图3-2-9

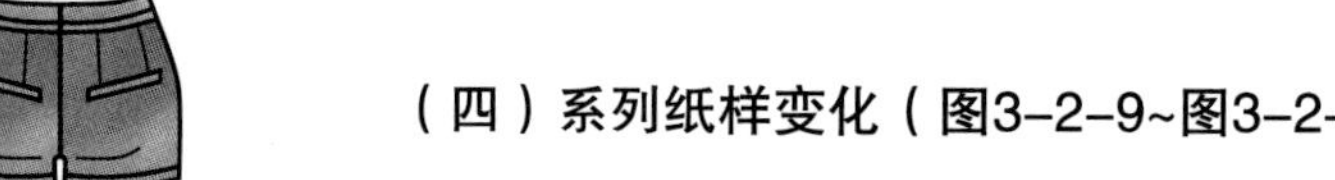

（四）系列纸样变化（图3-2-9~图3-2-11）

款式图3-2-9的结构是在图3-2-7的基础上变化而来的，如图3-2-10所示，前片的月牙带变为斜插袋，右前片向外放出斜向造型，后片的育克改为腰省，设计开袋袋牙，腰头分为大小两片，裤口设计卷边。

各裁片如图3-2-11所示，注意前片左右不对称，前腰左右不对称，腰带分为大小两片。

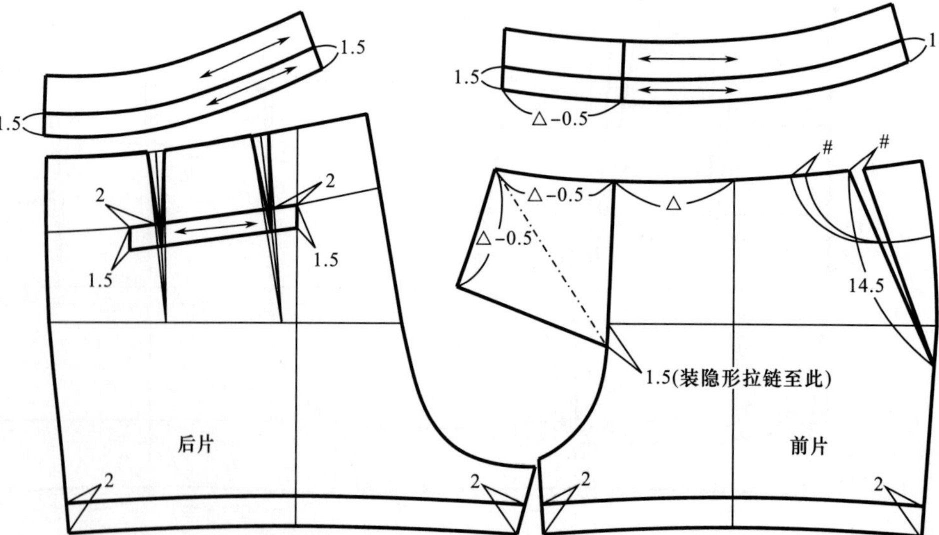

图3-2-10

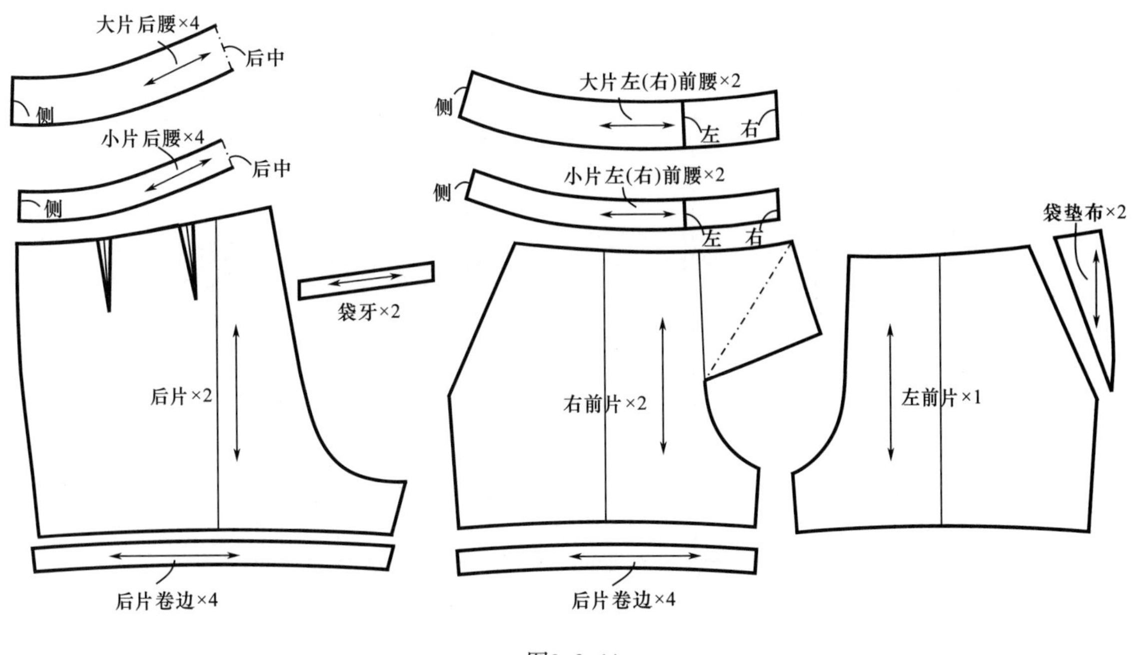

图3-2-11

图3-2-12

三、案例3：适腰裙裤（图3-2-12）

（一）规格设计（表3-2-3）

表3-2-3　　单位：cm

160/68A	腰围（W）	臀围（H）	上裆（CR）	裤长	裆宽	后裆夹角
人体尺寸	68	90	27	—	—	—
服装尺寸	69	96	30	44	0.2*H*	5°

（二）面、辅料说明

本款适合较悬垂性较好的偏薄型棉、麻、丝和毛料。需双幅面料，长为裤长×2+10cm；需同腰围大的薄型黏合衬；2颗纽扣和18cm长的普通拉链1根。

（三）制图要点（图3-2-13、图3-2-14）

如图3-2-13所示，裙裤的裆宽比普通裤装要宽，占成品臀围的0.18～0.2倍，上裆长（CR）在人体上裆深的基础上加放2～4cm，后裆倾斜夹角比普通裤装小，取0～5°。

裙裤的各裁片如图3-2-14所示，注意褶皱的拉展方法。

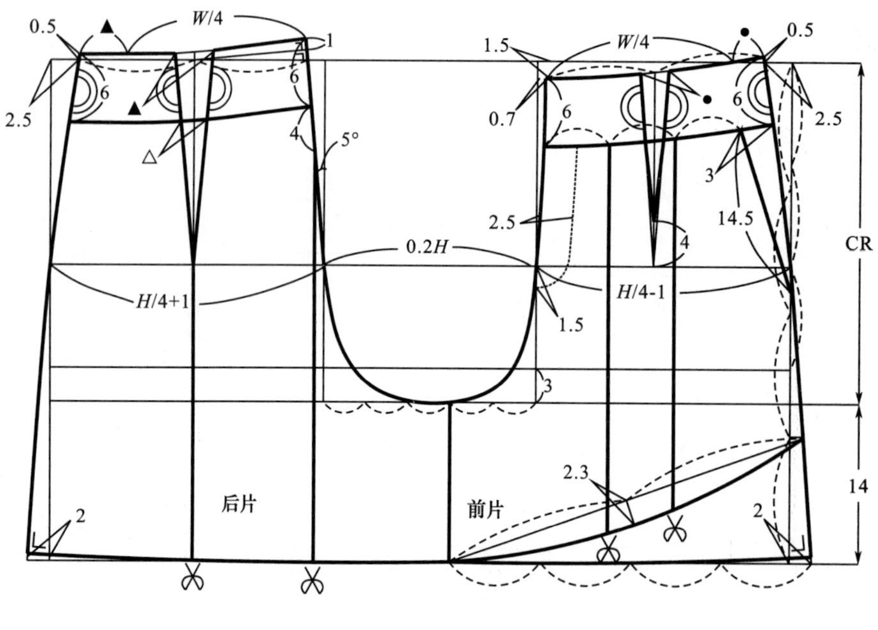

图3-2-13

图3-2-14

（四）系列纸样变化（图3-2-15~图3-2-17）

款式图3-2-15的结构是在图3-2-13的基础上变化而来的，如图3-2-16所示，前片的腰带分割为斜线型，裙长缩短4cm。

裙裤的各裁片如图3-2-17所示，注意褶皱的拉展方法。

背视图

图3-2-15

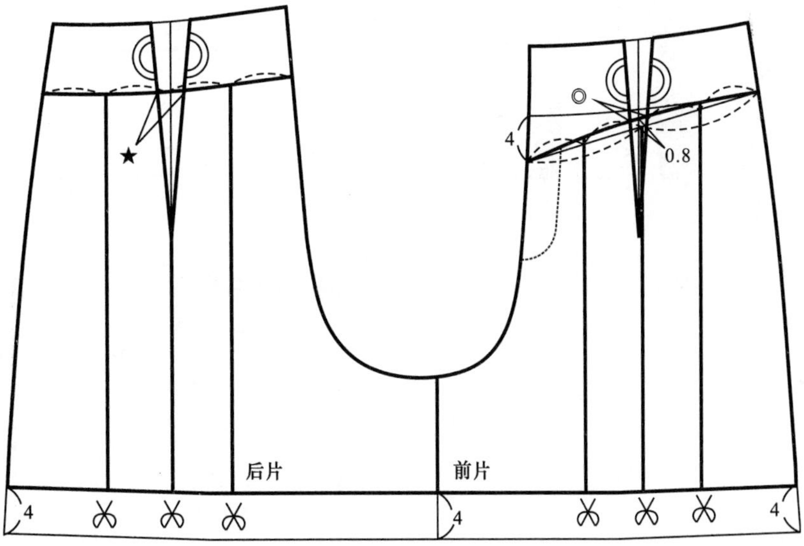

后片

前片

图3-2-16

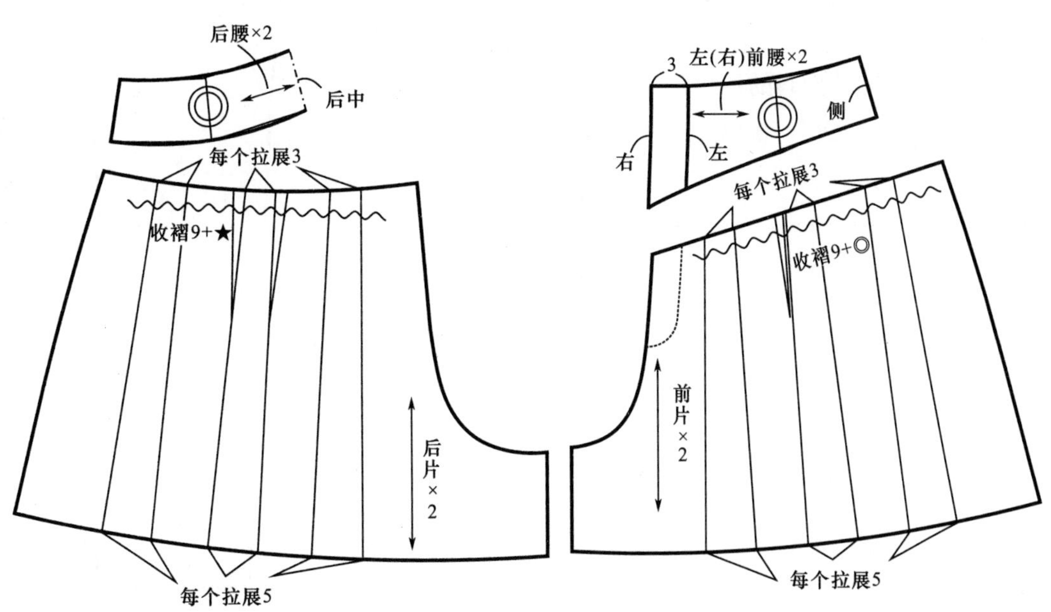

图3-2-17

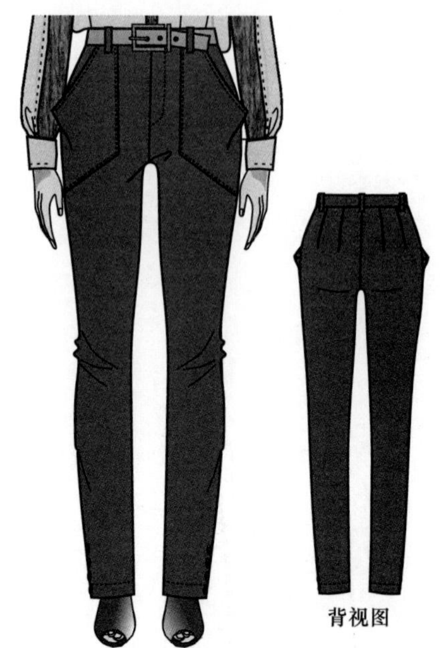

图3-2-18

四、案例4：适腰贴袋铅笔裤（图3-2-18）

（一）规格设计（表3-2-4）

表3-2-4 单位：cm

160/68A	腰围（W）	臀围（H）	上裆（CR）	裤长	裆宽	后裆夹角	裤口围
人体尺寸	68	90	27	—	—	—	—
服装尺寸	69	92	28	102.5	0.12H ~ 0.14H	12° ~ 14°	30

（二）面、辅料说明

本款适合较挺括的弹性面料。需双幅面料，长为裤长+10cm；需同腰围大的薄型黏合衬；1颗纽扣和1根18cm长的普通拉链。

（三）制图要点（图3-2-19）

如图3-2-19所示，弹性面料的裆宽可略小，取成品臀围的0.12 ~ 0.14倍，裤口开衩，衩长8cm。

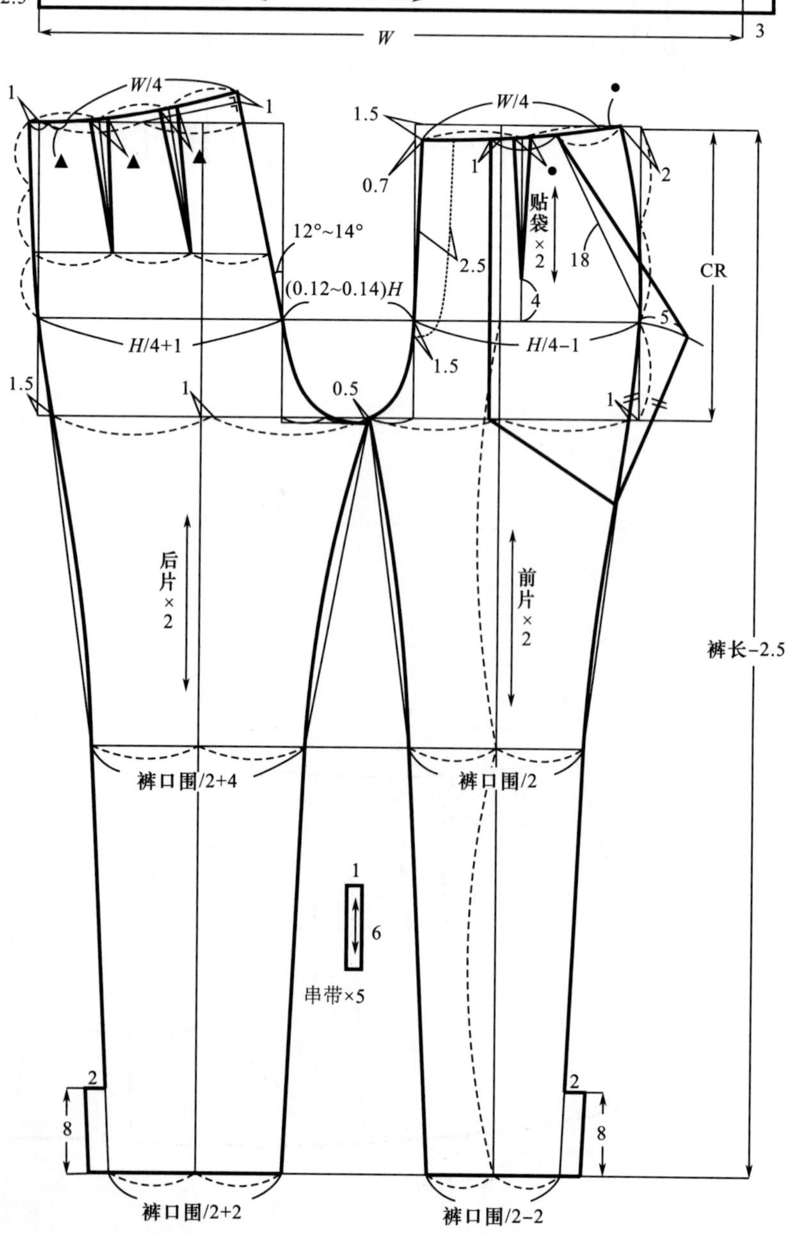

图3-2-19

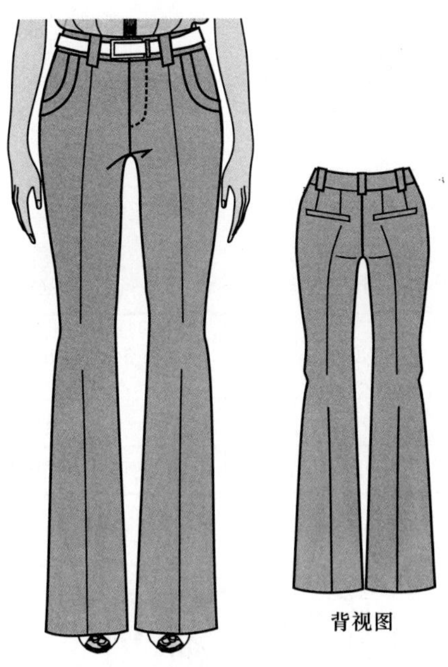

图3-2-20

（四）系列纸样变化（图3-2-20、图3-2-21）

款式图3-2-20的结构是在图3-2-19的基础上变化而来的，如图3-2-21所示，延长腰省到臀围线，腰围线降低3cm，再截取3cm腰头宽，裁剪腰带时，要合并省道，前片设计月牙袋，月牙带口可收0.5～1cm，剩余省量可做腰部吃势，绱腰时，缩缝进去。因为是喇叭裤，所以裤长加长6cm，裤口加大，中裆线向上抬高4cm，画顺裤缝线。

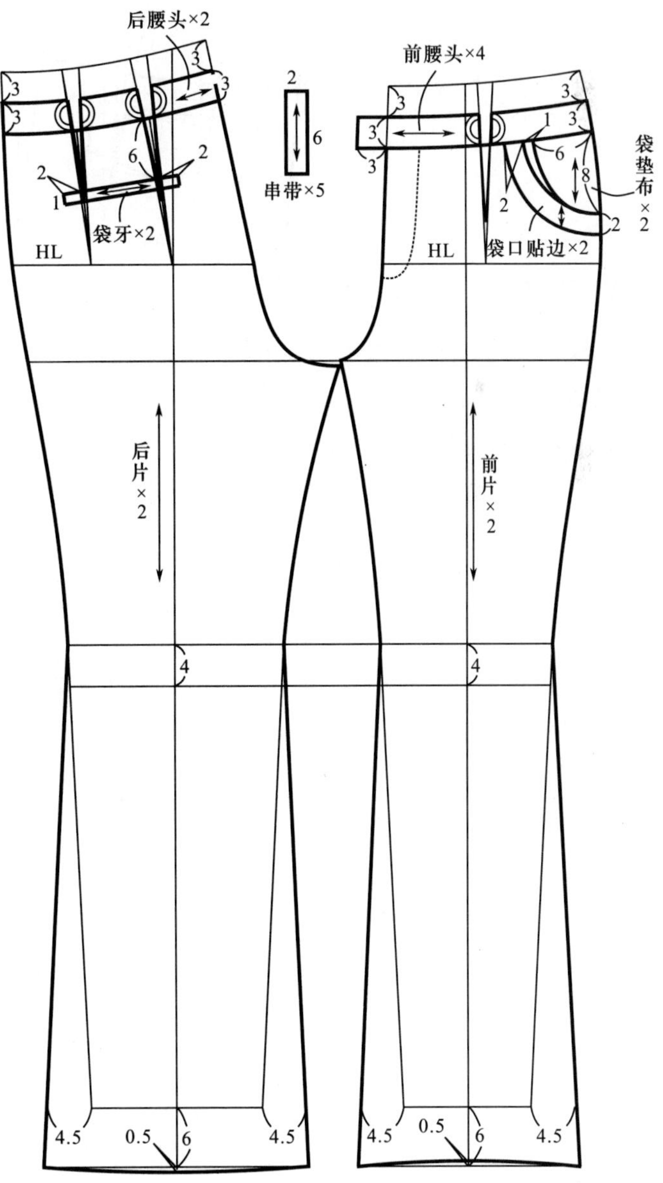

图3-2-21

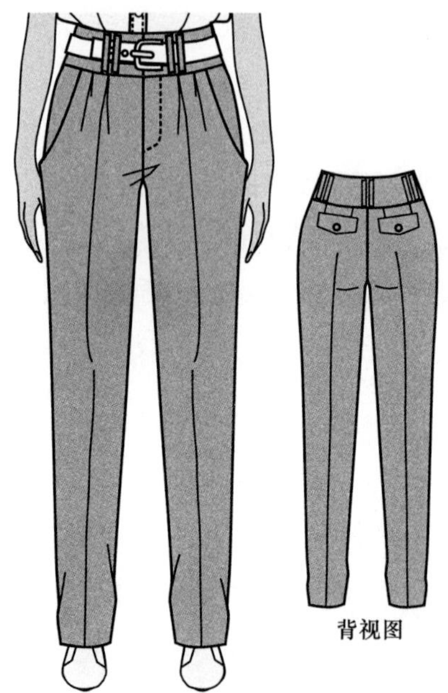

图3-2-22

五、案例5：宽腰褶皱西长裤（图3-2-22）

（一）规格设计（表3-2-5）

表3-2-5　　单位：cm

160/68A	腰围（W）	臀围（H）	上裆（CR）	裤长	裆宽	后裆夹角	裤口围
人体尺寸	68	90	27	—	—	—	—
服装尺寸	69	96	28	101	0.15H	10°～12°	30

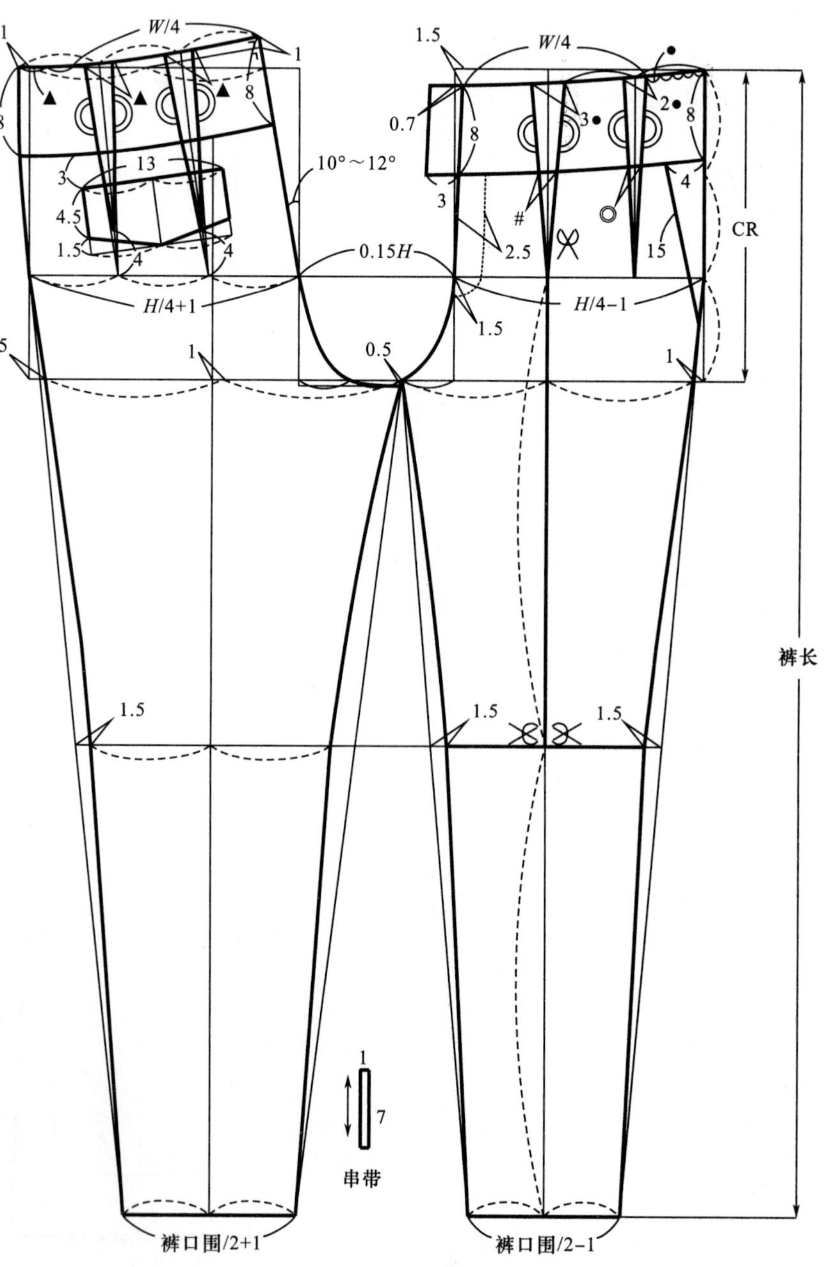

图3-2-23

（二）面、辅料说明

本款适合较挺括的、中等厚度的纯毛、混纺面料。需双幅面料，长为裤长+10cm；需同腰围的薄型黏合衬；2颗纽扣和18cm普通拉链1根。

（三）制图要点（图3-2-23、图3-2-24）

如图3-2-23所示，腰省延长到臀围线上，截取腰带宽8cm，前片沿烫迹线绘制分割线到中裆线上。

如图3-2-24所示，沿前片分割线剪开纸样至中裆线，并剪开中裆线，向两边拉展，共5cm，画顺前片的裤缝线，合并腰上的腰省，画顺腰。如图3-2-24所示。

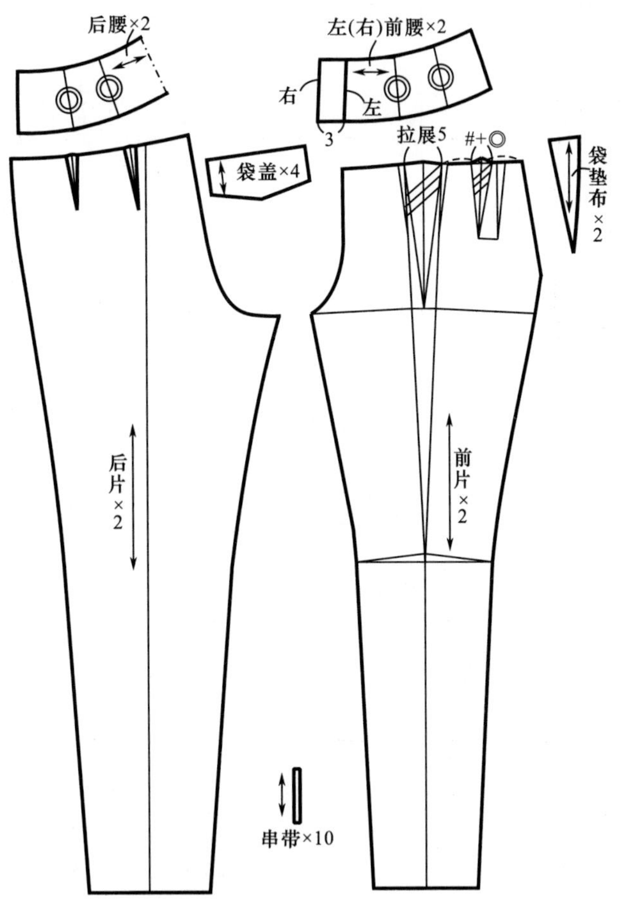

图3-2-24

（四）系列纸样变化（图3-2-25~图3-2-27）

款式图3-2-25的结构是在图3-2-23的基础上变化而来的，如图3-2-26所示，缩短裤长，减窄腰带宽，设计腰头形状，设计前片褶皱拉展线。

如图3-2-27所示，沿前片分割线剪开纸样，向两边拉展，共3cm，画顺前片的裤缝线，合并腰上的腰省，画顺腰。

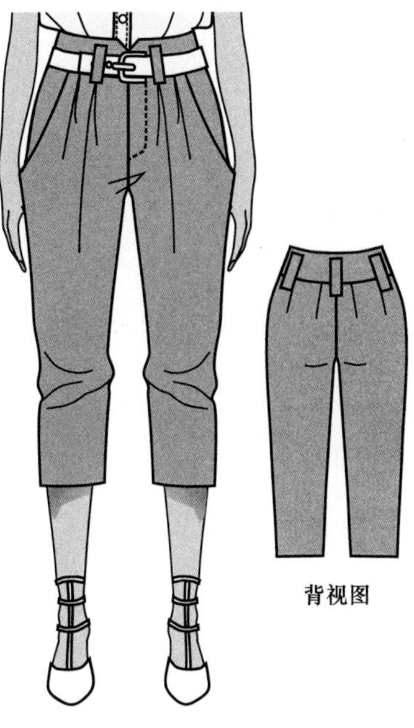

图3-2-25

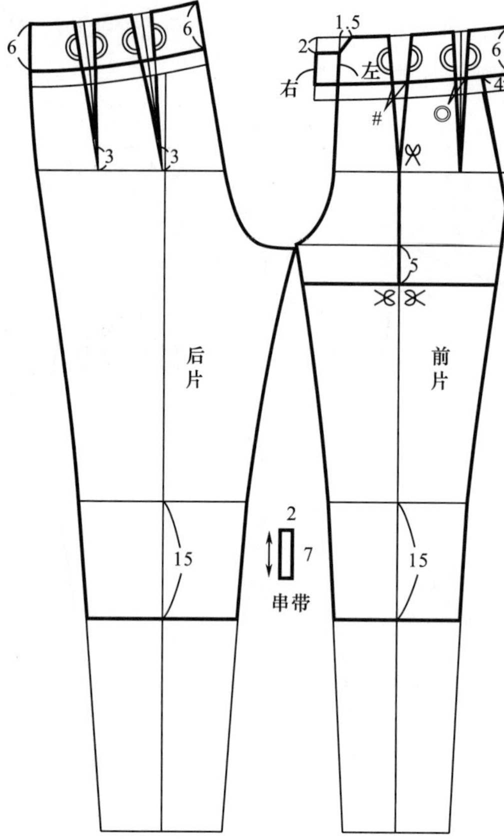
1.5
2
6
6
6
左
右
4
#
3
3
5
后片
前片
2
7
15
15
串带

图3-2-26

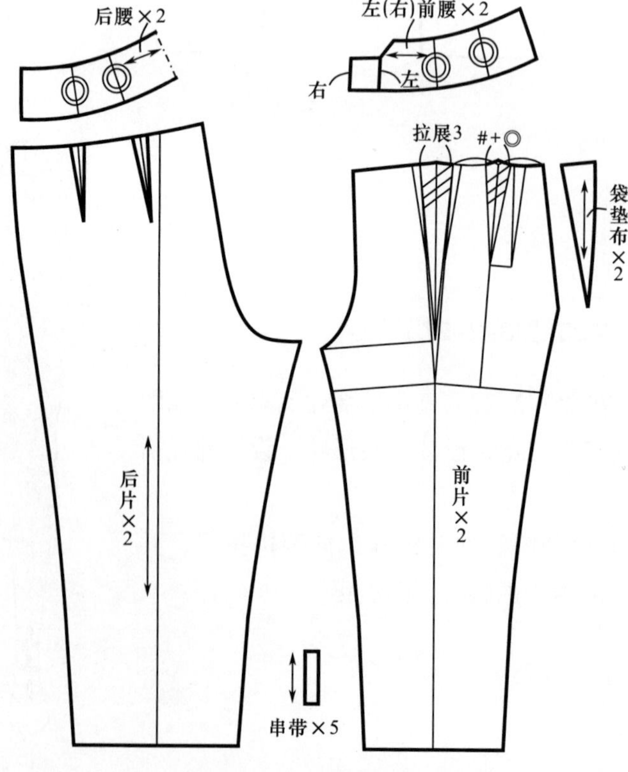
后腰×2
左(右)前腰×2
右
左
拉展3
#+◎
袋垫布×2
后片×2
前片×2
串带×5

图3-2-27

图3-2-28

六、案例6：适腰直筒长裤（图3-2-28）

（一）规格设计（表3-2-6）

表3-2-6 单位：cm

160/68A	腰围（W）	臀围（H）	上裆（CR）	裤长	裆宽	后裆夹角	裤口围
人体尺寸	68	90	27	—	—	—	—
服装尺寸	69	96	28	104	0.15 H	10° ~ 12°	48

（二）面、辅料说明

本款适合较挺括的、中等厚度的纯毛、混纺面料。需双幅面料，长为裤长+10cm；需同腰围的薄型黏合衬；1颗纽扣和18cm长普通拉链1根。

（三）制图要点（图3-2-29）

如图3-2-29所示，直筒裤的裤口大与中裆大基本一致，后裆倾斜夹角可略小，其余制图方法同前。

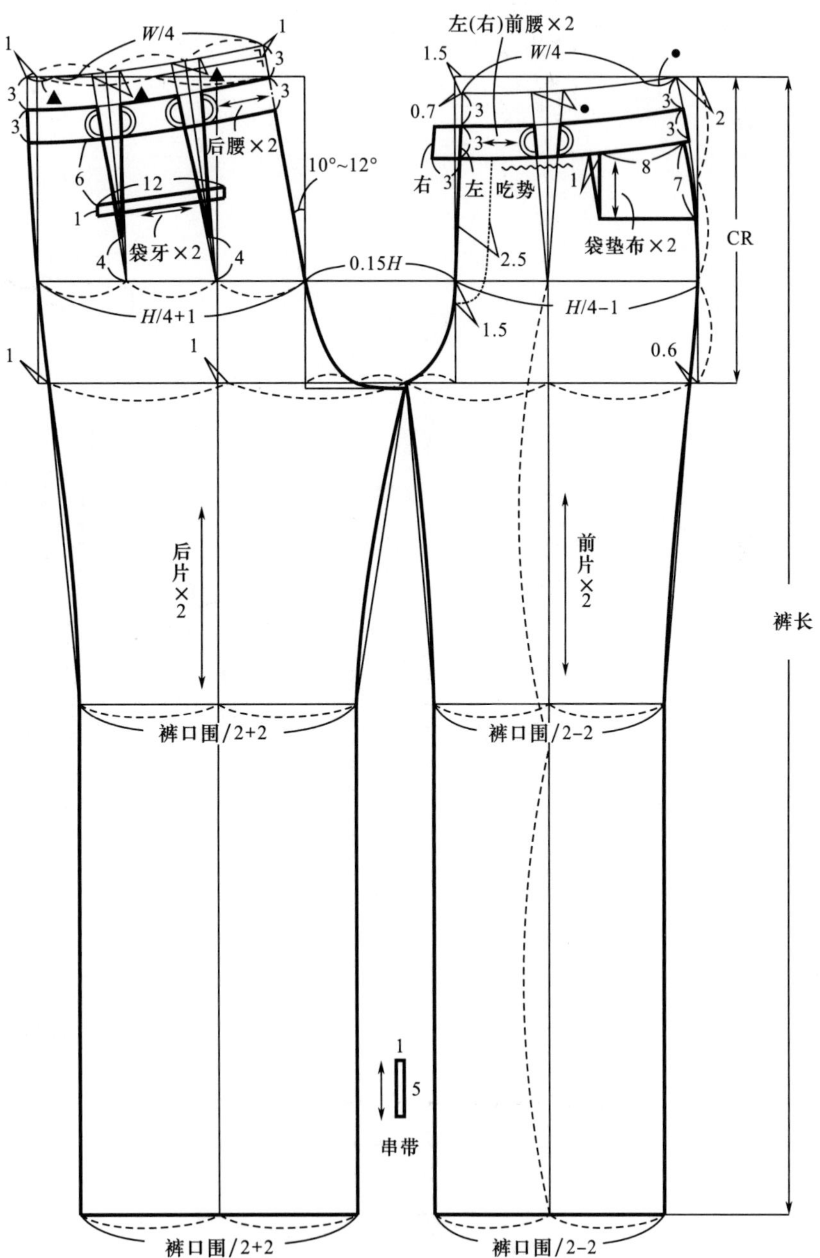

图3-2-29

图3-2-30

(四)系列纸样变化(图3-2-30、图3-2-31)

款式图3-2-30的结构是在图3-2-29的基础上变化而来的,如图3-2-31所示,缩短裤长,减小裤口,沿前烫迹线拉展前片到裤口,腰部拉展后含原有省量共12cm,缝制时,将裤口至中裆的拉展量缝合,中裆至腰围线的褶熨烫成倒褶。

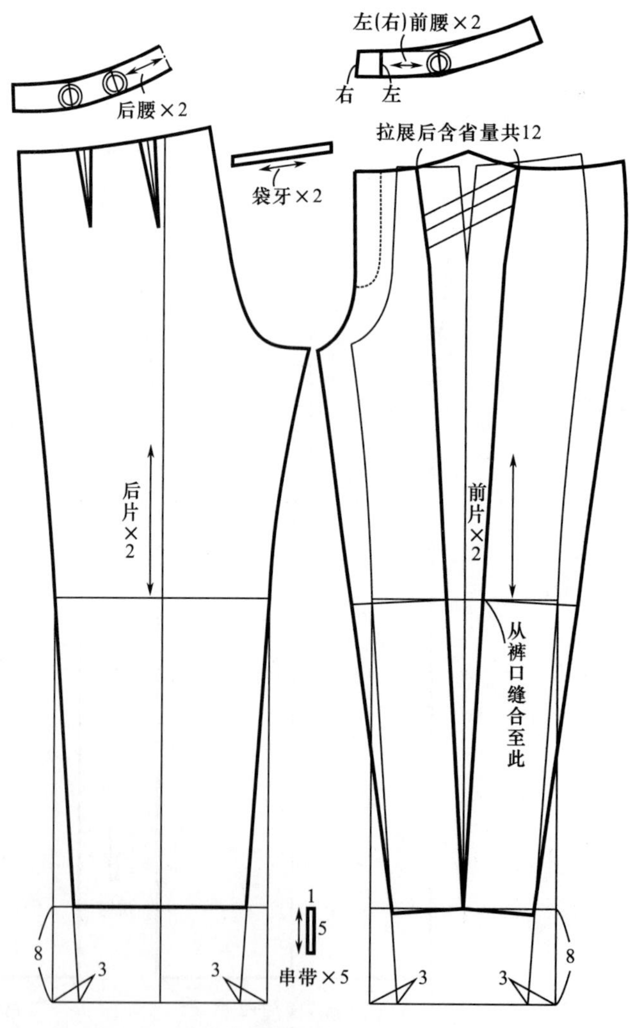

图3-2-31

七、案例7：低裆小脚裤（图3-2-32）

（一）规格设计（表3-2-7）

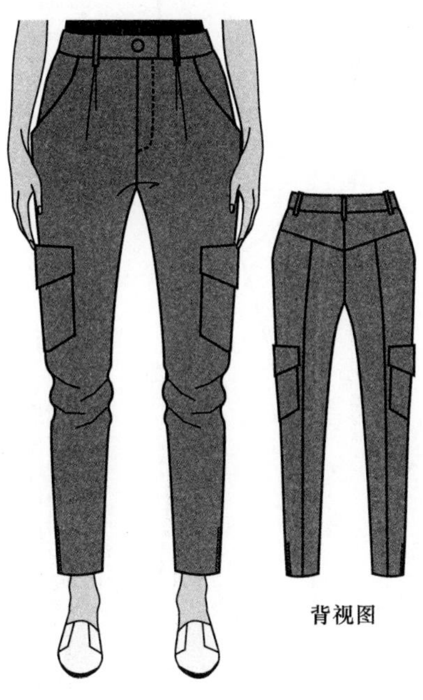

图3-2-32

表3-2-7

单位：cm

160/68A	腰围（W）	臀围（H）	上裆（CR）	裤长	裆宽	后裆夹角	裤口围
人体尺寸	68	90	27	—	—	—	—
服装尺寸	69	96	27	98	0.15 H	10° ~ 12°	28

（二）面、辅料说明

本款适合较挺括的、中等厚度的纯棉、毛、混纺面料。需双幅面料，长为裤长+10cm；需同腰围的薄型黏合衬；1颗纽扣和25cm长的普通拉链1根。

（三）制图要点（图3-2-33）

如图3-2-33所示，低裆裤根据款式在人体上裆长（CR）的基础上下落5cm，裤口装明拉链，裤口侧缝剪去拉链宽的1/2，即0.5cm，前片腰部捏褶，后片横向分割育克，纵向分割时，将后片剩余省量转入分割线，其余制图方法同前。

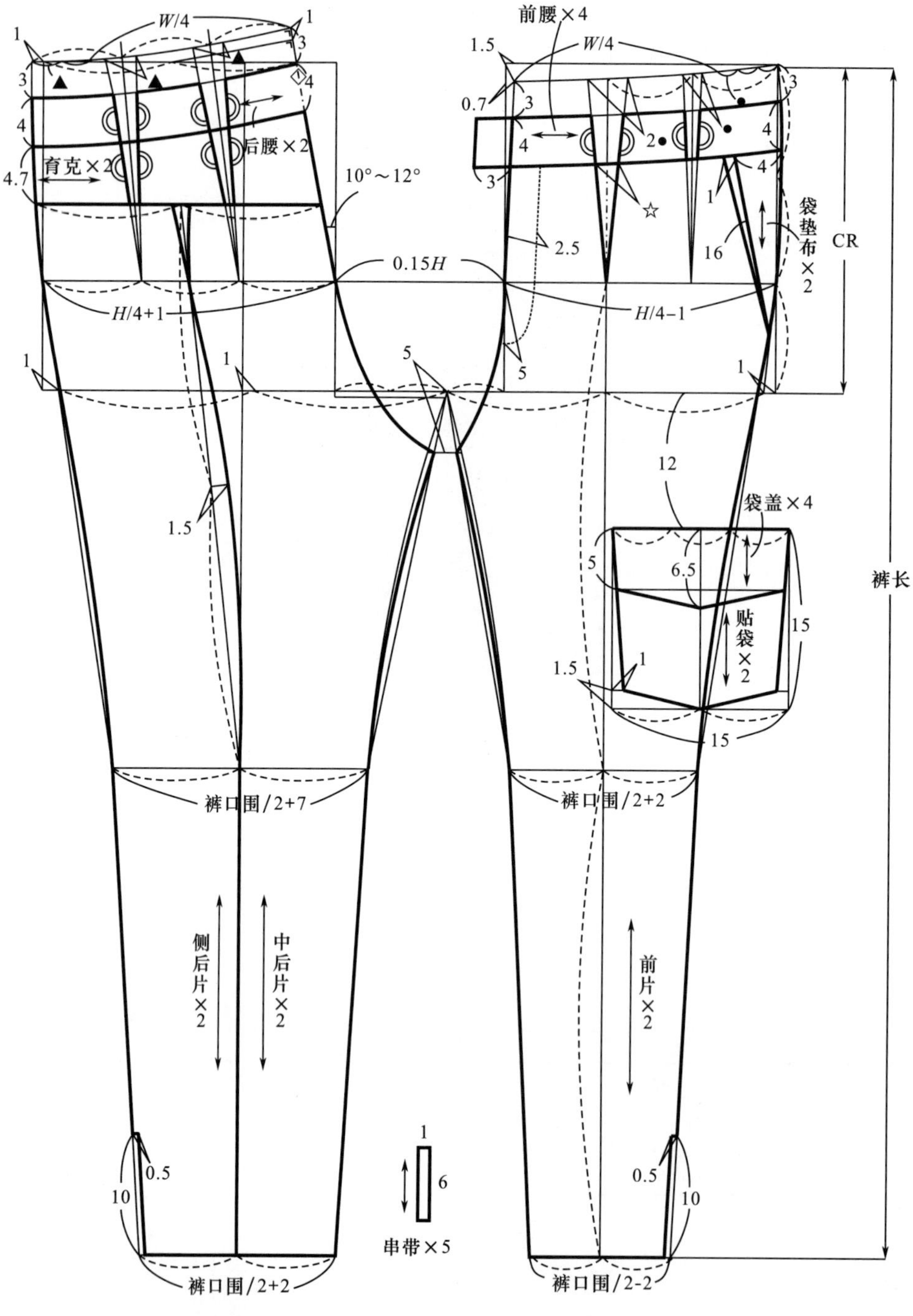

图3-2-33

（四）系列纸样变化（图3-2-34、图3-2-35）

款式图3-2-34的结构是在图3-2-33的基础上变化而来的，如图3-2-35所示，前后片设计分割线，将省道转入分割线即可。

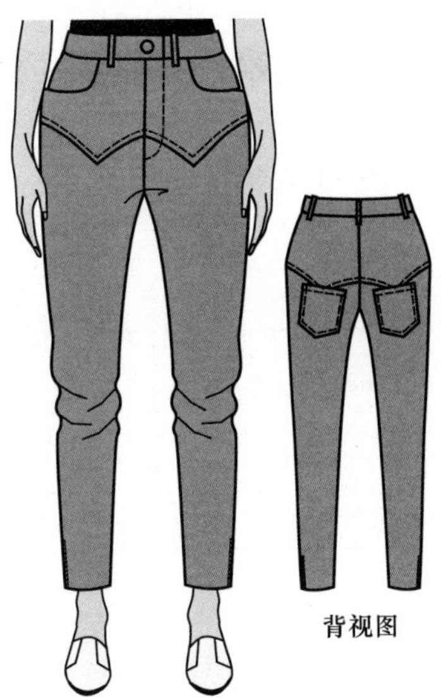
背视图

图3-2-34

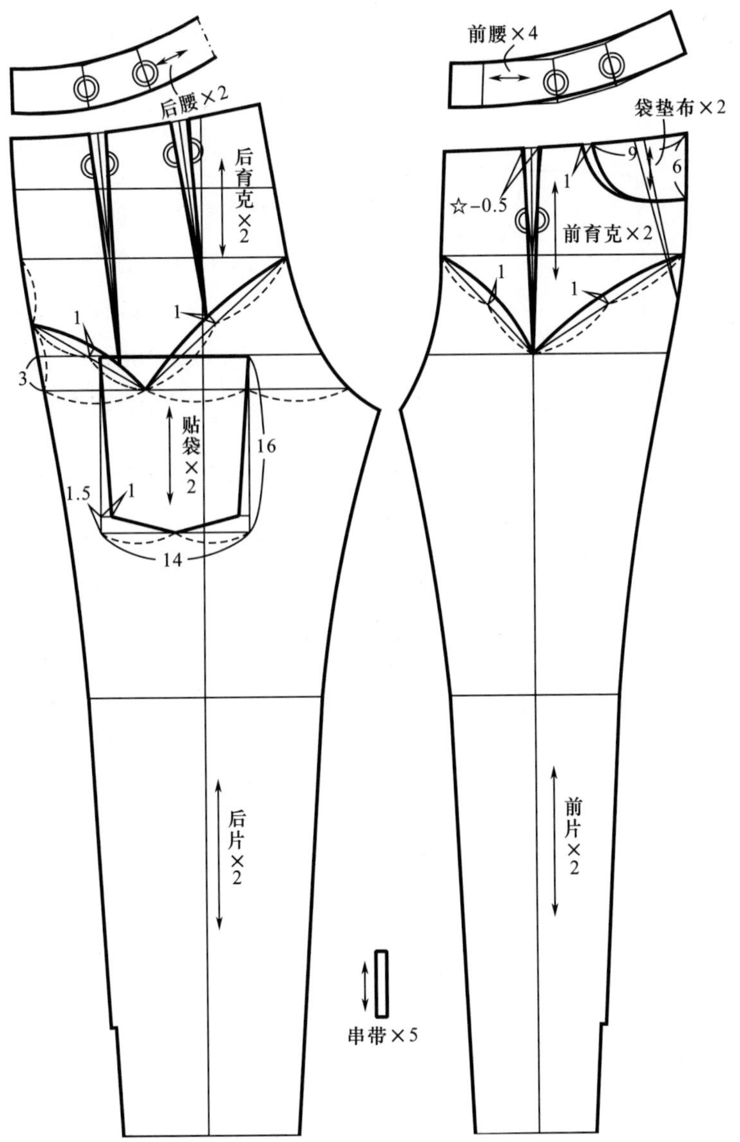
后腰×2
后育克×2
1
1
3
贴袋×2
16
1.5
1
14
后片×2
串带×5
前腰×4
袋垫布×2
9
6
1
☆-0.5
前育克×2
1
1
前片×2

图3-2-35

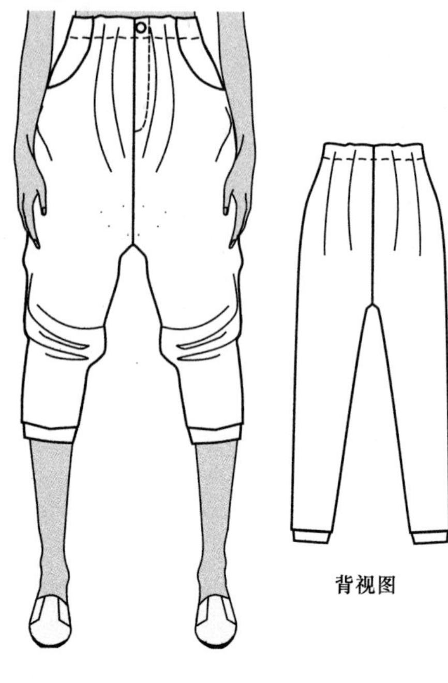

图3-2-36

八、案例8：吊裆裤（图3-2-36）

（一）规格设计（表3-2-8）

表3-2-8

单位：cm

160/68A	腰围（W）	臀围（H）	上裆（CR）	裤长	裆宽	后裆夹角	裤口围
人体尺寸	68	90	27	—	—	—	—
服装尺寸	69	98	27	98	0.15H	8°～10°	28

（二）面、辅料说明

本款适合悬垂性较好的丝、棉、麻面料，针织机织均可。需双幅面料，长为裤长+10cm；需同腰大的薄型黏合衬；需1颗纽扣和25cm长普通拉链1根。

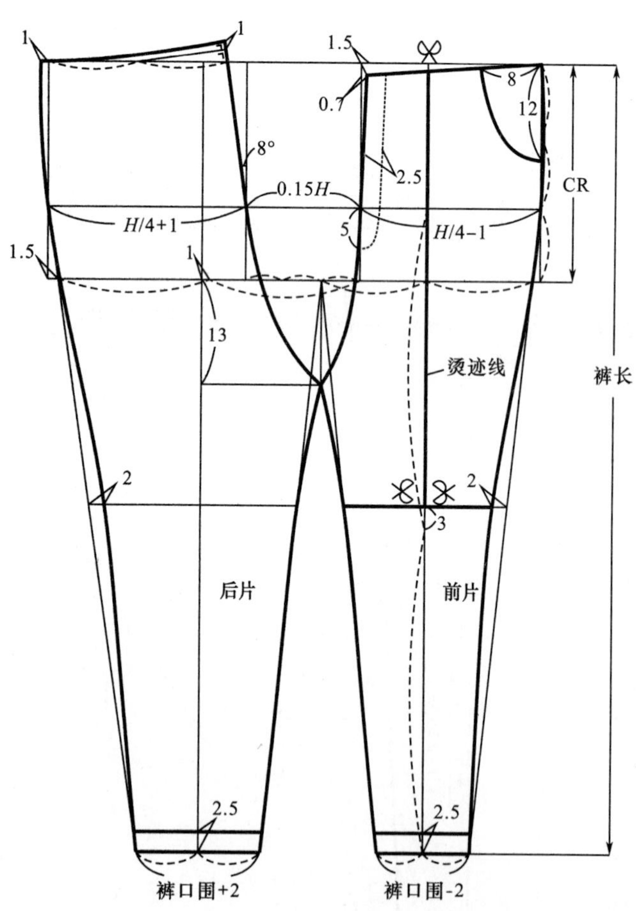

图3-2-37

（三）制图要点（图3-2-37、图3-2-38）

如图3-2-37所示，吊裆裤根据款式在人体上裆长的基础上下落13cm，腰带装松紧，裤口设计翻边，沿前烫迹线设计拉展线。

如图3-2-38所示，前片沿拉展线剪开，腰部拉展10cm，其余裁片如图。

（四）系列纸样变化（图3-2-39~图3-2-41）

款式图3-2-34的结构是在图3-2-37的基础上变化而来的，如图3-2-40所示，前后裆再下落10～15cm，为满足迈腿运动的需要，前后裆宽各加放8cm，根据款式设计分割线和褶皱拉展线。

如图3-2-41所示，沿线拉展下裆缝褶皱，每条拉展线拉展7cm，画顺下裆缝线。

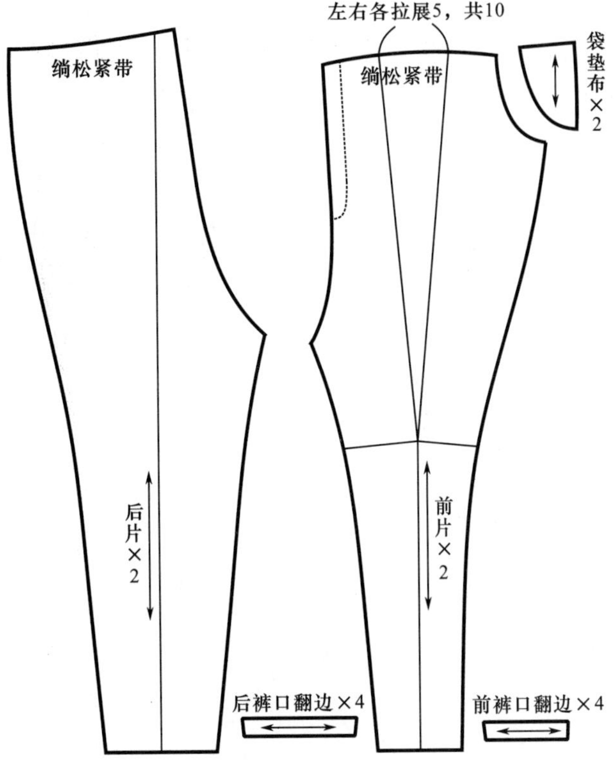

图3-2-38

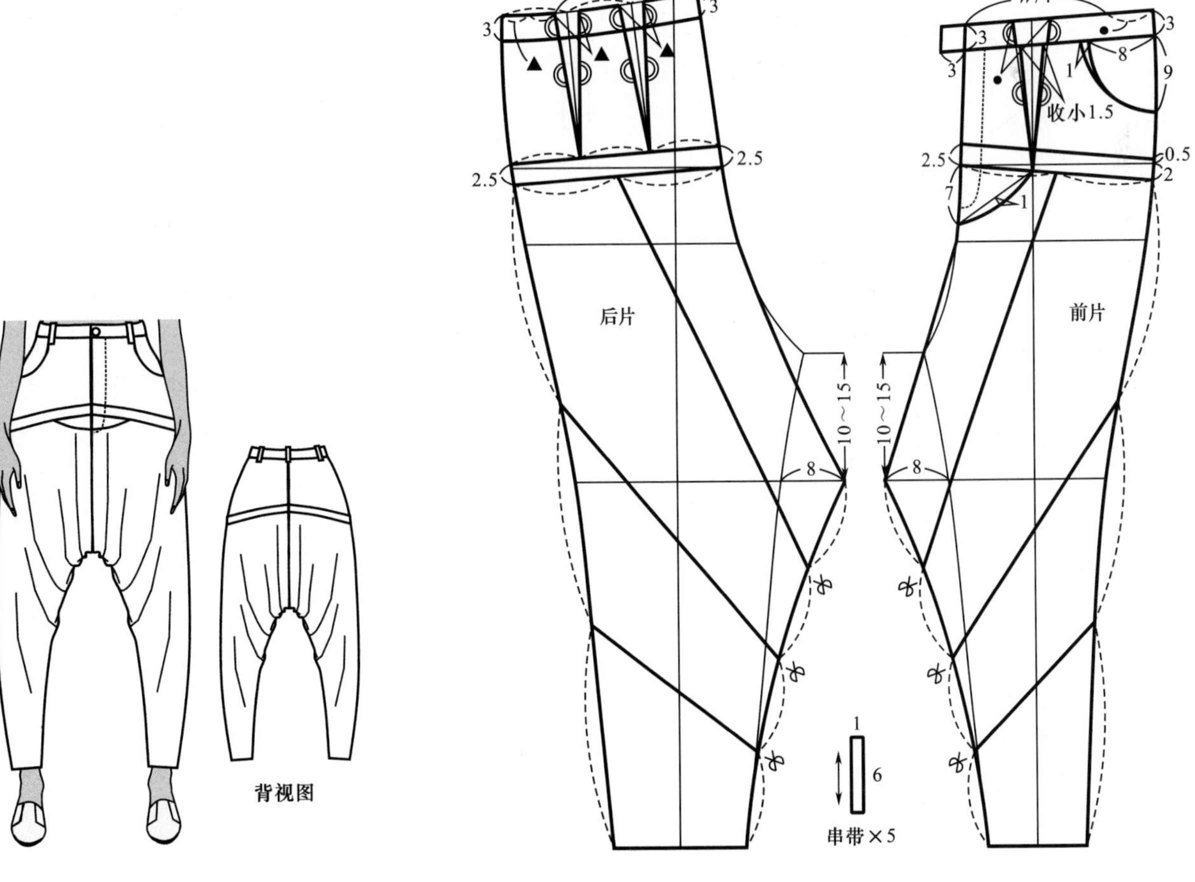

图3-2-39

图3-2-40

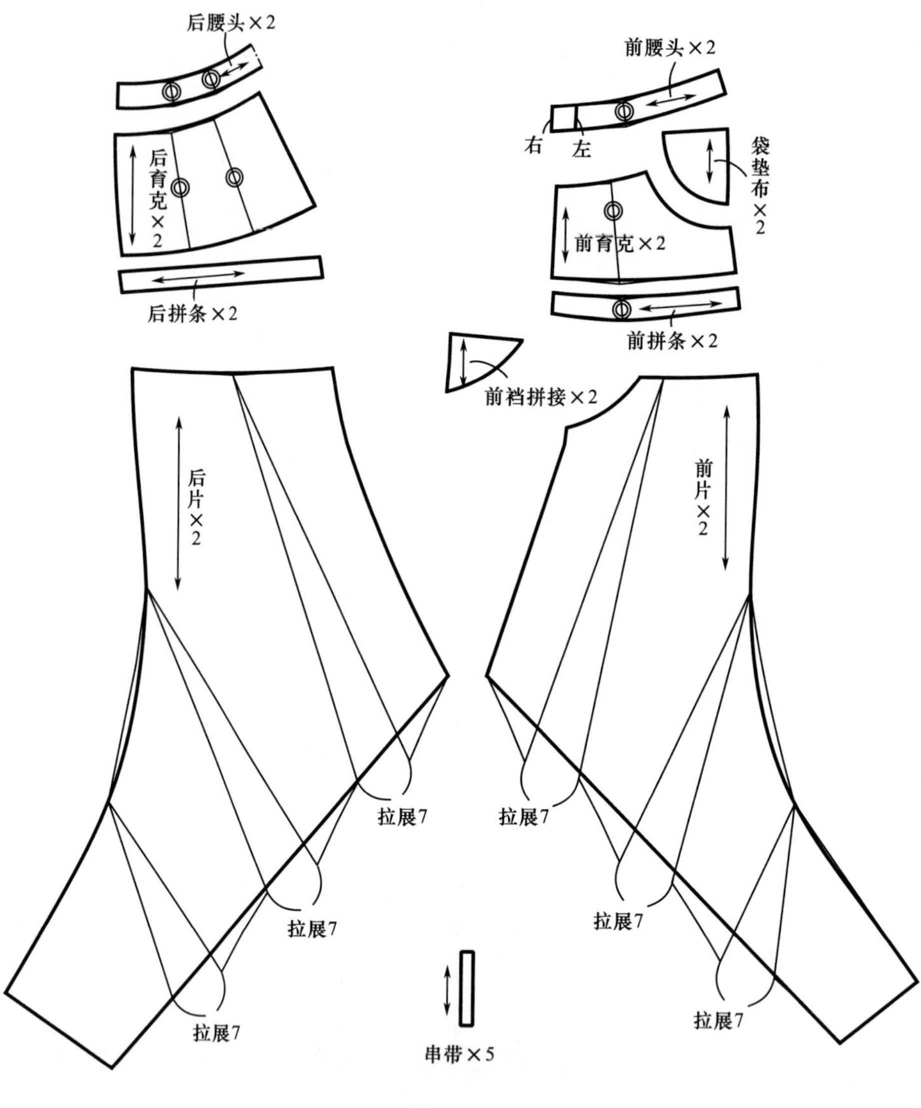
后腰头×2
后育克×2
后拼条×2
前腰头×2
右
左
袋垫布×2
前育克×2
前拼条×2
前裆拼接×2
后片×2
前片×2
拉展7
拉展7
拉展7
拉展7
拉展7
拉展7
串带×5

图3-2-41

第四章　图解上装系列纸样

第一节　图解衬衫系列纸样

一、案例1：插肩短袖衬衫（图4-1-1）

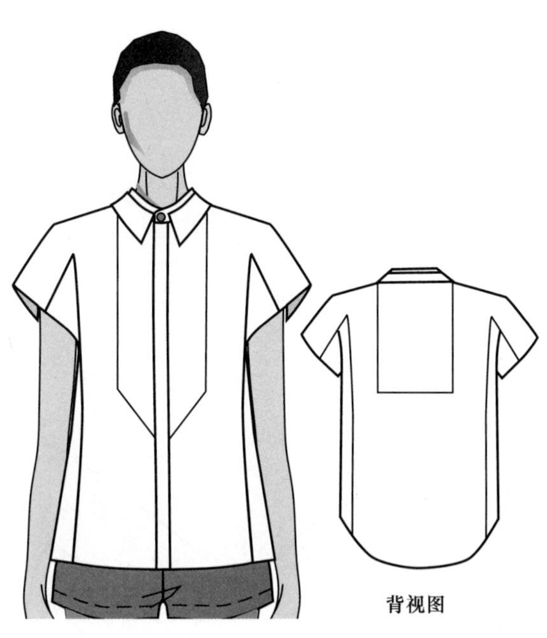

图4-1-1

（一）规格设计（表4-1-1）

表4-1-1　　单位：cm

160/84A	胸围（*B*）	后衣长	肩宽（*S*）	袖长（SL）
原型尺寸	96	37	39	50.5
服装尺寸	96	62	39.4	57.5

（二）面、辅料说明

本款适合薄型的棉麻面料。需双幅面料，长为袖长+衣长+30cm；需衣长长度的薄型黏合衬和6颗直径为1.2cm的纽扣。

（三）原型省道处理要点（图4-1-2）

1. 前片省道处理

因为本款衣身略宽松，且向前倾斜，所以可将前片袖窿省的一部分转移到腰部，具体如图4-1-2所示，将原型前片袖窿省分解为三部分，一是留0.8cm在袖窿作为松量，二是转移少量至腰部作为松量（腰部省量为1cm），三是为方便连袖制图，剩余部分转为腋下省，后期制图时转入分割线中。

2. 后片省道处理

如图4-1-2所示，为避免领子后仰，后片领口抬高0.3cm，同时后片横开领加大0.3cm，增大前后横开领差量，使前领口平服。因为后片设置有分割线，可将大部分省量转入分割线中，具体如下，一是肩省收1.3cm，待转入分割线；二是将剩余的0.2cm作为肩部吃势。

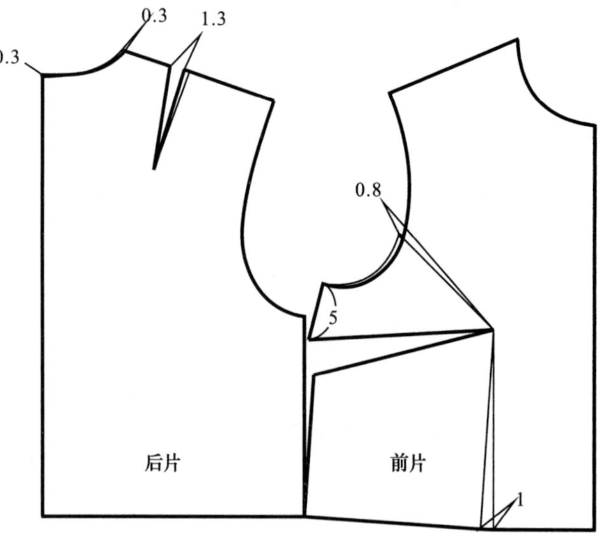

图4-1-2

（四）制图要点

1. 衣身（图4-1-3、图4-1-4）

如图4-1-3所示，后片连身袖的夹角为42.5°，前片为45°，SL为14cm；后片的肩省和前片的胸省都转入分割线中。

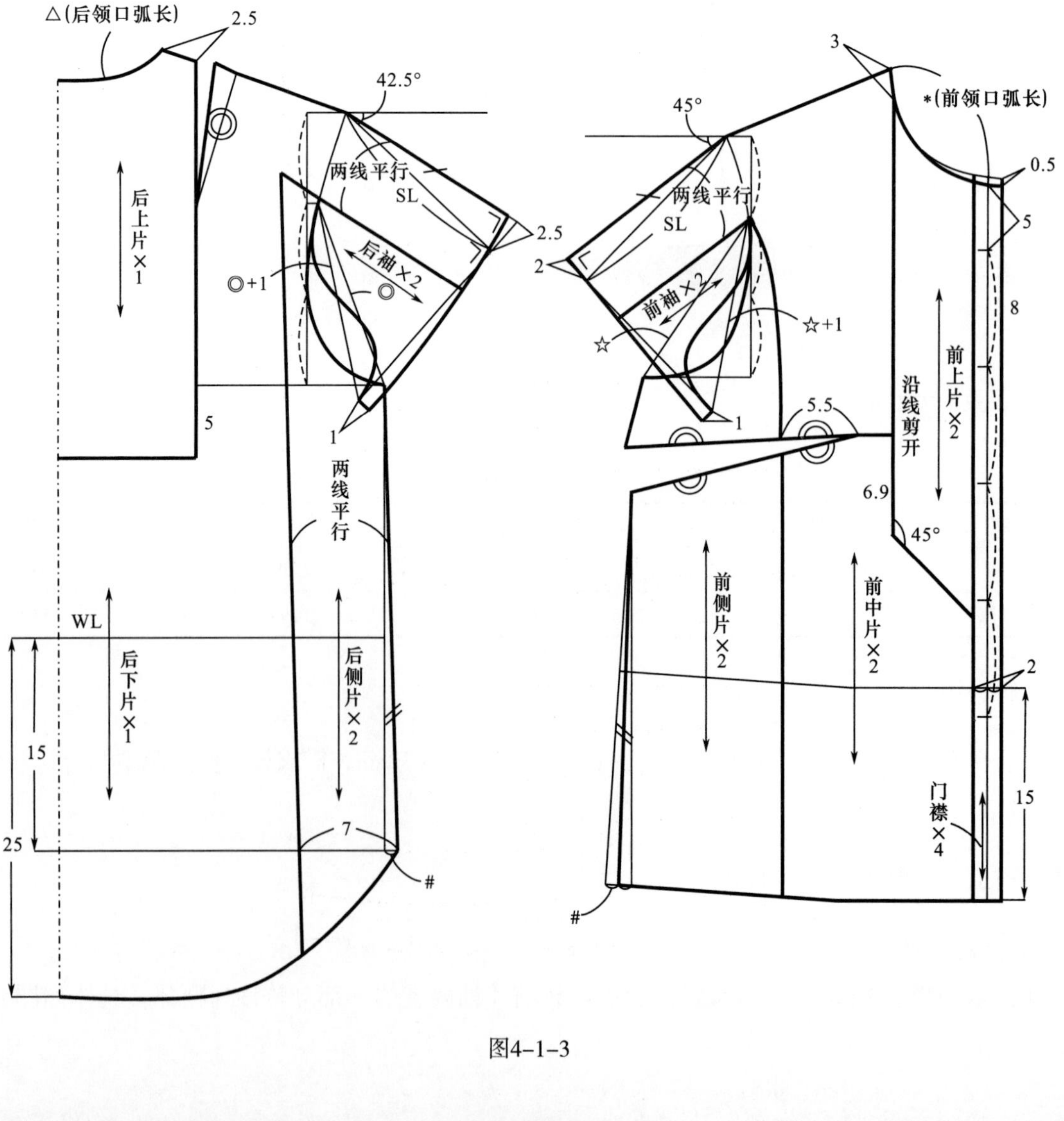

图4-1-3

如图4-1-4所示，前片被分割为5片，后片被分割为4片。门襟为6片，是因为本款为暗门襟，所以右门襟为4层，左门襟为2层。

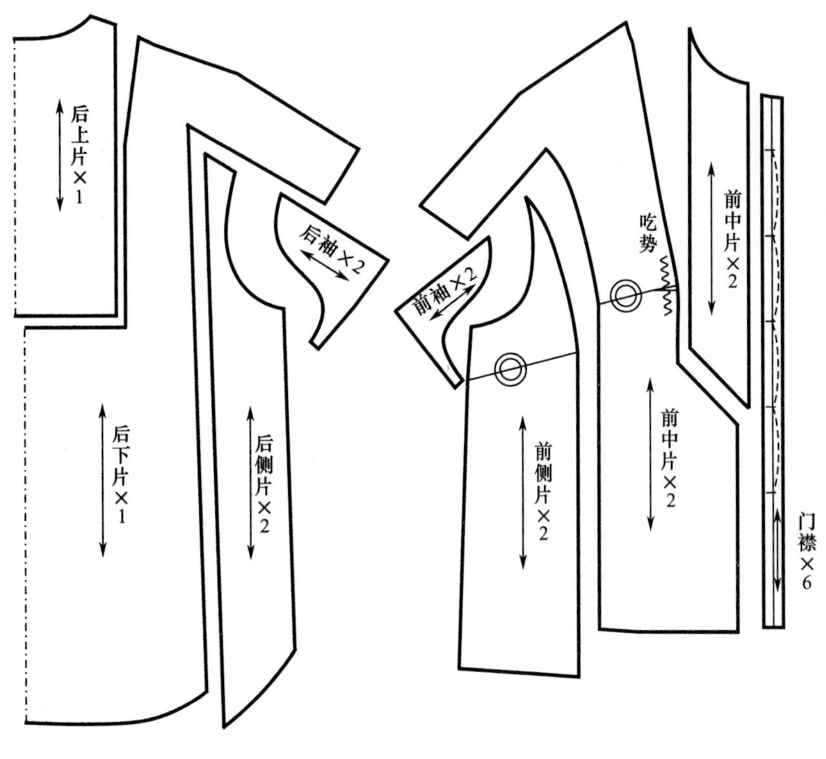

图4-1-4

2. **领子（图4-1-5）**

如图4-1-5所示，领座*nb*=3cm，翻领宽*mb*=3.5cm，领座分割为上下两块，翻领缝合在分割线上。

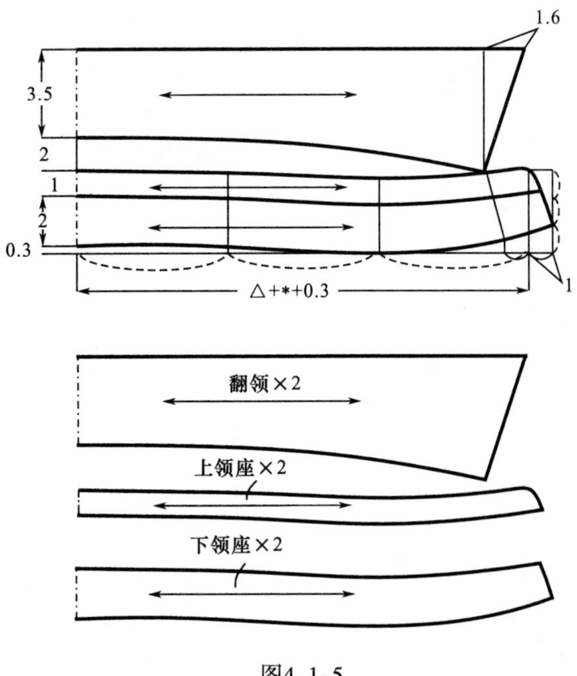

图4-1-5

（五）纸样系列变化（图4-1-6、图4-1-7）

款式图4-1-6的结构是在图4-1-4的基础上绘制的，如图4-1-7所示。

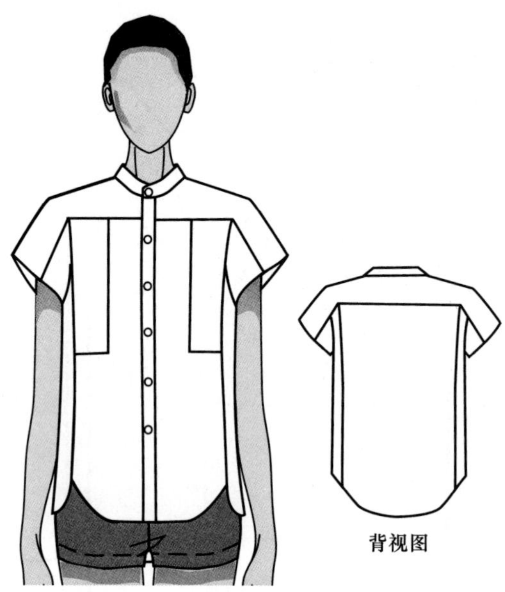

图4-1-6

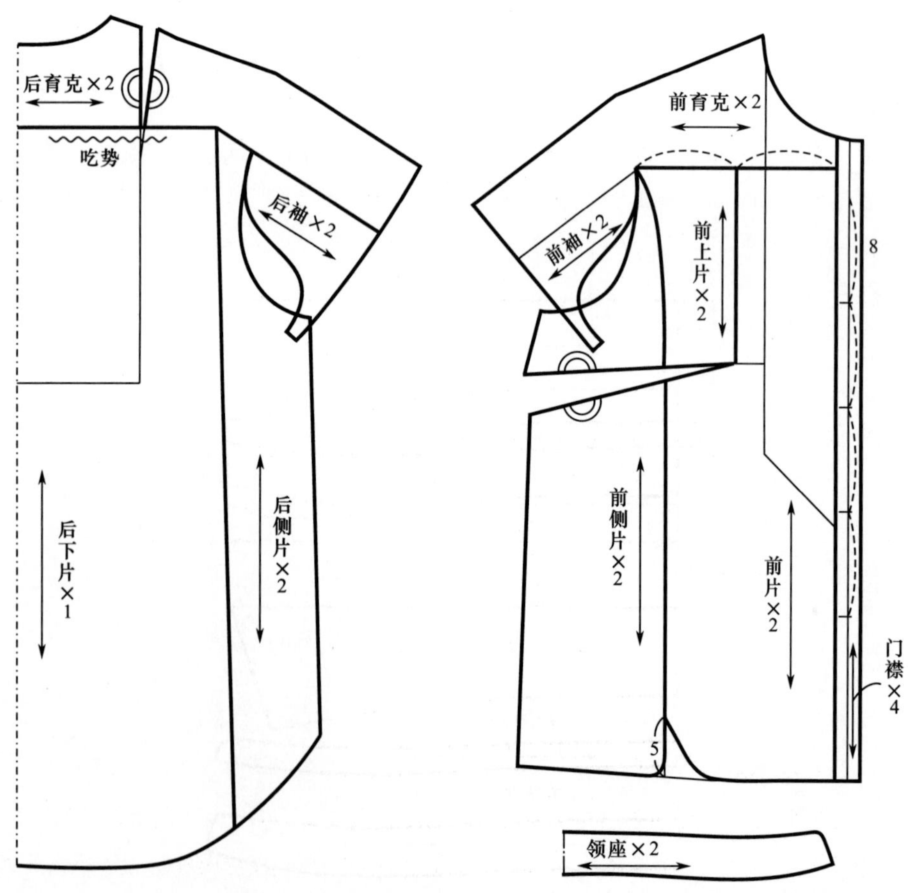

图4-1-7

二、案例2：灯笼中袖宽松衬衫（图4-1-8）

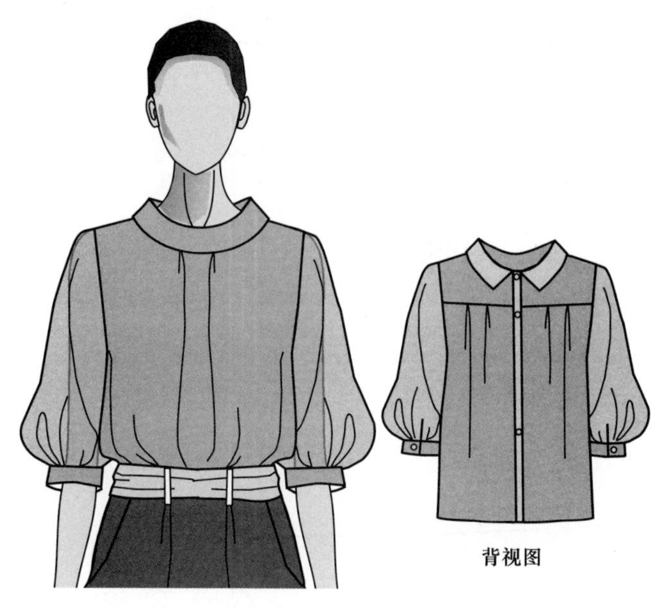

图4-1-8

（一）规格设计（表4-1-2）

表4-1-2　　单位：cm

160/84A	胸围（B）	后衣长	肩宽（S）	袖长（SL）
原型尺寸	96	37	39	50.5
服装尺寸	108	50	35.4	42

（二）面、辅料说明

本款可用欧根纱制作，袖子单层，衣身需挂里。需双幅面料，长为袖长+衣长+30cm；需衣长长度的薄型黏合衬和8颗纽扣。

（三）原型省道处理要点（图4-1-9）

1. **前片省道处理**

因为本款衣身略宽松，且向前倾斜，所以可将前片袖窿省的一部分转移到腰部，具体如图4-1-9前片所示，将原型前片袖窿省分解为三部分，一是留0.8cm在袖窿作为松量，二是转移少量至腰部作为松量（腰部省量为1cm），三是剩余部分暂时作为袖窿省，制图时转入分割线中。

2. **后片省道处理**

如图4-1-9后片所示，本款后片横开领加大0.3cm，增大前后横开领差量，可使前领口平服；因为后片设置有分割线，可将大部分省量转入分割线，具体如下，一是肩省收1.3cm，待转入分割线中；二是将剩余的0.2cm作为肩部吃势。

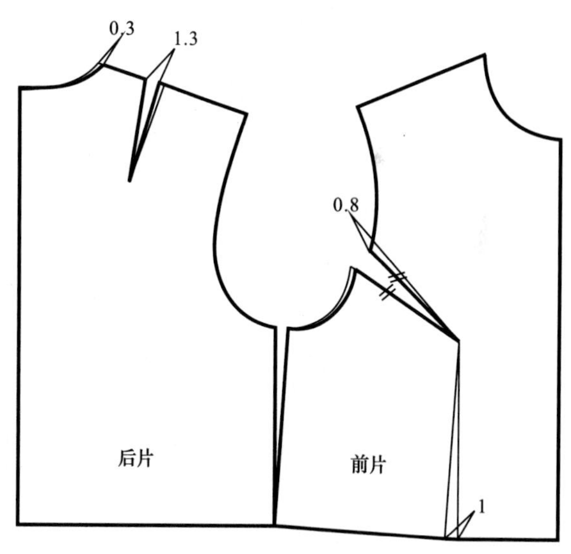

图4-1-9

（四）制图要点

1. **衣身**（图4-1-10、图4-1-11）

如图4-1-10所示，本款门襟设计在后中，将肩省转入分割线，后片衣身预先绘制倒褶拉展的分割线。前片根据款式绘制领口省，将袖窿省转移为领口省，同时前中心平行向右加放2cm的领口倒褶量。

如图4-1-11所示，后片被分割为3片，分割线上设计了两个3cm的倒褶。

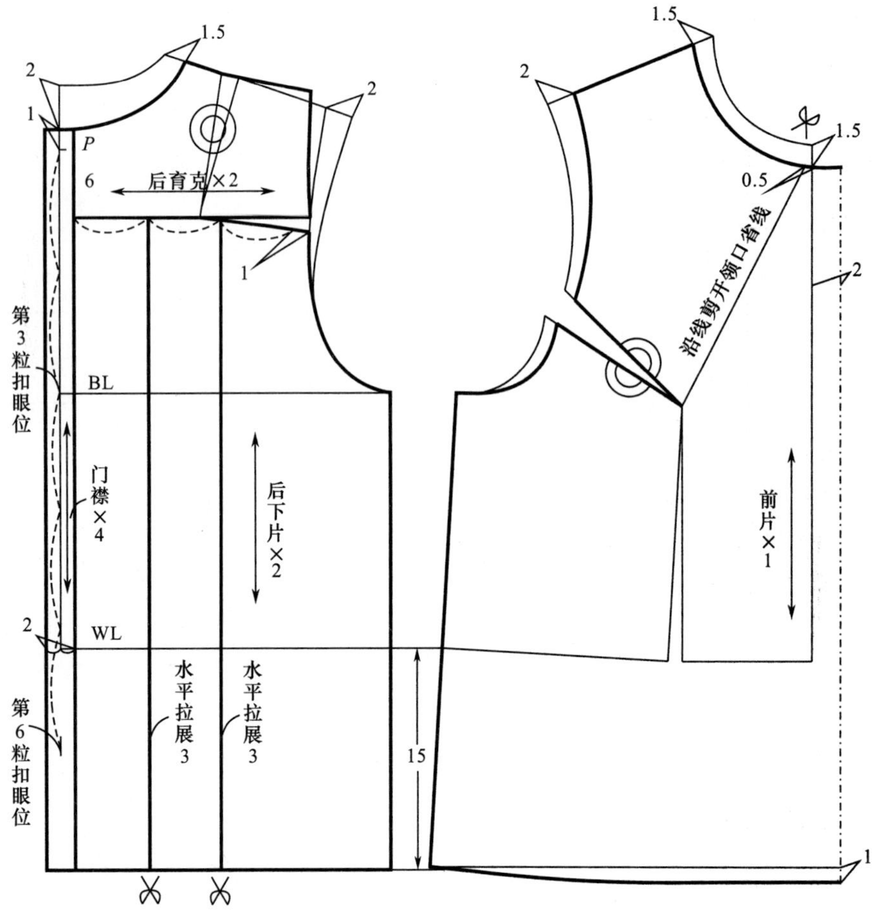

1.5
2
1
P
6
后育克×2
2
1
第3粒扣眼位
BL
门襟×4
后下片×2
2
WL
水平拉展3
水平拉展3
第6粒扣眼位
15
1.5
2
1.5
0.5
沿线剪开领口省线
2
前片×1
1

图4-1-10

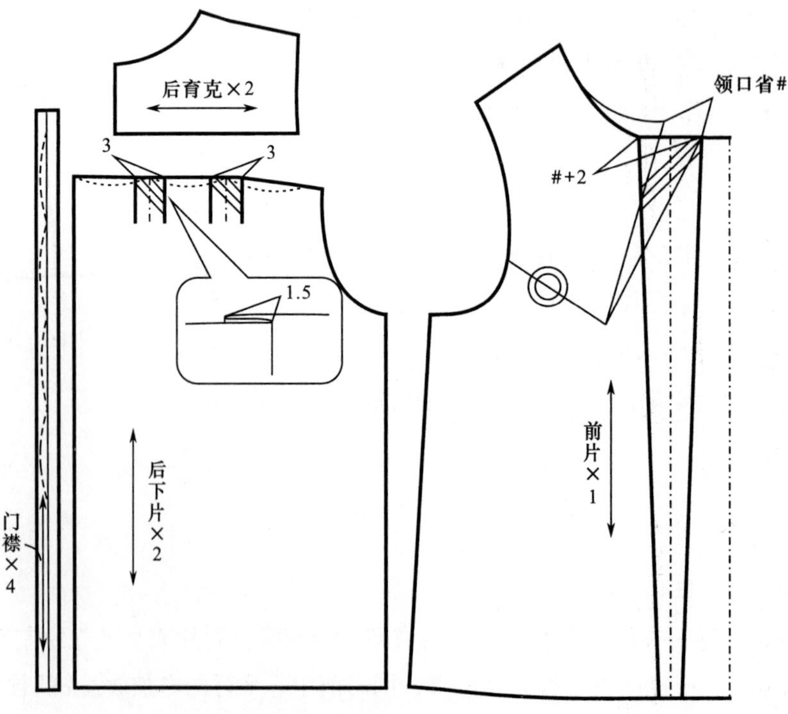

后育克×2
3
3
1.5
门襟×4
后下片×2
领口省#
#+2
前片×1

图4-1-11

前片的袖窿省合并，转为领口省，重新绘制领口线，并绘制倒褶，倒褶大=领口省#+ 2cm。

2. **袖子**（图4-1-12）

如图4-1-12所示，袖身直接采用原型袖身制图，袖身长为SL-3cm，袖山在原型的基础上抬高2.5cm。

如图4-1-12所示，四等分袖肥，沿袖口剪开等分线，拉展，每条展开线在袖口拉展3cm，袖衩位于后袖口，长5cm；袖头长25cm，宽3cm。

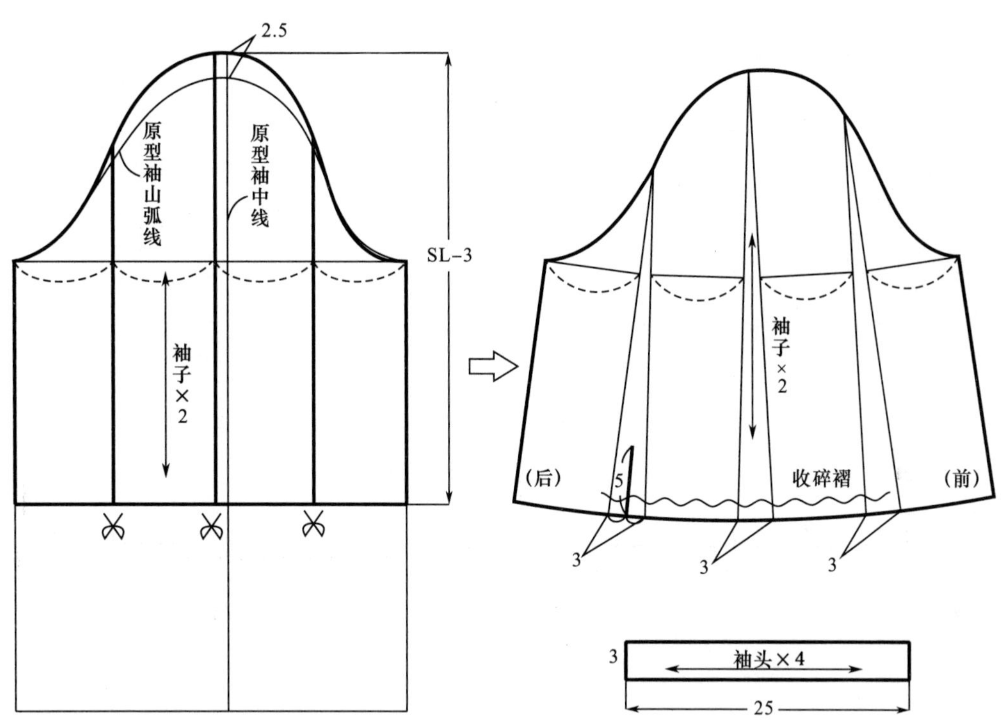

图4-1-12

3. **领子**（图4-1-13）

翻领制图步骤如下：

（1）如图4-1-13所示，过后横开领大点即B点向上绘制垂线段$BA=nb$=3cm（nb表示领座宽），斜线段$AC=mb$=4cm（mb表示翻领宽），C点落在后肩线上，O点落在肩线延长线上，弧线连接P、O两点，PO线段为翻领的翻折弧线，P点为后领口点，根据款式图，绘制领头造型。以C点为圆心，$nb+mb$=7cm为半径绘制弧线1，以P点为圆心，前领口弧线PB –0.5cm为半径绘制弧线2，弧线1与弧线2交于B'点。

（2）如图4-1-13所示，根据后片肩部BC线段的

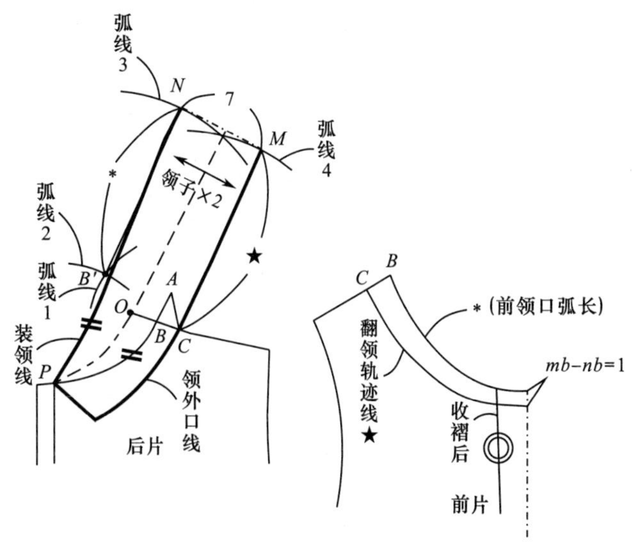

图4-1-13

长度，在前片肩部定出BC线段的长度，并绘制翻领轨迹线★。

（3）如图4-1-13所示，以B'点为圆心，前领口弧长*为半径绘制弧线3，以C点为圆心，翻领轨迹线长★为半径绘制弧线4，绘制弧线3和弧线4的公切线MN，调整公切线长MN为$nb+mb$=7cm，画顺领外口和装领线。

（五）纸样系列变化（图4-1-14、图4-1-15）

款式图4-1-14的结构是在图4-1-11和图4-1-13的基础上绘制的，如图4-1-15所示。

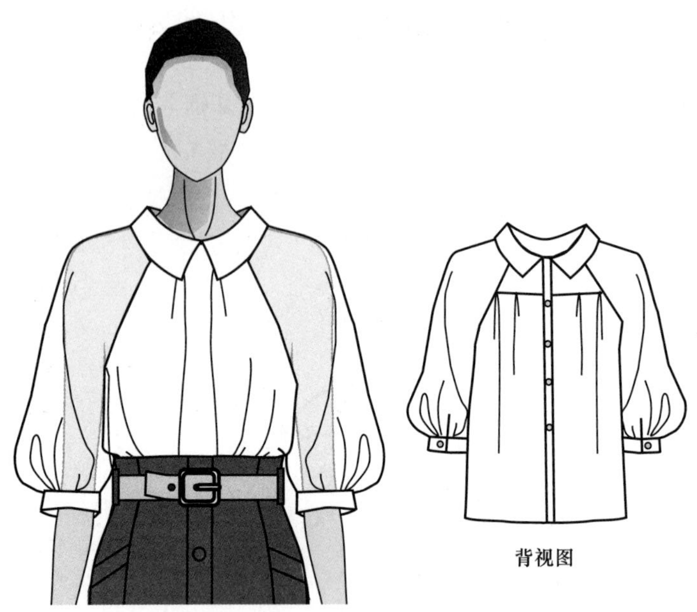

图4-1-14

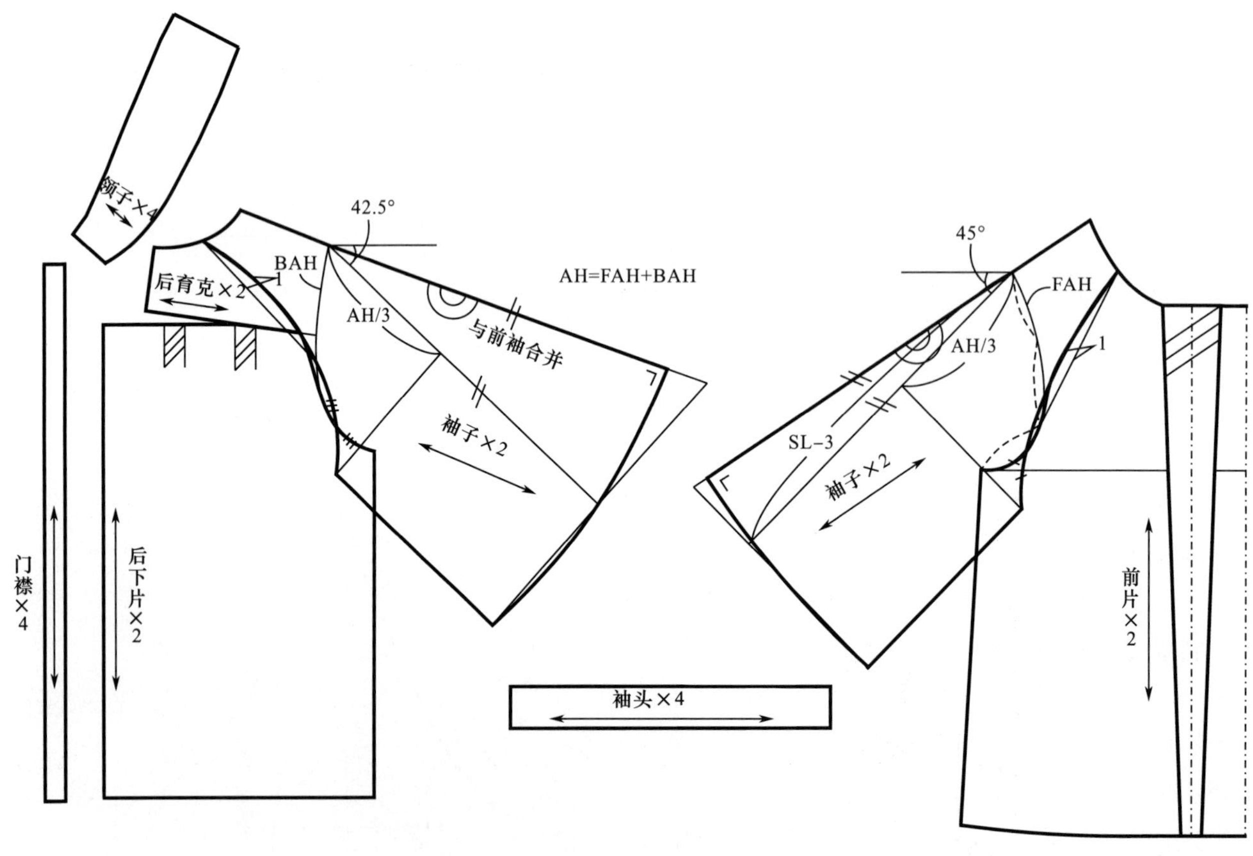

图4-1-15

三、案例3：贴袋长袖宽松衬衫（图4-1-16）

（一）规格设计（表4-1-3）

表4-1-3　　单位：cm

160/84A	胸围（B）	后衣长	肩宽（S）	袖长（SL）
原型尺寸	96	37	39	50.5
服装尺寸	109	69	41.4	57.5

（二）面、辅料说明

本款适合悬垂性较好的丝棉、丝麻或真丝面料。需双幅面料，长为袖长+衣长+10cm；需衣长长度的薄型黏合衬和13颗纽扣。

背视图

图4-1-16

（三）原型省道处理要点（图4-1-17）

1. ***前片省道处理***

因为本款衣身略宽松，且向前倾斜，所以可将前片袖窿省的一部分转移到腰部，具体如图4-1-17前片所示，将原型前片袖窿省分解为三部分，一是留0.8cm在袖窿作为松量，二是转移少量至腰部作为松量（腰部省量为1cm），三是剩余部分暂时作为袖窿省，制图时转入褶裥。

2. ***后片省道处理***

如图4-1-17后片所示，本款后片横开领加大0.3cm，增大前后横开领差量，可使前领口平服；因为后片设置有分割线，可将大部分省量转入分割线，具体如下，一是肩省收1.3cm，待转入分割线；二是将剩余的0.2cm作为肩部吃势。

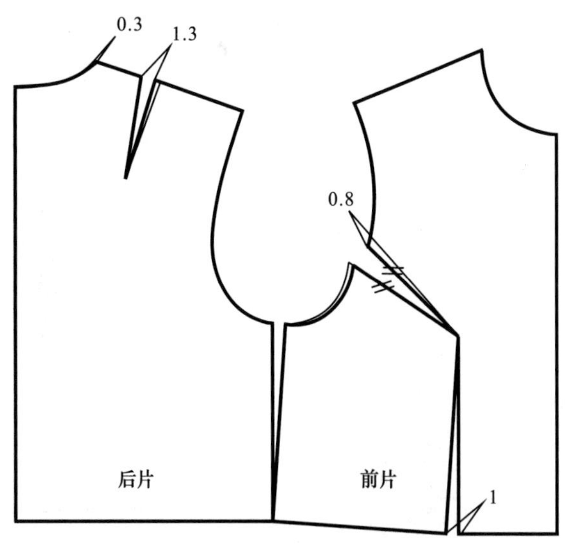

图4-1-17

（四）制图要点

1. **衣身**（图4-1-18、图4-1-19）

如图4-1-18所示，后片肩省1.3cm合并，转入横向分割线里，后片衣身预先绘制倒褶拉展的分割线。

如图4-1-18所示，前片根据款式绘制V字领口；前过肩宽3.5cm，绘制肩省线，合并袖窿省，将省量转入肩省。

肩襻宽3cm，肩襻长为前小肩宽▲的2/3，肩襻扣眼距离襻尖1cm。

如图4-1-19所示，后片被分割为2片，共设计了4个倒褶。

如图4-1-19所示，前片的袖窿省合并，展开肩省，将展开的肩省等分为3个倒褶，褶长10cm。

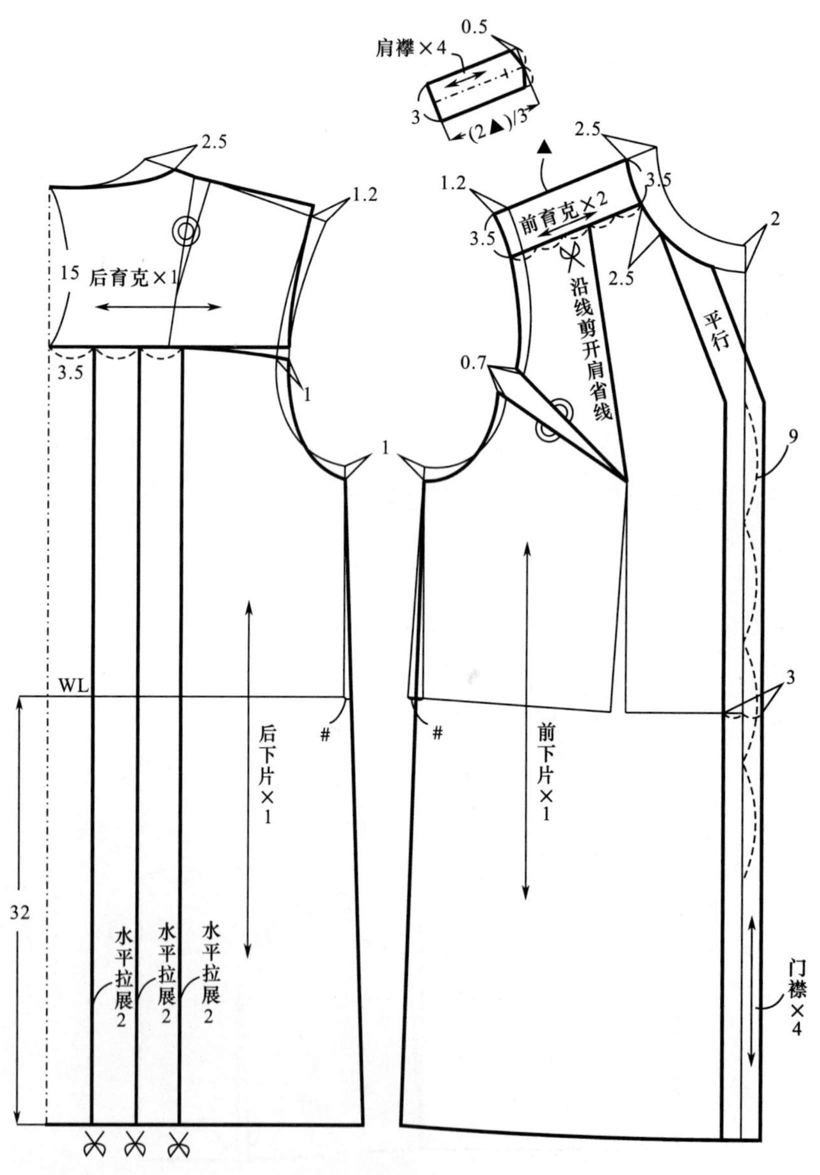

图4-1-18

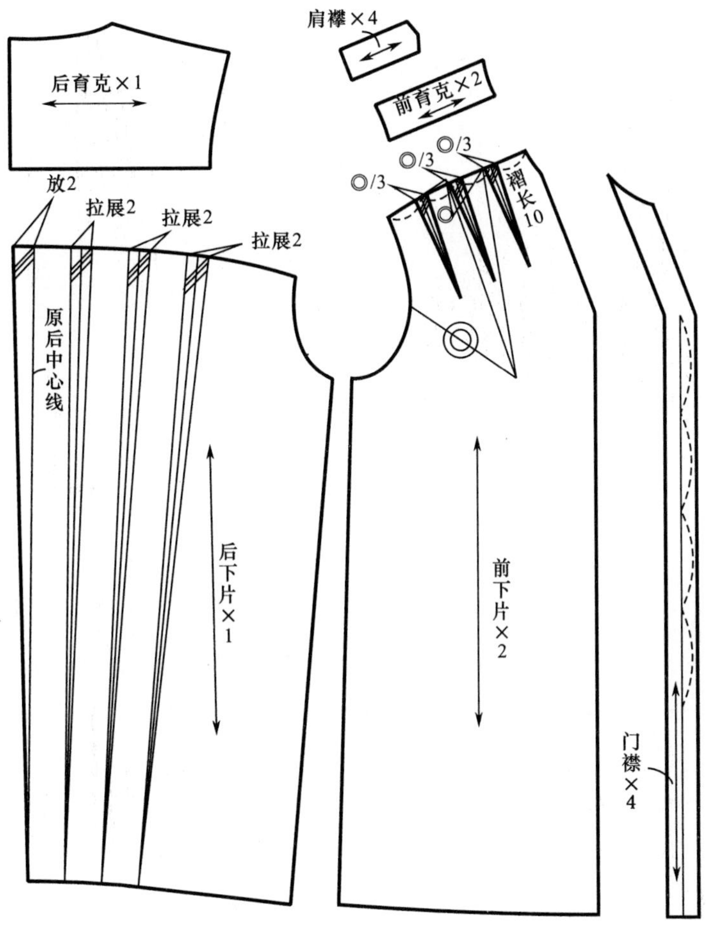

图4-1-19

2. **贴袋**（图4-1-20）

如图4-1-20所示贴袋距离门襟4cm，袋盖宽4cm，大11cm，贴袋宽9.6cm，长10cm，贴袋上有装饰凸褶。

3. **袖子**（图4-1-21）

如图4-1-21所示，袖身直接采用原型袖身制图，袖长在原型袖长基础上加长1cm，袖山在原型的基础上降低1.2cm（衣身肩宽增加量），袖肥增加1cm，袖山底抬高1cm（宽松袖型，衣身胸围下挖，袖子袖山降低加宽）。袖衩位于后袖口1/2处，长10cm。

袖头长22.8cm，宽4.5cm；宝剑头袖衩：大袖衩长12.5cm，宽2cm，小袖衩长10cm，宽1cm。

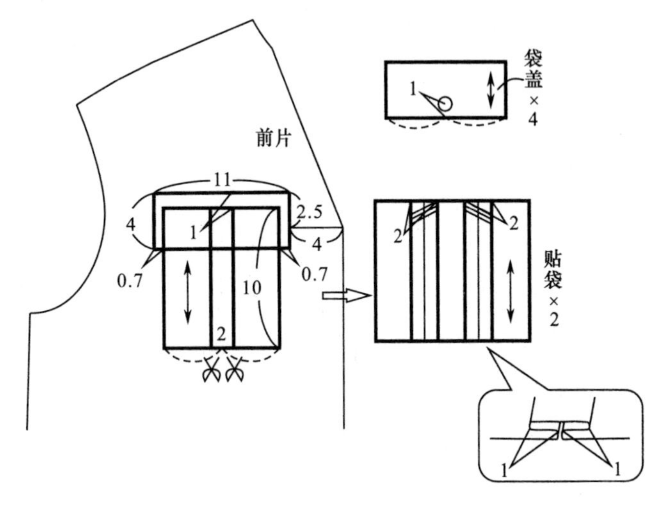

图4-1-20

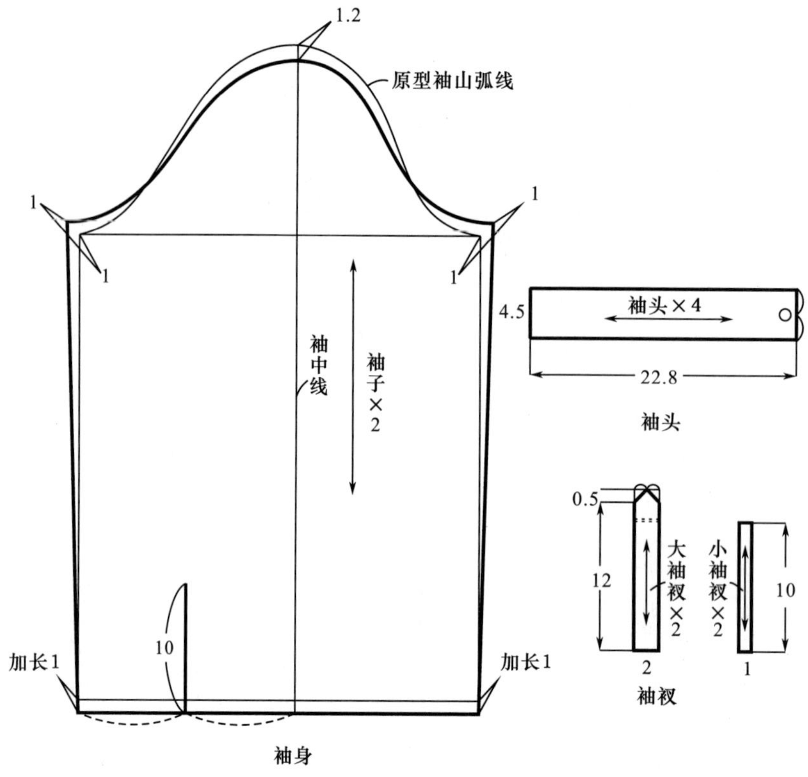

图4-1-21

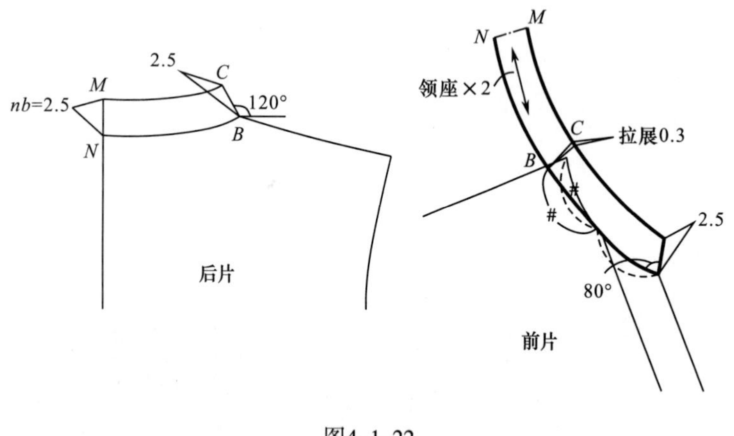

图4-1-22

4. **领子（图4-1-22）**

单立领制图步骤如下：

（1）将前领口弧线2等分，过等分点绘制领口弧线的切线，切线长为前领口弧线长的1/2，根据款式造型绘制前领造型：领头夹角80°，宽2.5cm。

（2）在后领口上根据款式绘制后领造型，*nb*=*MN*=2.5cm，领侧*BC*与水平线夹角为120°。

（3）将后领造型与前领造型在领侧部位重合，并将上领口拉展0.3cm（0.1×*nb*），用光滑的弧线绘制领上口线和领下口线。

（五）纸样系列变化（图4-1-23～图4-1-25）

款式图4-1-23衣身的结构图是在图4-1-18的基础上绘制的，如图4-1-24所示。

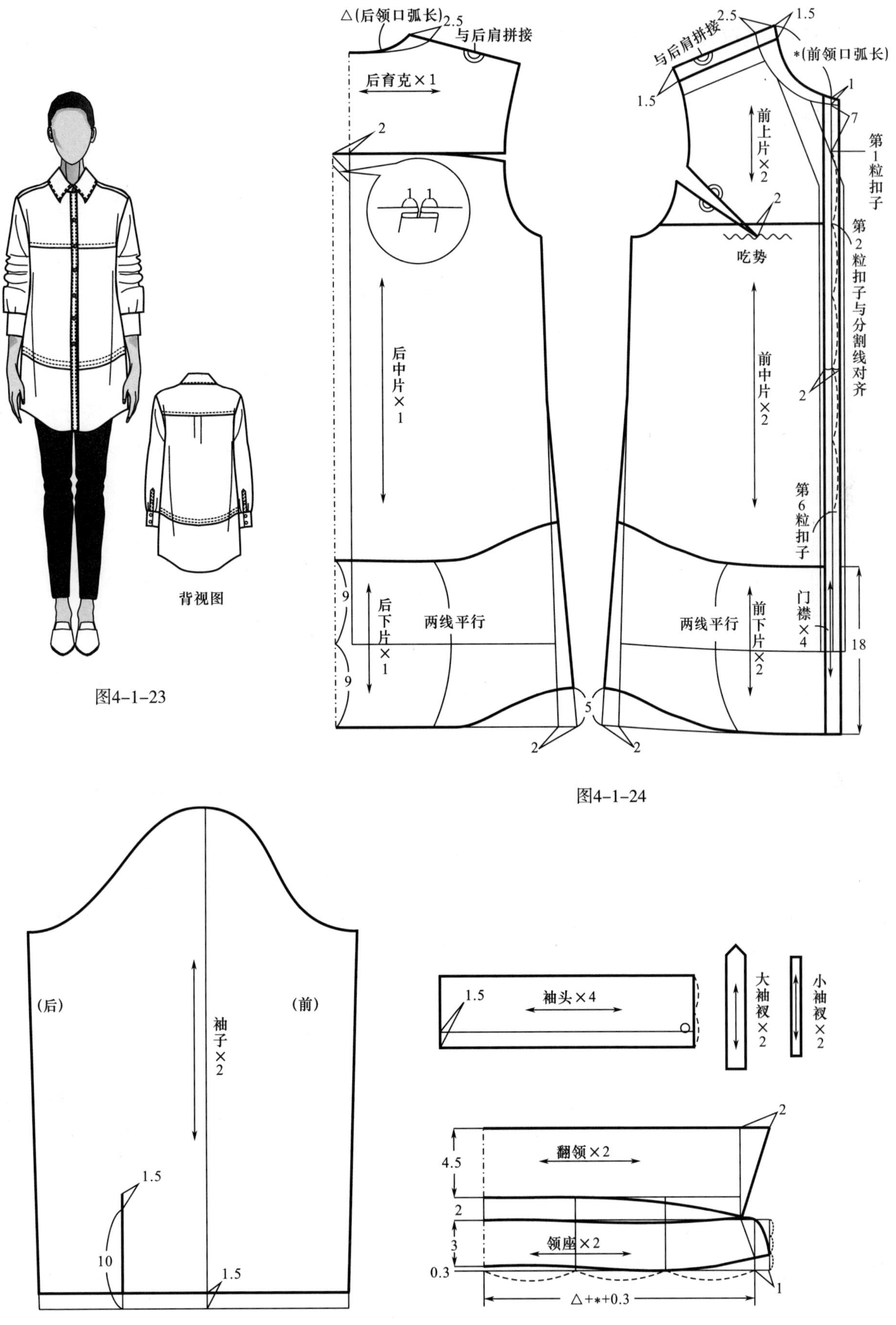

图4-1-23

图4-1-24

图4-1-25

四、案例4：蝙蝠袖宽松衬衫（图4-1-26）

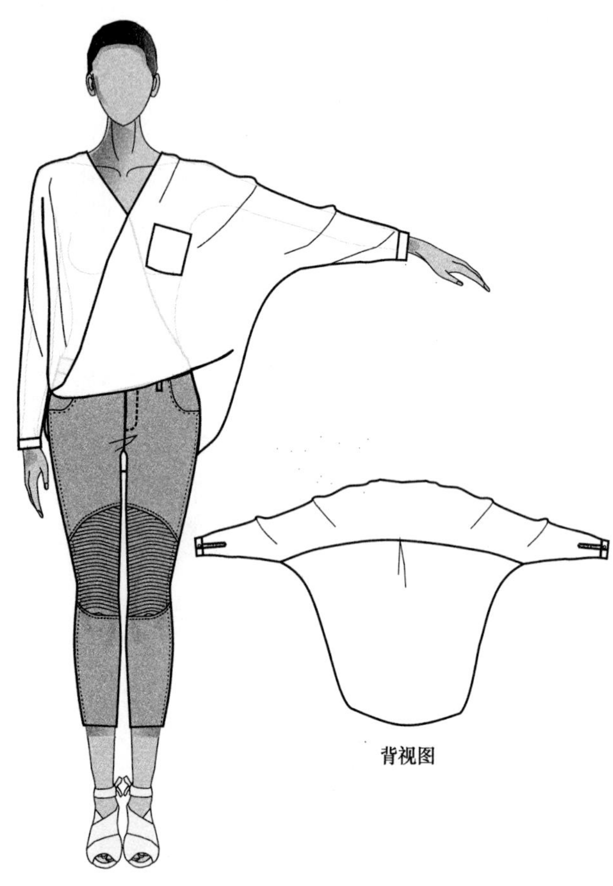

图4-1-26

（一）规格设计（表4-1-4）

表4-1-4　　单位：cm

160/84A	胸围（*B*）	后衣长	袖长（SL）
原型尺寸	96	37	50.5
服装尺寸	136	68	54

（二）面、辅料说明

本款适合悬垂性好的、不区分正反面的丝棉、真丝、雪纺等面料。需双幅面料，长为袖长+衣长+10cm；需1对风纪扣和4颗直径为1.2cm的扣子。

（三）原型省道处理要点（图4-1-27）

1. ***前片省道处理***

如图4-1-27所示，本款将原型袖窿省分为两部分，一是转移到腰部，形成腰部2cm的松量，二是剩余部分在袖窿作为松量，在扣除0.8cm袖窿基本松量后，测量余下部分高度为#。

2. ***后片省道处理***

如图4-1-27所示，本款后肩省分为三部分，一是在领口开大0.3cm，二是转移部分肩省到后袖窿作为松量，使后袖窿的省量高度为#，与前袖窿松量平衡，三是剩下部分在肩缝作为吃势，缩缝。

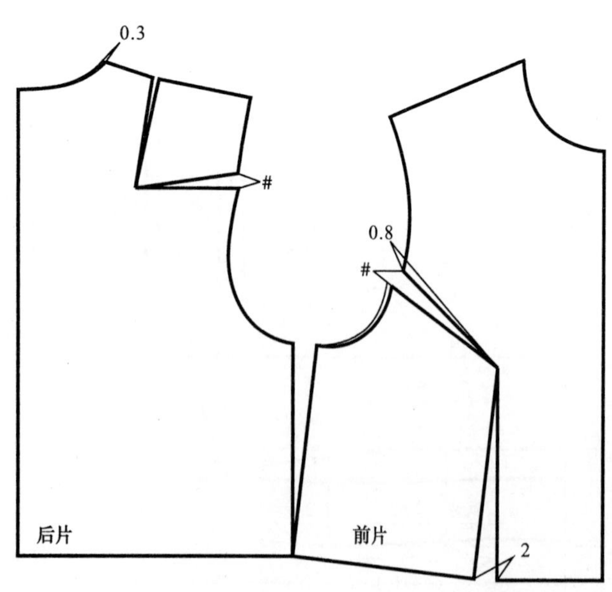

图4-1-27

（四）制图要点

如图4-1-28所示，前、后片连身袖的夹角为30°，袖长为51cm，贴袋只缝制在左衣身。后中心为凹褶造型。

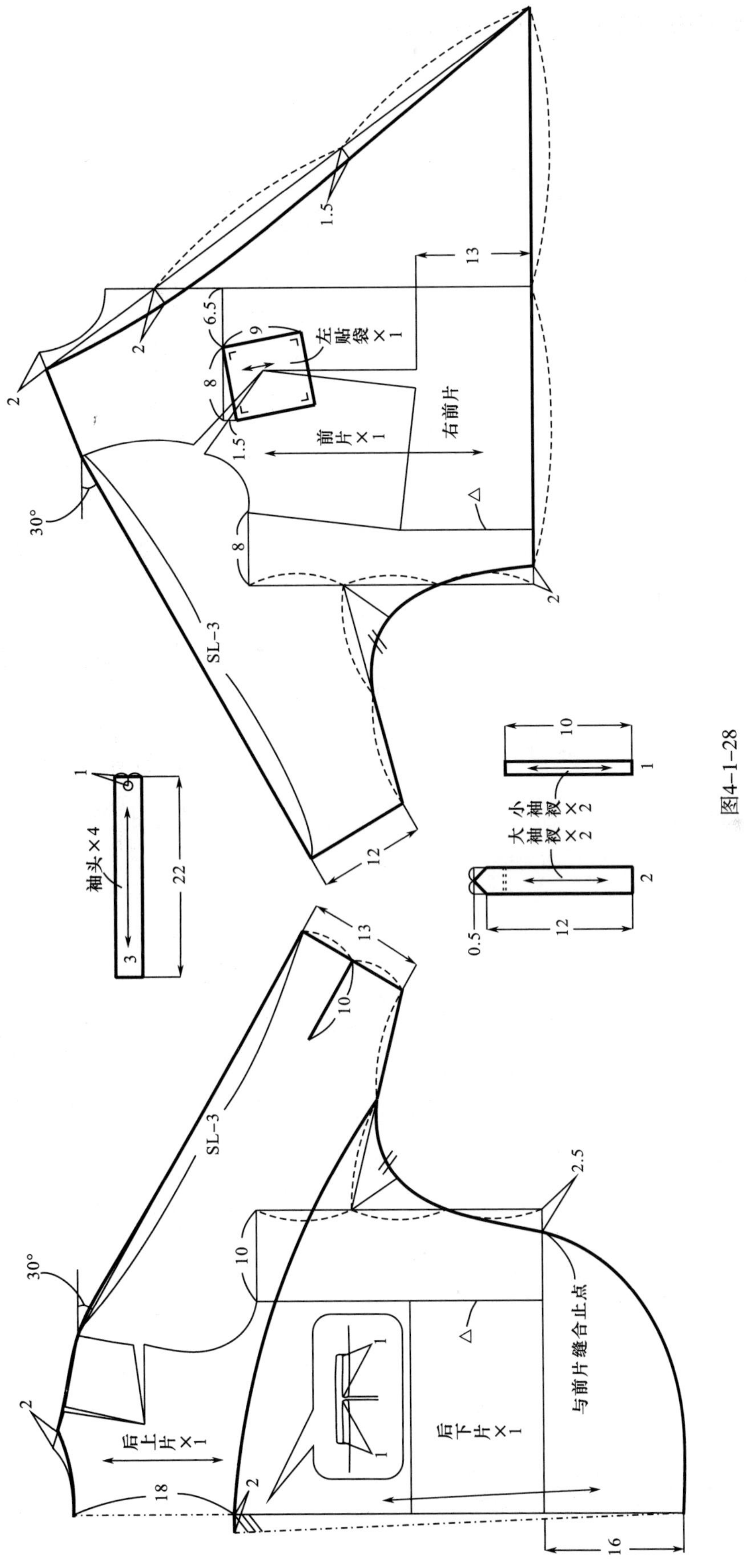

图4-1-28

如图4-1-29所示，以右前片下摆为对称轴，向下对称衣片，再以前中心线为对称轴向右对称出左前片，左右两片连在一起裁剪。注意，选用的面料要正反面一致。

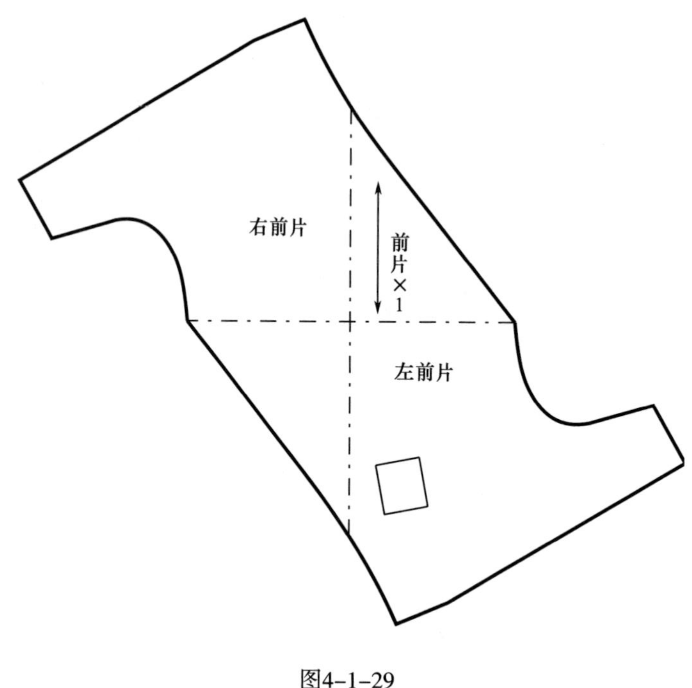

图4-1-29

（五）纸样系列变化（图4-1-30、图4-1-31）

款式图4-1-30的结构是在图4-1-28的基础上绘制的，领子为单独制图，如图4-1-31所示。

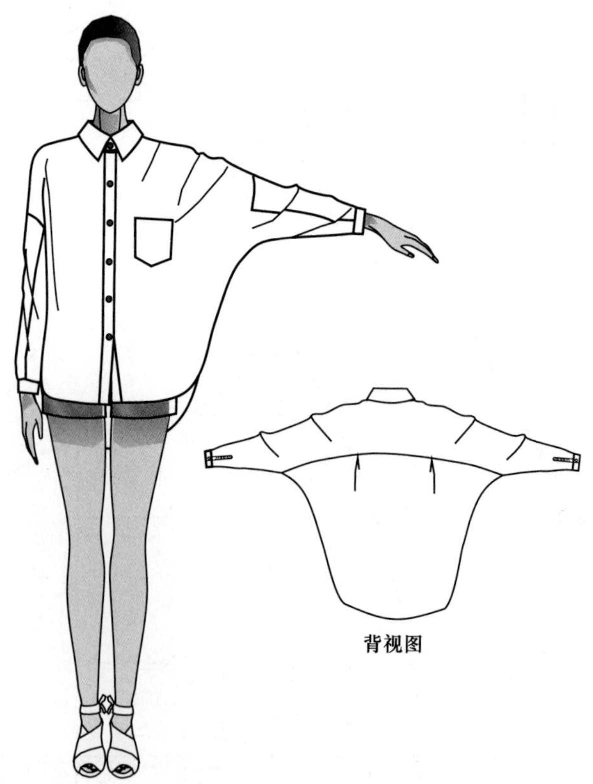

图4-1-30

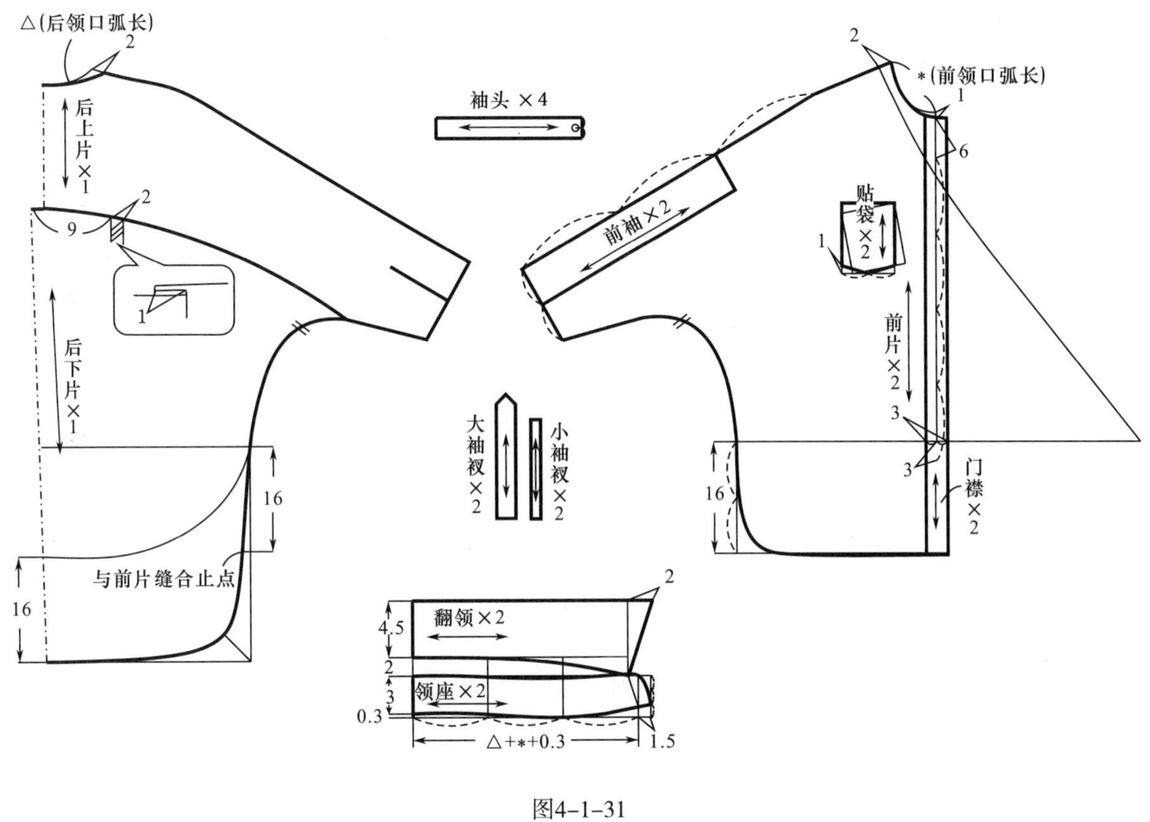

图4-1-31

五、案例5：撞色拼接直身衬衫（图4-1-32）

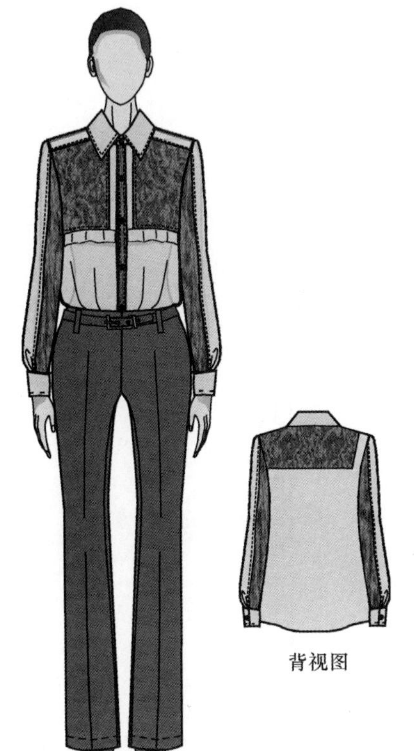

图4-1-32

（一）规格设计（表4-1-5）

表4-1-5　　单位：cm

160/84A	胸围（B）	后衣长	肩宽（S）	袖长（SL）
原型尺寸	96	37	39	50.5
服装尺寸	96	59	39	55.5

（二）面、辅料说明

本款采用两种面料制作，纯色部分可采用半透明、悬垂性好的雪纺或真丝面料，花色面料不透明。需双幅面料，长为袖长+衣长+30cm；需衣长长度的薄型黏合衬和8颗直径为1.2cm的衬衫纽扣。

（三）原型省道处理要点（图4-1-33）

1. *前片省道处理*

如图4-1-33所示，本款将原型袖窿省分为四部分，一是转移到腰部，形成腰部1cm的松量，二是转移部分到前中心，构成撇胸（前中心省量0.5cm），缝制时归拢，三是留0.8cm在袖窿作为松量，四是将剩余部分暂时留在袖窿，待转入分割线里。

2. 后片省道处理

如图4-1-33所示，本款将后领口中心向上提高0.3cm。后肩省分为三部分，一是在领口开大0.3cm，二是肩省收1.3cm，三是剩下部分在肩缝作为吃势，缩缝。

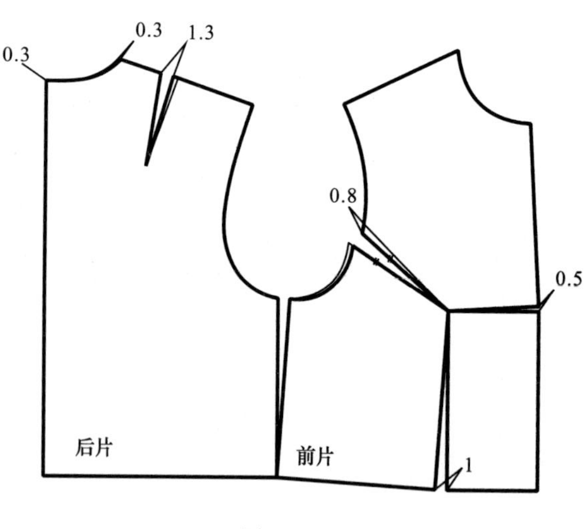

图4-1-33

（四）制图要点

1. 衣身制图（图4-1-34、图4-1-35）

如图4-1-34所示，前片各分割线都没有经过胸高点，所以袖窿省道转移到各分割线后，需要吃势缩缝。明门襟裁剪成直线型，衣身缝制吃势。

如图4-1-35所示，后片先将肩省合并，转到衣身部分，然后绘制后片装饰盖片，注意左右不对称的造型。

如图4-1-35所示，前片进行分割，分为5片，注意纱向设计。

如图4-1-35所示，绘制横向分割线上缝制的褶皱装饰条，该条宽为3.5cm，长为分割线长度的1.5倍。

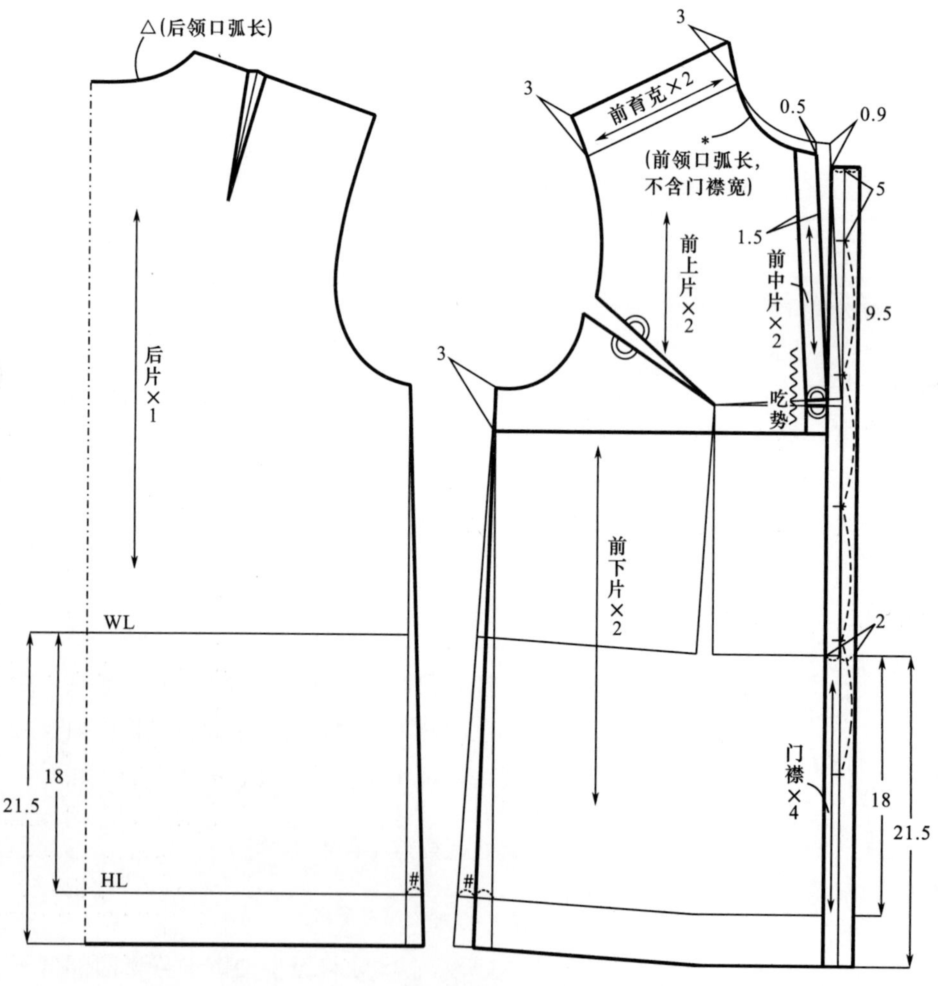

图4-1-34

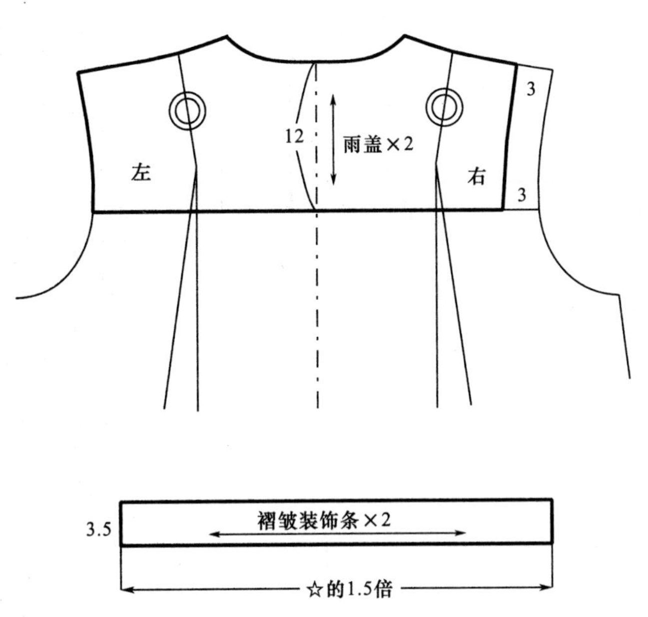

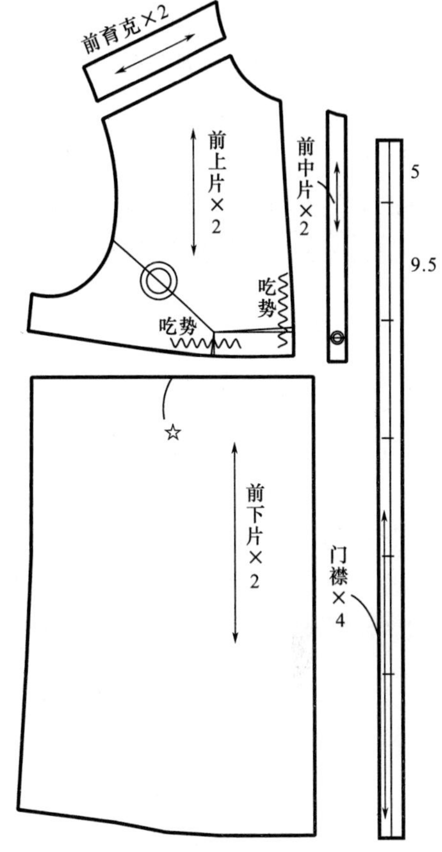

图4-1-35

2. **袖子制图**（图4-1-36）

如图4-1-36所示，袖子直接采用原型袖身，袖口在原型的基础上左右各收进1cm，袖身绘制两条分割线，分别距离袖中线3.3cm，袖衩位于后袖分割线上，长8cm，袖山造型不变。

如图4-1-36所示，袖头长22.8cm，宽5cm。

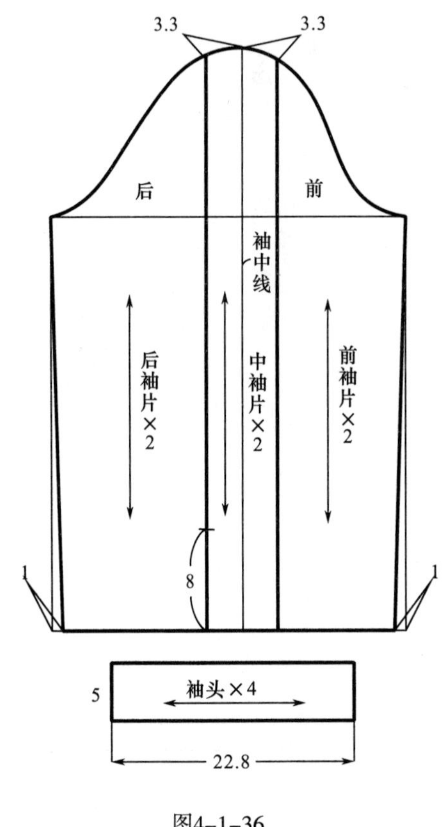

图4-1-36

3. 领子制图（图4-1-37）

如图4-1-37所示，领座nb=3cm，翻领mb=4.5cm。

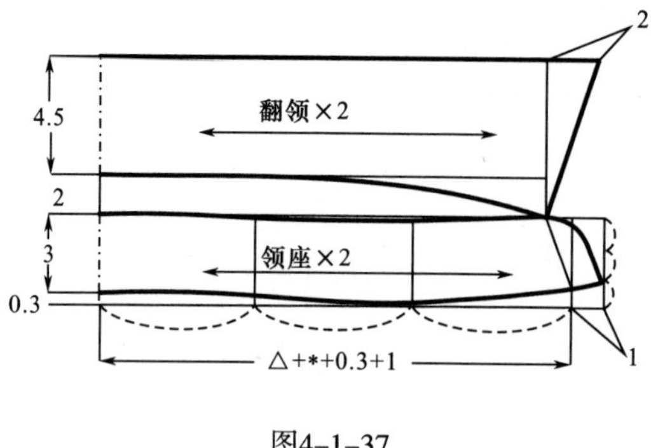

图4-1-37

（五）纸样系列变化（图4-1-38～图4-1-44）

款式图4-1-38的衣身袖子结构是在图4-1-34、图4-1-36的基础上绘制的，如图4-1-39、图4-1-40所示。领子为单独制图，如图4-1-41～图4-1-44所示。

背视图

图4-1-38

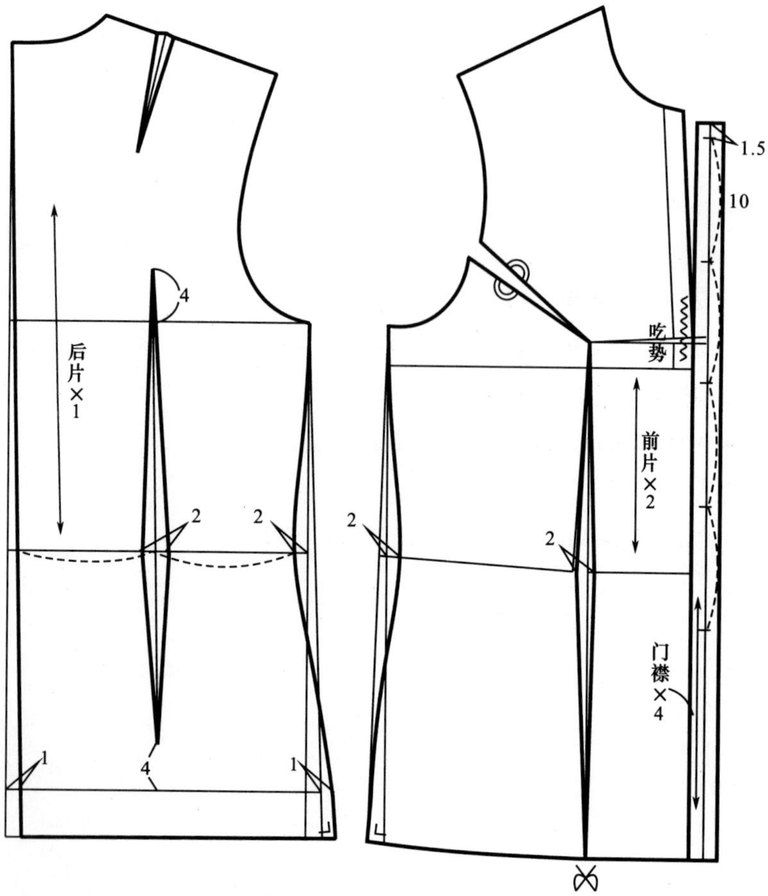

图4-1-39

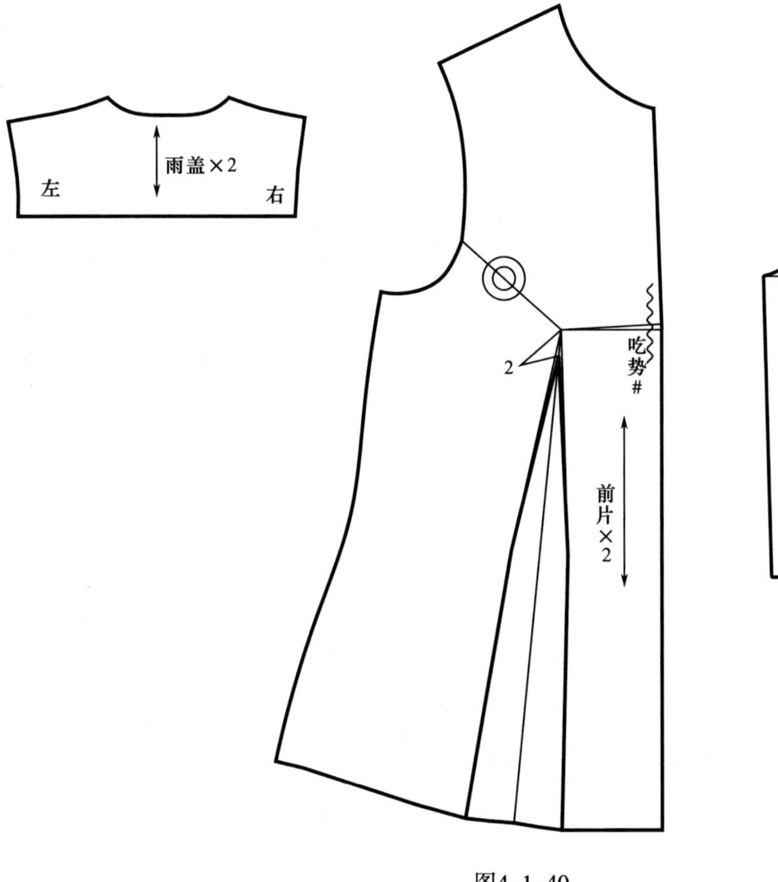
雨盖×2
左
右
2
吃势#
前片×2

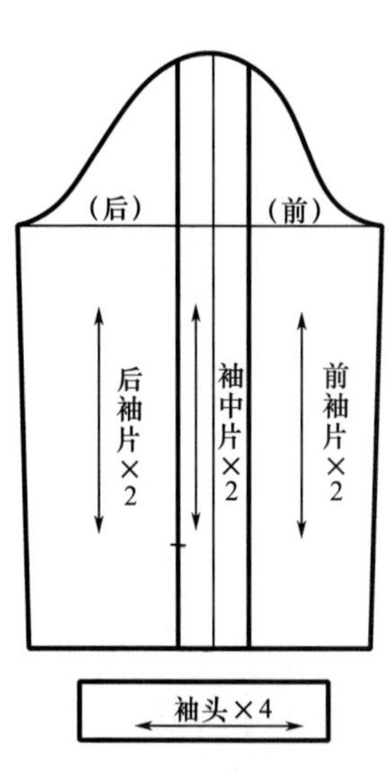
(后)
(前)
后袖片×2
袖中片×2
前袖片×2
袖头×4

图4-1-40

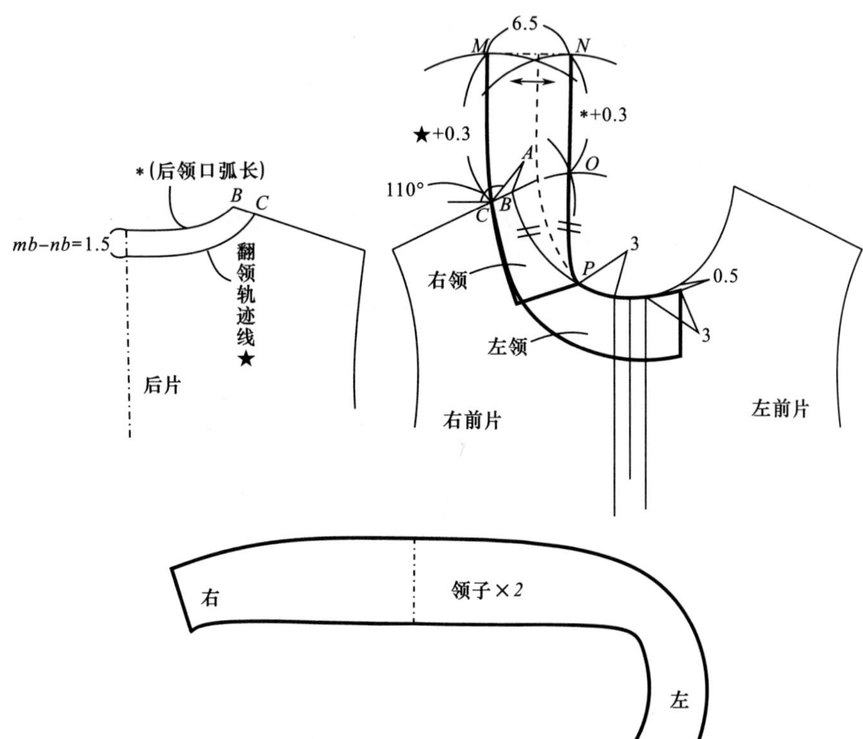
6.5
M
N
★+0.3
*+0.3
A
O
110°
C
B
P
3
0.5
3
*(后领口弧长)
B C
mb-nb=1.5
翻领轨迹线★
后片
右领
左领
右前片
左前片
右
领子×2
左

图4-1-41

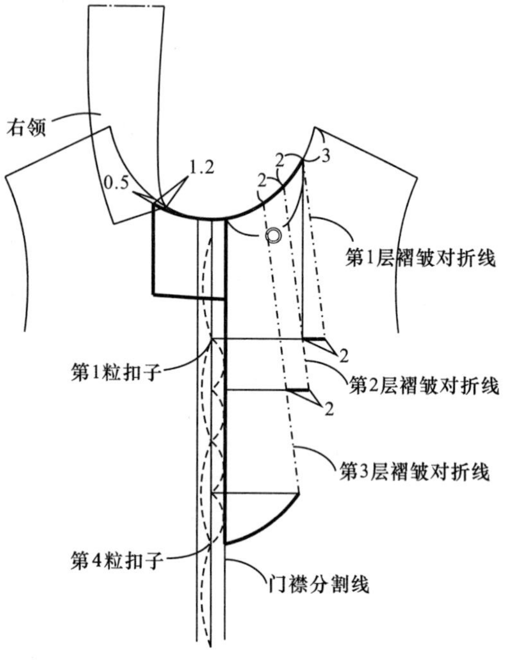

图4-1-42

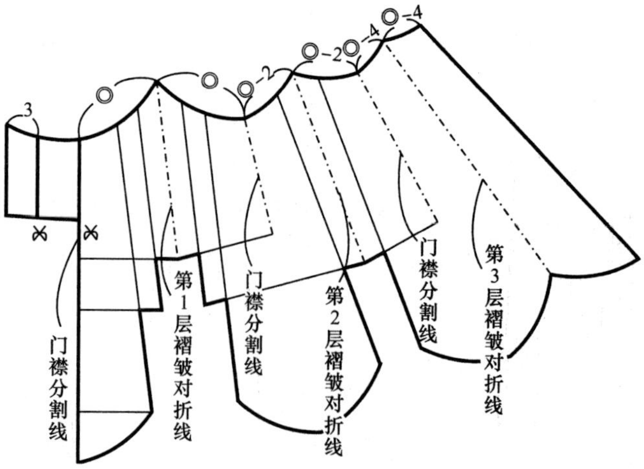

图4-1-43

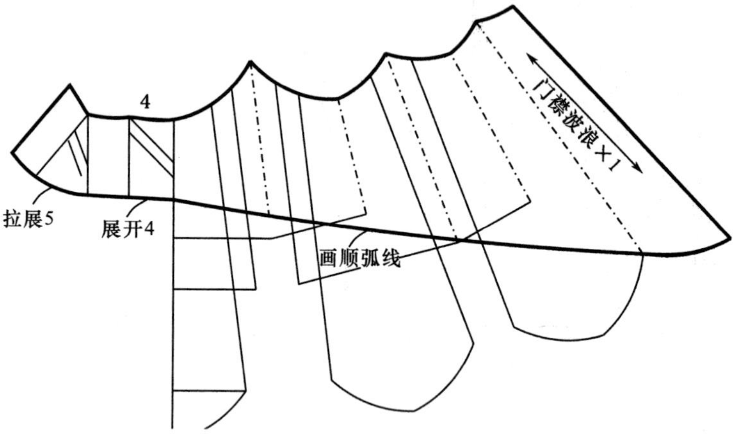

图4-1-44

图4-1-45

六、案例6：垂褶短袖合体衬衫（图4-1-45）

（一）规格设计（表4-1-6）

表4-1-6　　　单位：cm

160/84A	胸围（*B*）	臀围（*H*）	后衣长	肩宽（*S*）	袖长（SL）
原型尺寸	96	—	37	39	50.5
服装尺寸	92	94	54	33.4	26

（二）面、辅料说明

本款可采用较挺括的纯棉或真丝双宫面料制作。需双幅面料，长为袖长+衣长+20cm；需1根50cm左右的同面料色隐形拉链。

（三）原型省道处理要点（图4-1-46）

1. 前片省道处理

如图4-1-46所示，本款将原型袖窿省分为两部分，一留0.8cm在袖窿作为松量，二是将剩余部分暂时留在袖窿，待转入褶皱里。

2. 后片省道处理

如图4-1-46所示，本款将原型后肩省分为三部分，一是在领口开大0.3cm，二是肩省收1.3cm，三是剩下部分在肩缝作为吃势，缩缝。

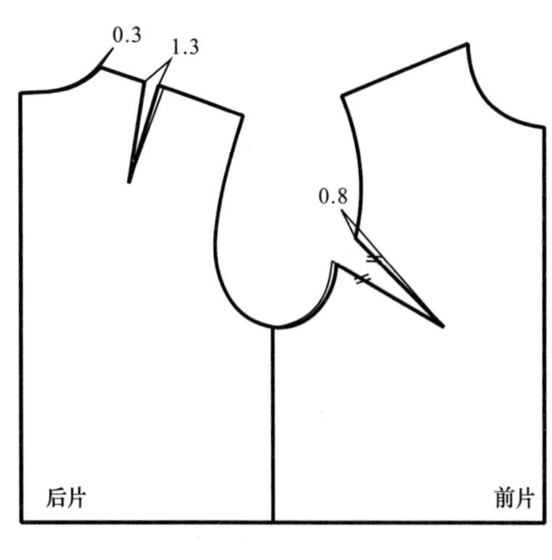

图4-1-46

（四）制图要点

1. 衣身（图4-1-47、图4-1-48）

如图4-1-47所示，后片肩省1.3cm合并转入领口省。隐形拉链从后领中心一直上到衣长上4cm处。根据款式图，前领口预先绘制褶皱辅助线。

如图4-1-48所示，将袖窿省的省道转移到靠左的两个褶皱里，靠中心的褶皱拉展5cm。

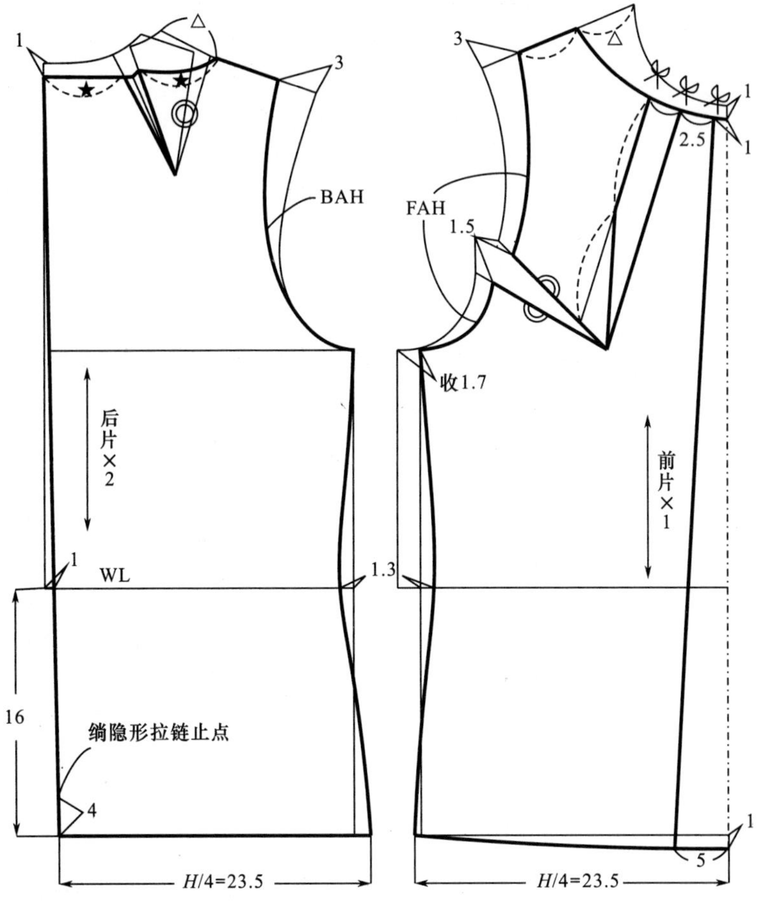

图4-1-47

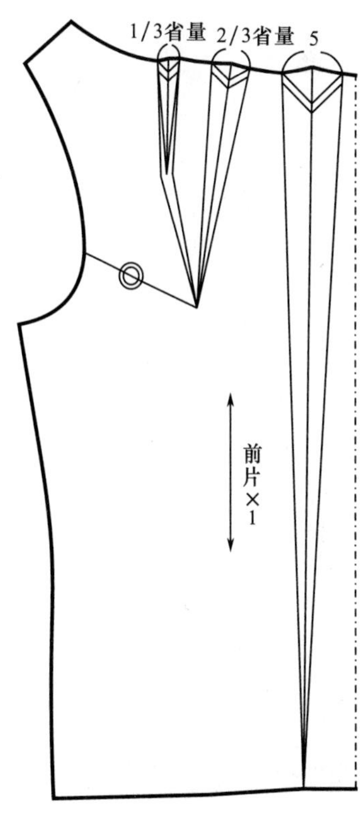

图4-1-48

2. **袖子**（图4–1–49～图4–1–51）

袖子制图步骤如下：

（1）如图4–1–49所示，复制出前后衣身的袖窿，合并袖窿省。袖山高为前后袖窿弧长的1/3，即（FAH+BAH）/3=AH/3，袖身长为SL–3cm，前袖山斜线为前袖窿弧长–0.2cm，即FAH–0.2cm，后袖山斜线为后袖窿弧长+0.1cm，即BAH+0.1cm，分别等分前后袖宽，过等分点做垂线，分别以两条垂线为对称轴，对称复制前后袖窿弧线，然后根据前后袖窿弧线形态绘制袖山弧线，根据款式绘制袖口弧线。再在图中绘制袖山褶皱分割辅助线。

（2）如图4–1–49所示，绘制袖头，袖头长度与袖身的袖口一致，宽为3cm。

（3）如图4–1–50所示，沿分割线分别将前后袖的袖山拉展。

（4）如图4–1–51所示，对齐前后片袖子，画顺袖口，连接袖山顶点，完成袖子制图。

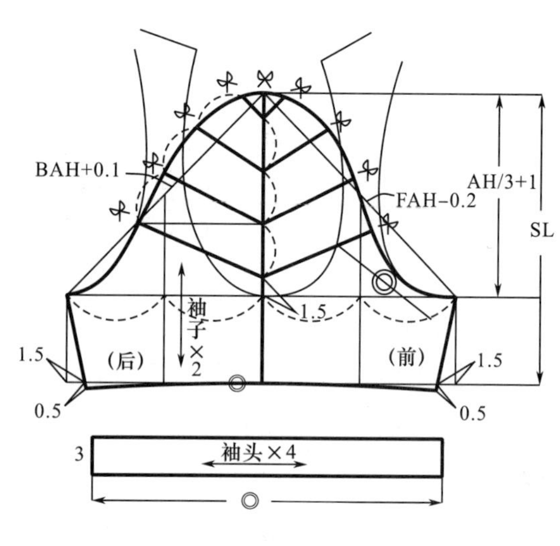

图4–1–49

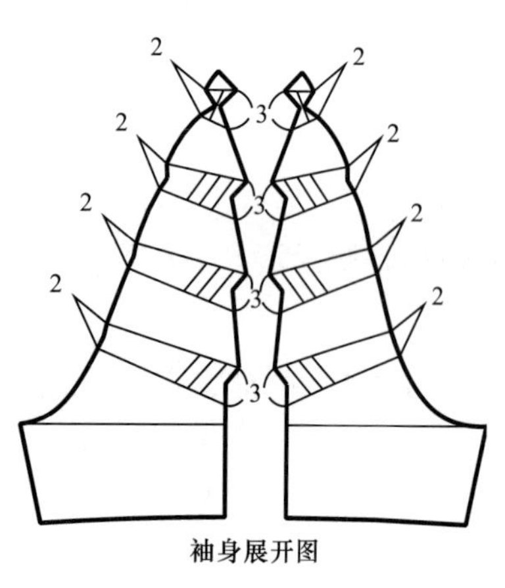

图4–1–50

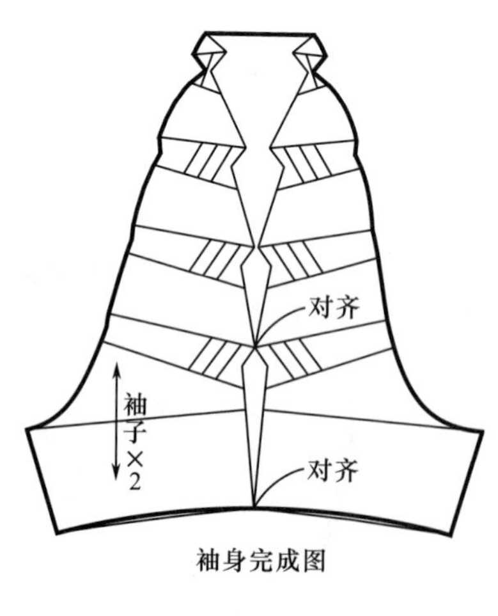

图4–1–51

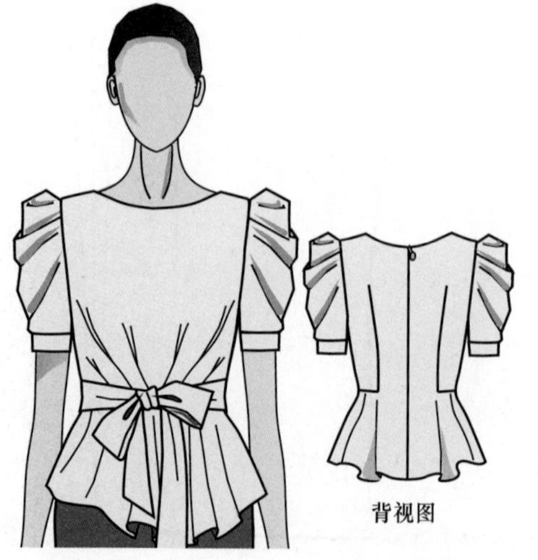

图4–1–52

（五）纸样系列变化（图4–1–52～图4–1–56）

款式图4–1–52的结构是在图4–1–47的基础上绘制的，如图4–1–53～图4–1–55所示，袖子同图4–1–51一致，如图4–1–56所示。

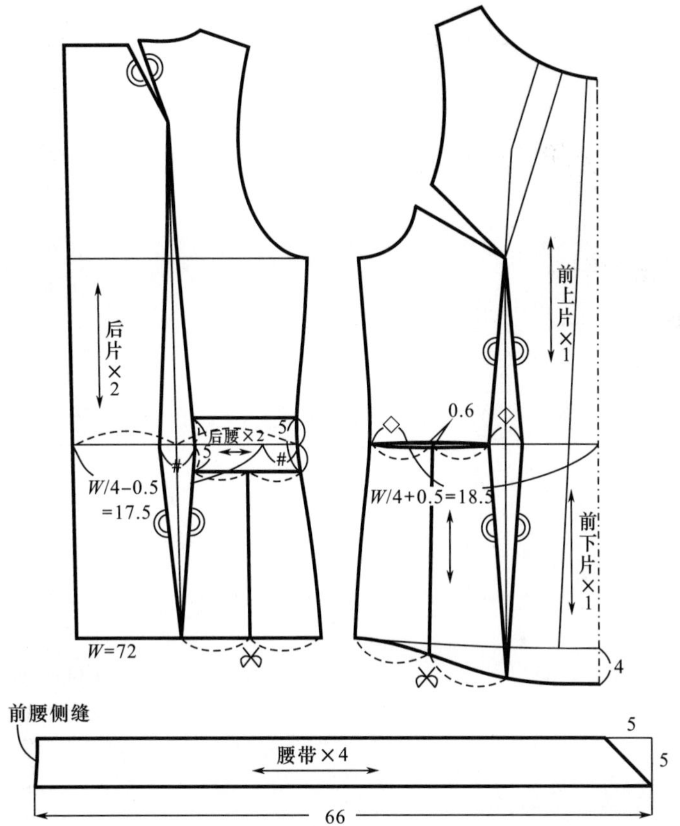
后片×2
后腰×2
5
#
W/4−0.5
=17.5
W=72
前上片×1
0.6
W/4+0.5=18.5
前下片×1
4
前腰侧缝
5
5
腰带×4
66

图4-1-53

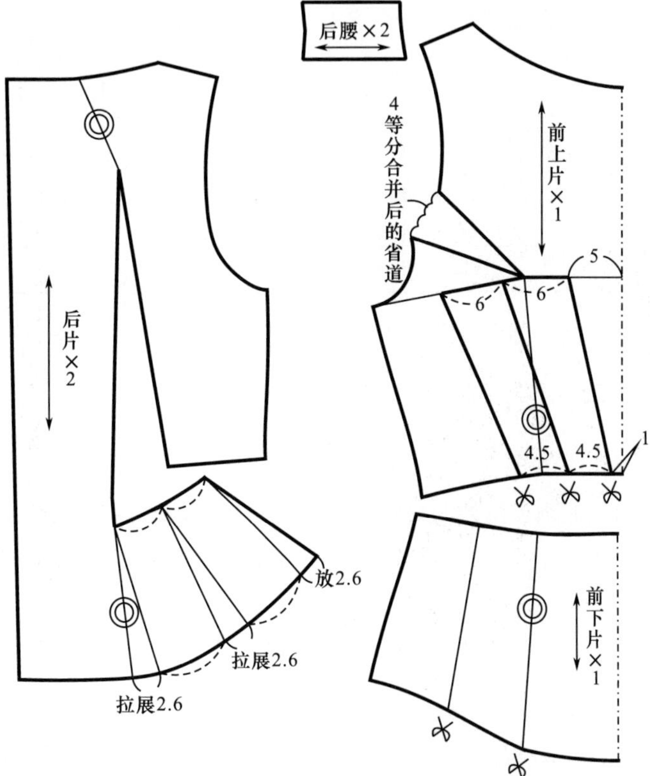
后腰×2
后片×2
放2.6
拉展2.6
拉展2.6
4
等分合并后的省道
前上片×1
5
6
6
4.5
4.5
1
前下片×1

图4-1-54

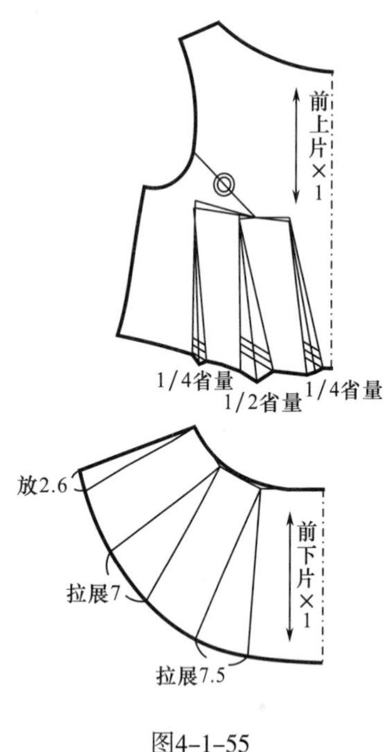

图4-1-55

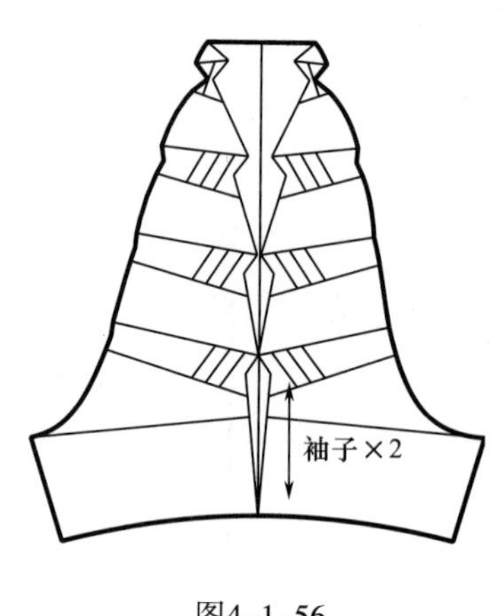

图4-1-56

第二节　图解连衣裙系列纸样

一、案例1：领口褶无袖合体连衣裙（图4-2-1）

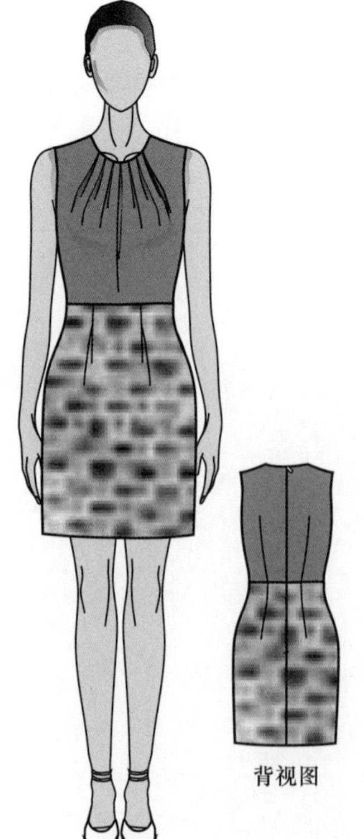

图4-2-1

（一）规格设计（表4-2-1）

表4-2-1　　单位：cm

160/84A	胸围（B）	腰围（W）	臀围（H）	裙身长	腰长	背长	肩宽（S）
原型尺寸	96	96	—	—	18～20	37.5	39
服装尺寸	89	71	96	45	18	37.5	33.4

（二）面、辅料说明

本款上身适合悬垂性较好的面料，下身适合挺括性较好的抗皱面料。上身需双幅面料，长为上身长+20cm；下身需双幅面料，长为裙身长+20 cm；需腰围长度的薄型黏合衬和60cm以上薄型同色系隐形拉链1根。

（三）原型省道处理要点（图4-2-2）

1. **前片省道处理**

如图4-2-2所示，本款为无袖合体连衣裙，袖窿不需要过多松量，原型省量全部留在袖窿，待转入领口褶。

2. **后片省道处理**

如图4-2-2所示，本款后肩省分为三部分，一是在领口开大0.3cm，二是留肩省1.3cm，待转入后腰省，三是剩下部分在肩缝作为吃势，缩缝。

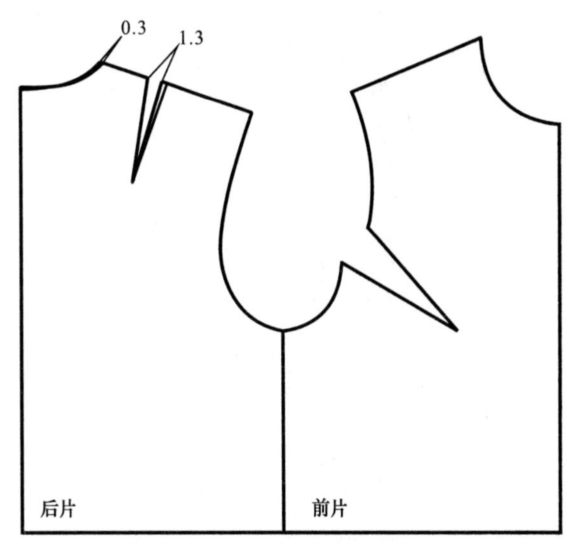

图4-2-2

（四）制图要点（图4-2-3、图4-2-4）

本款为无袖合体连衣裙造型，为避免腋下走光，上身胸围线在原型的基础上抬高0.5～1cm，前后胸围均需减小。上身腰省的大小由胸腰差决定。前领口中心向右放出2cm，丰富褶量，其他部位制图如图4-2-3所示。

下身省量的大小由腰臀差决定，其他部位制图如图4-2-3所示。

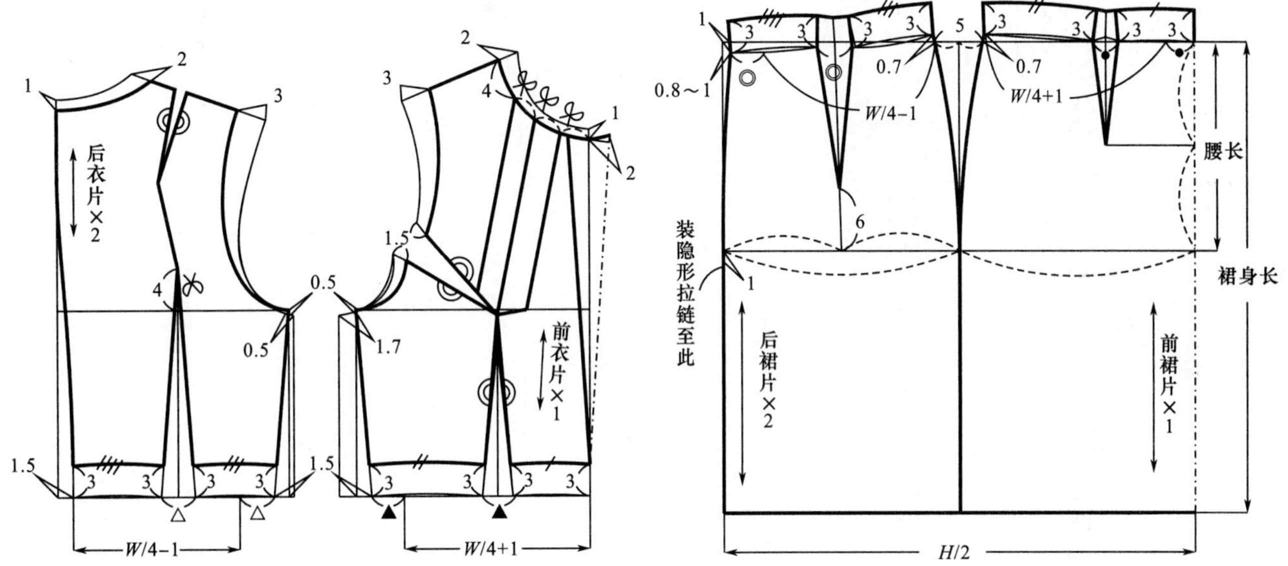

图4-2-3

合并前袖窿省和腰省，展开领口褶。合并后肩省，转移到后腰省里，重新绘制后腰省。如图4-2-4所示。

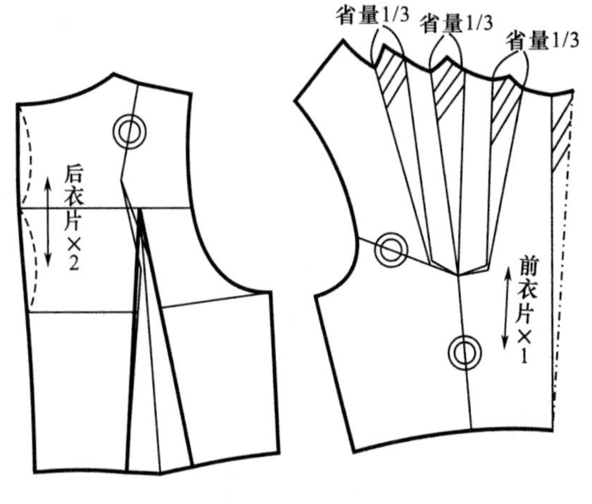

图4-2-4

（五）纸样系列变化（图4-2-5～图4-2-7）

款式图4-2-5的结构是在图4-2-3的基础上绘制的，如图4-2-6、图4-2-7所示。

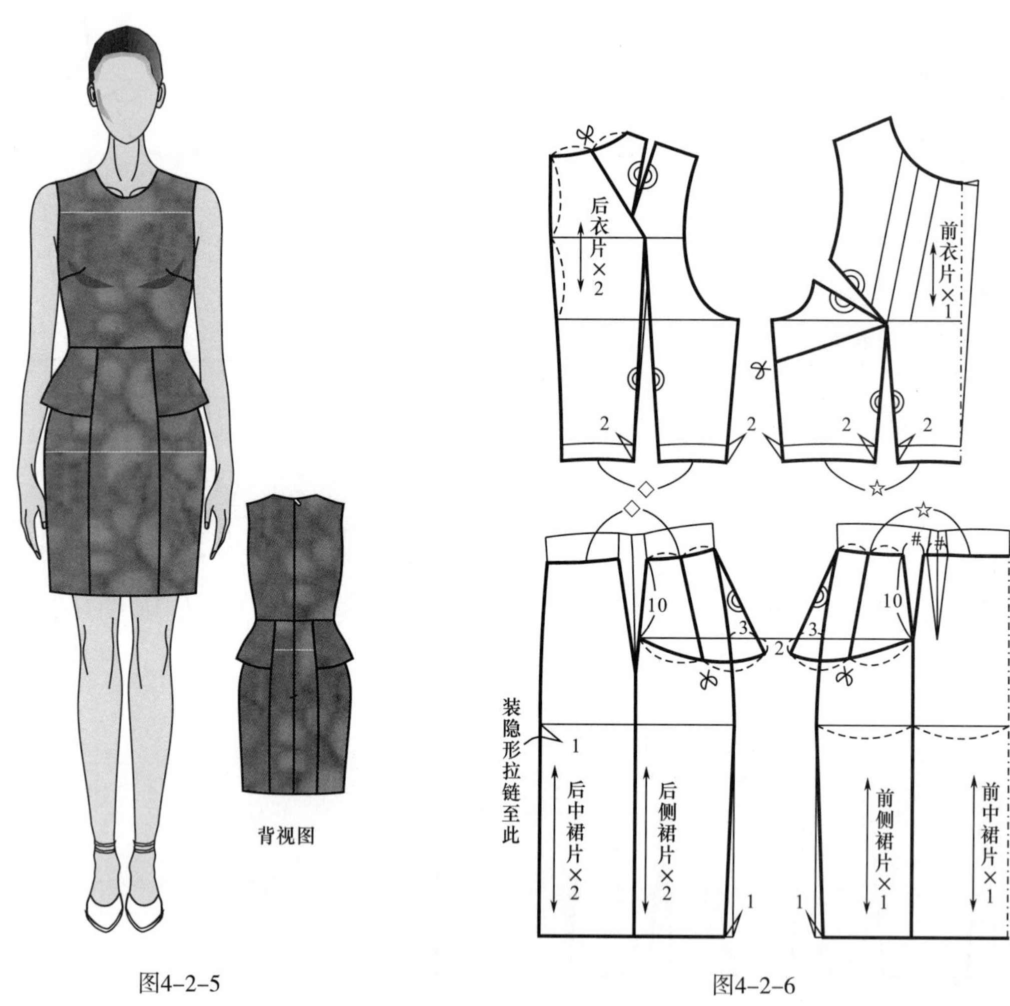

图4-2-5　　图4-2-6

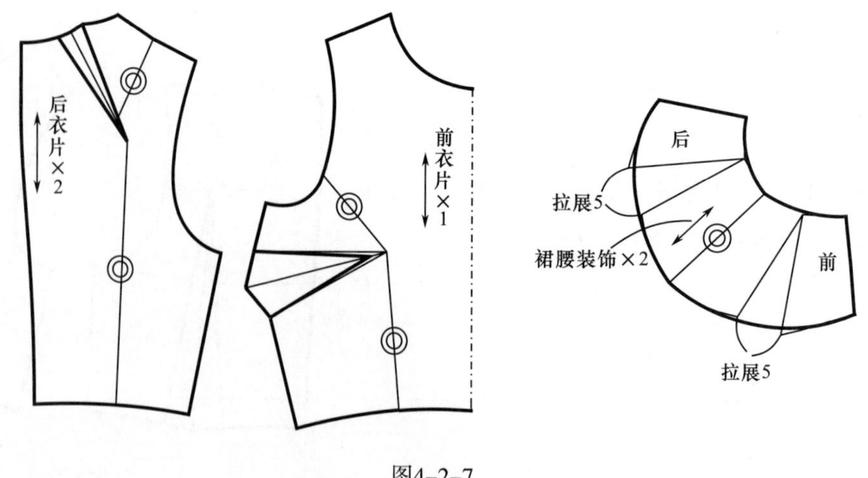

图4-2-7

图4-2-8

二、案例2：翻立领飞袖连衣裙（图4-2-8）

（一）规格设计（表4-2-2）

表4-2-2 单位：cm

160/84A	胸围（B）	腰围（W）	裙身长	背长	肩宽（S）	袖长（SL）
原型尺寸	96	96	—	37.5	39	—
服装尺寸	89	71	54	37.5	36.4	9

（二）面、辅料说明

本款上身适合薄型牛仔面料，下身适合纯棉格子面料。上身需双幅面料，长为上身长+袖长+30cm；下身需双幅面料，长为（裙身长×1.5）cm；需1m薄型黏合衬和7颗直径为1cm的纽扣。

（三）原型省道处理要点

原型省道处理要点参见图4-2-2所示。

（四）制图要点

1. **衣身制图**（图4-2-9）

本款为部分装袖的合体连衣裙造型，为避免腋下走光，上身胸围线在原型的基础上抬高0.5cm，前后胸围均需减小。上身腰省的大小由胸腰差决定。明门襟总宽2.5cm。其他部位制图如图4-2-9所示。

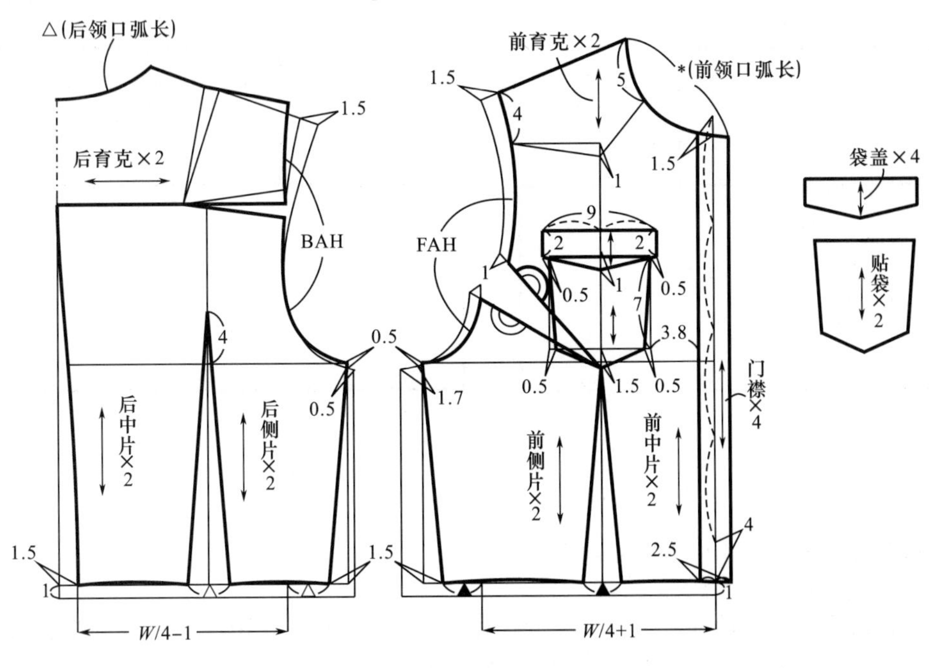

图4-2-9

2. 袖子制图（图4-2-10）

复制出前后片袖窿，合并袖窿省，以后袖窿为基准，合并侧缝，前后袖窿相连，然后在此基础上绘制袖子结构。袖山高为AH/3+1cm，其中AH=BAH+FAH，袖子分为两层，上层比下层短1.5cm，两侧各宽0.5cm，其他部分制图如图4-2-10所示。

3. 领子制图（图4-2-11）

如图4-2-11所示，领座*nb*=2.8cm，翻领*mb*=3.8cm。

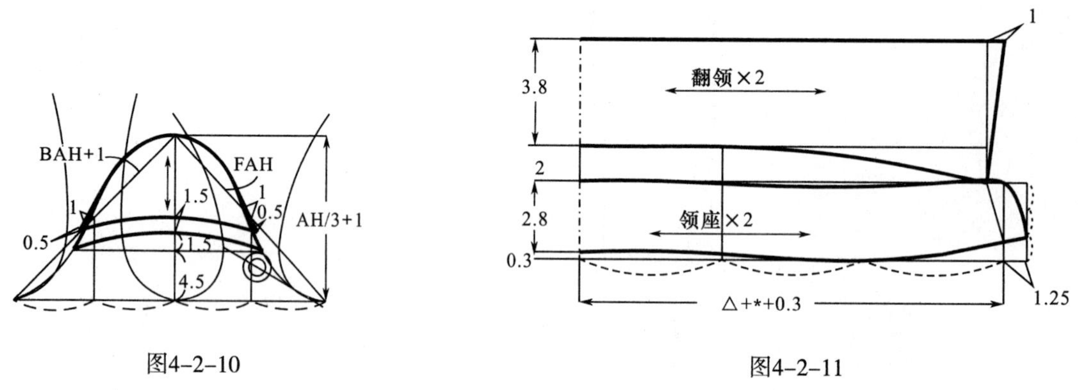

图4-2-10　　图4-2-11

4. 裙身制图（图4-2-12）

如图4-2-12所示，裙身分为三节，第一节裙占裙身长的1/4，第二节裙占剩下裙身长的2/5，各节缩褶按比例加放。

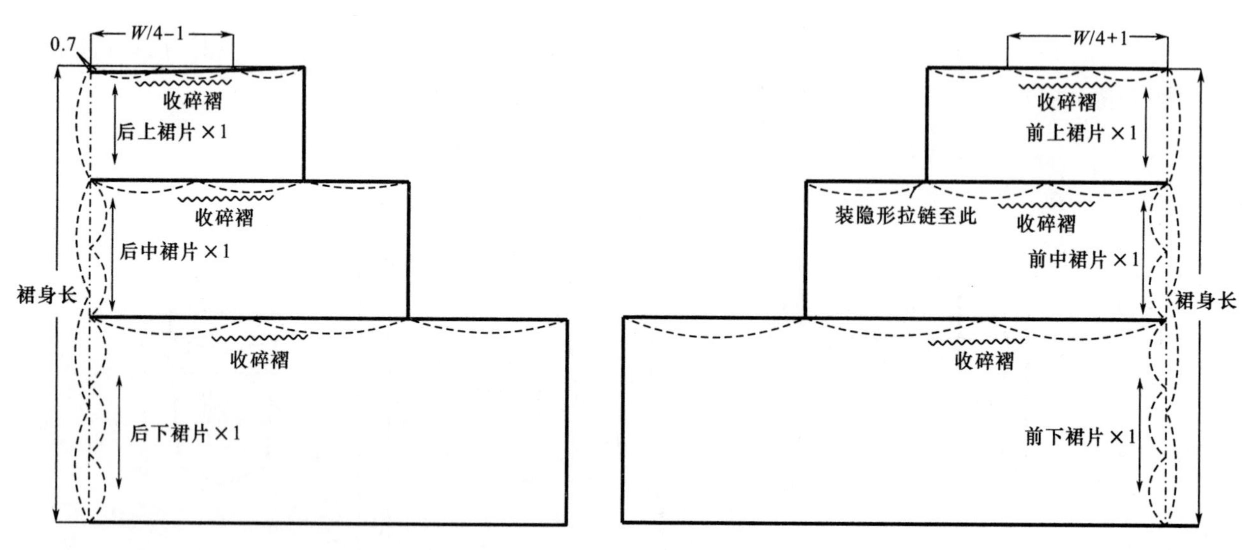

图4-2-12

（五）纸样系列变化（图4-2-13～图4-2-17）

款式图4-2-13的衣身、袖子和领子结构是分别在图4-2-9、图4-2-10、图4-2-11的基础上绘制，如图4-2-14～图4-2-16所示。裙身部分是单独制图，如图4-2-17所示。

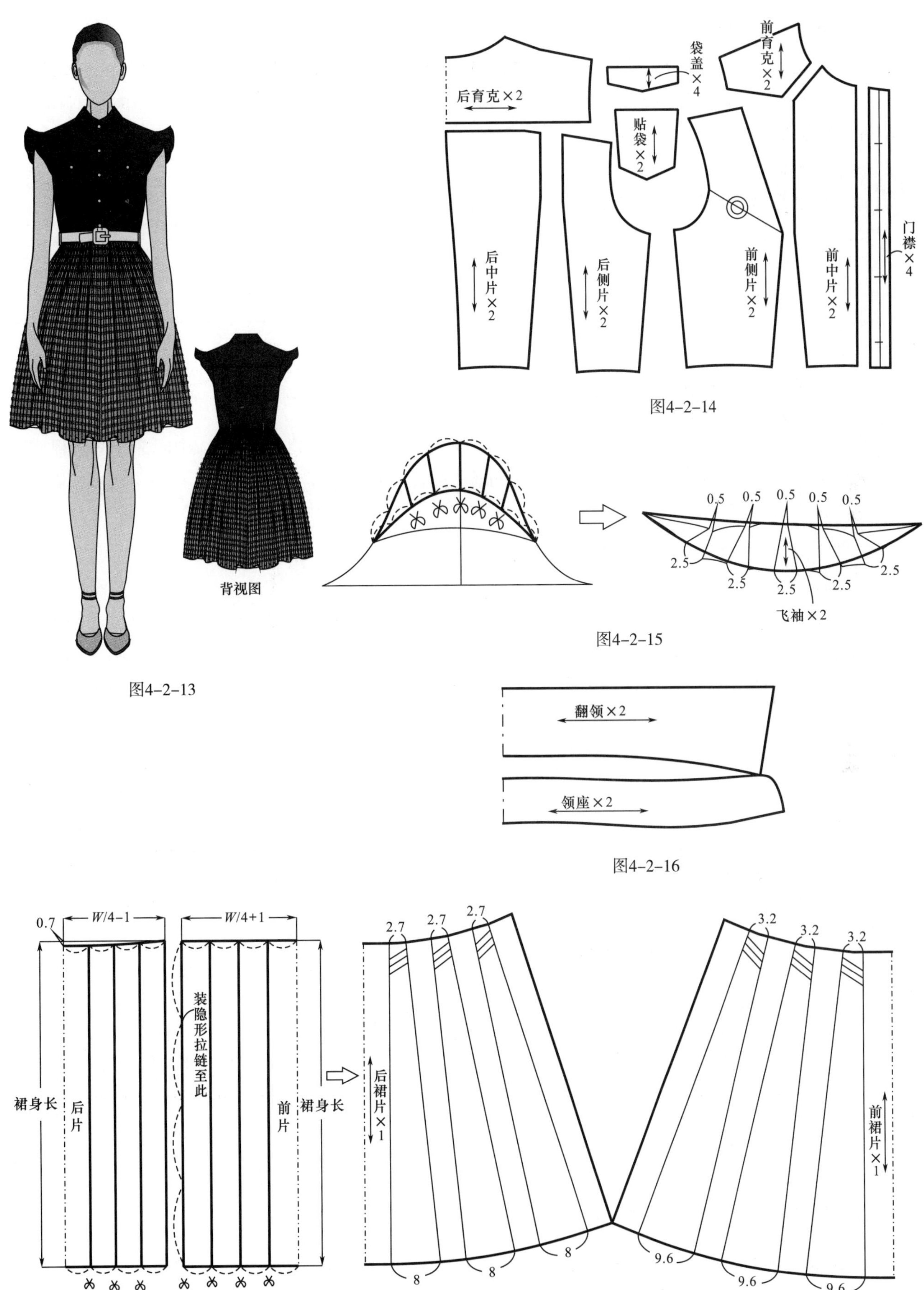

背视图
图4-2-13
后育克×2
袋盖×4
前育克×2
贴袋×2
后中片×2
后侧片×2
前侧片×2
前中片×2
门襟×4
图4-2-14
0.5
2.5
飞袖×2
图4-2-15
翻领×2
领座×2
图4-2-16
0.7
W/4-1
W/4+1
裙身长
后片
装隐形拉链至此
前片
后裙片×1
前裙片×1
2.7
3.2
8
9.6
图4-2-17

三、案例3：衬衫式宽松连衣裙（图4-2-18）

（一）规格设计（表4-2-3）

表4-2-3

单位：cm

160/84A	胸围（B）	后衣长	肩宽（S）	袖长（SL）
原型尺寸	96	37.5	39	50.5
服装尺寸	100	94.5	37.2	23.5

背视图

图4-2-18

（二）面、辅料说明

本款主体部分适合纯棉或棉麻混纺面料，中间部分适合棉质蕾丝，或半透的丝棉面料。需双幅面料，长为袖长+衣长+25cm；需薄型黏合衬1m和5颗直径为1.2cm的纽扣。

（三）原型省道处理要点（图4-2-19）

1. *前片省道处理*

本款裙身宽松可将前片袖窿省的一部分转移到腰部，具体如图4-2-19所示，将原型前片袖窿省分解为三部分，一是留1cm在袖窿作为松量，二是转移少量至腰部作为松量（腰部省量为1.5cm），三是剩余部分暂时作为袖窿省，制图时转入分割线。

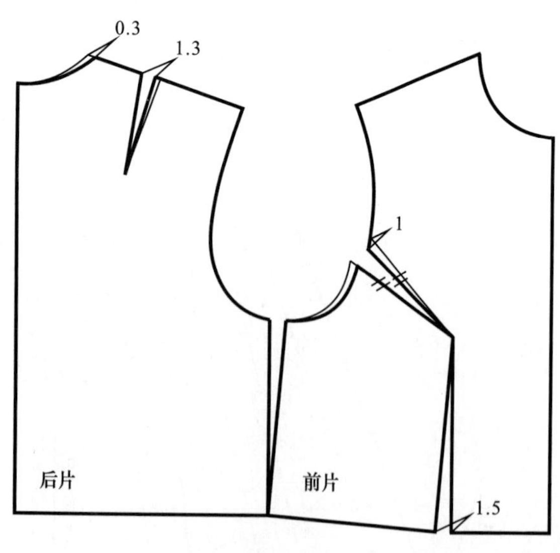

图4-2-19

2. *后片省道处理*

如图4-2-19所示，本款后肩省分为三部分，一是在领口开大0.3cm，二是留肩省1.3cm，待转入分割线，三是剩下部分在肩缝作为吃势，缩缝。

（四）制图要点

1. *裙身*（图4-2-20）

如图4-2-20所示，本款在后中心放出2cm的凸褶量，裙身后长前短，领口不变。前身分割线没有经过BP点，需要绘制辅助线将分割线与BP点相连，合并袖窿省时，需要将辅助线剪开，并画顺，前衣片的分割线会略长于前胸片的分割线，缝制时靠近胸部缩缝。明门襟造型。

2. *袖子*（图4-2-21）

如图4-2-21所示，袖身直接采用原型袖身制图，袖口在原型的基础上左右各收进1cm，袖山在原型的基础上抬高1cm，袖身长为SL-3.5cm。

如图4-2-21所示，袖头长27cm，宽3.5cm。

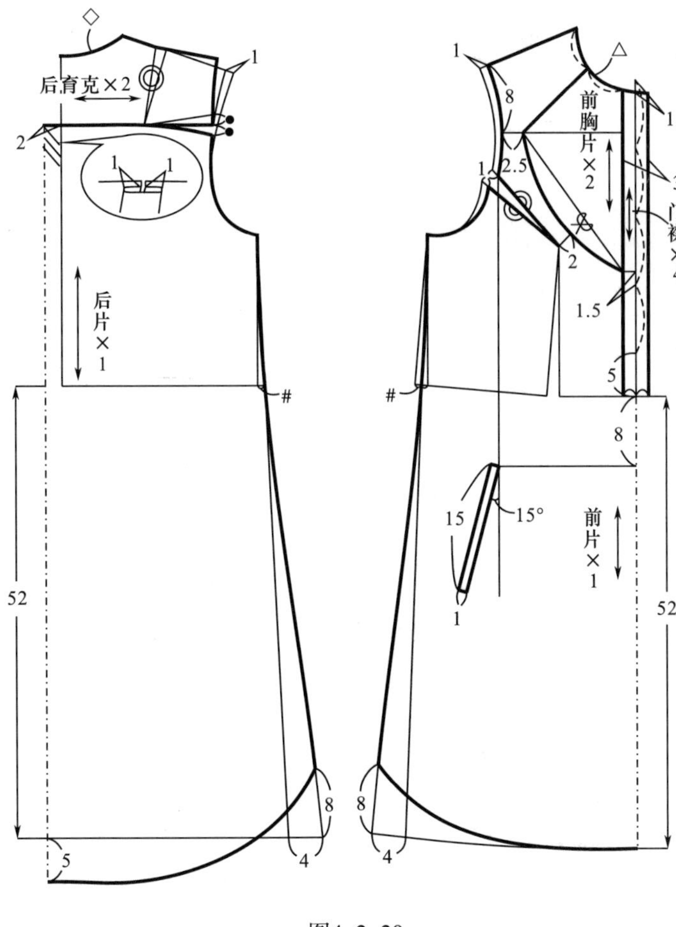

图4-2-20

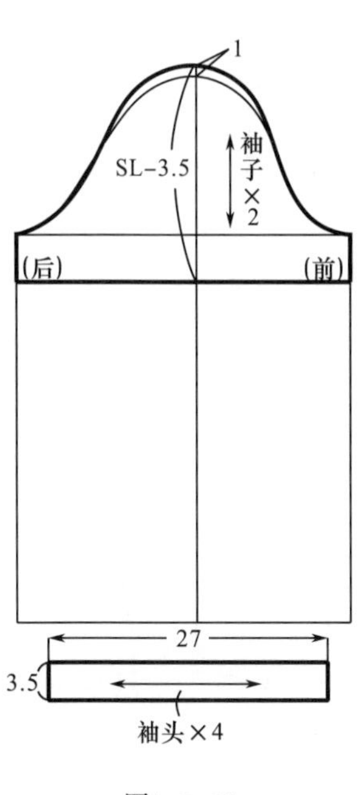

图4-2-21

3. **领子（图4-2-22）**

如图4-2-22所示，领座后中心宽*nb*=2.8cm。

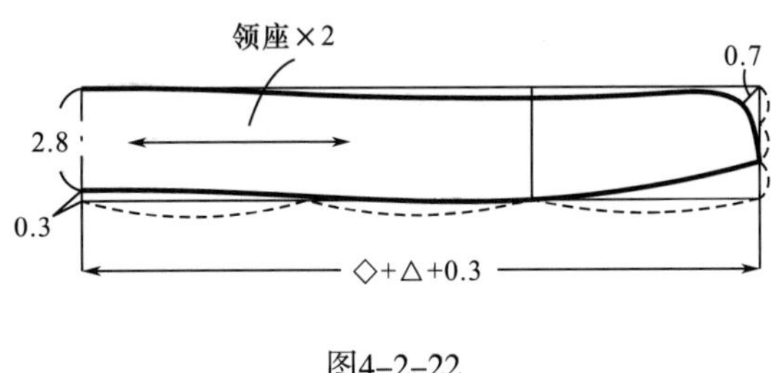

图4-2-22

（五）纸样系列变化（图4-2-23～图4-2-27）

款式图4-2-23的结构是在图4-2-20～图4-2-22的基础上绘制的，如图4-2-24～图4-2-27所示。

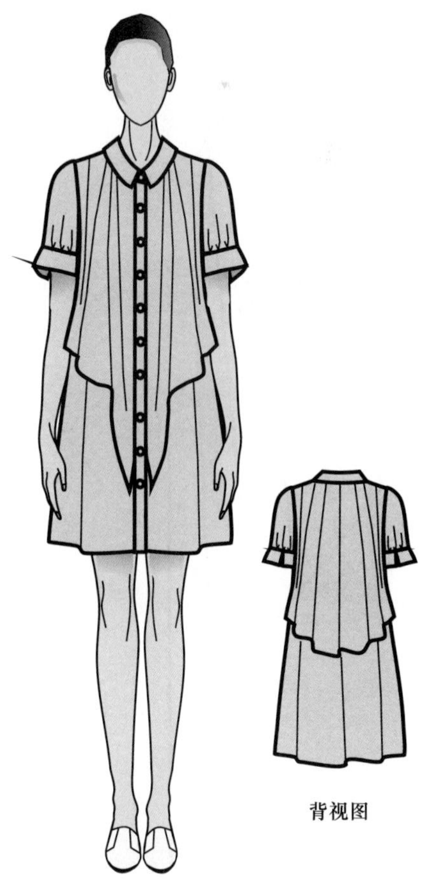

图4-2-23

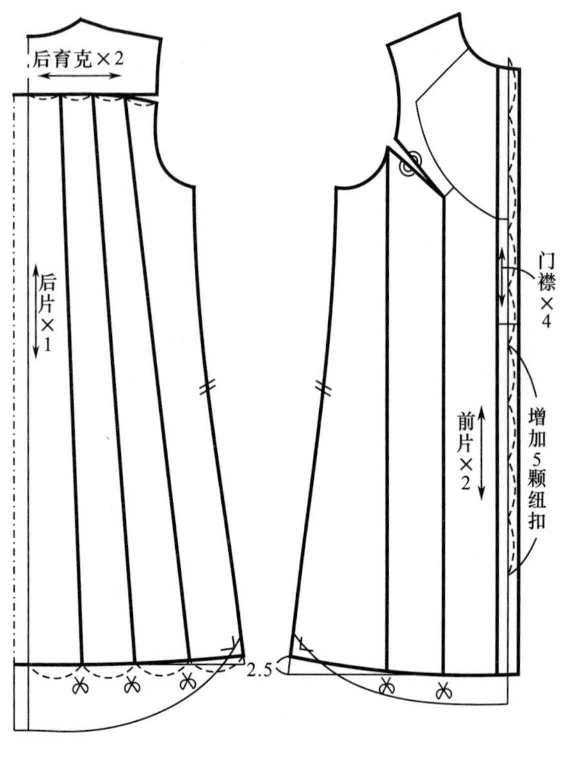

图4-2-24

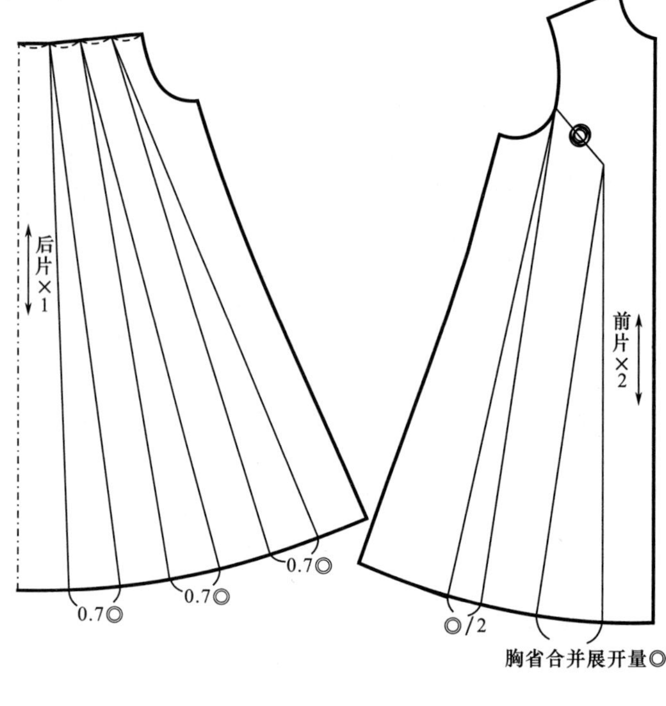

图4-2-25

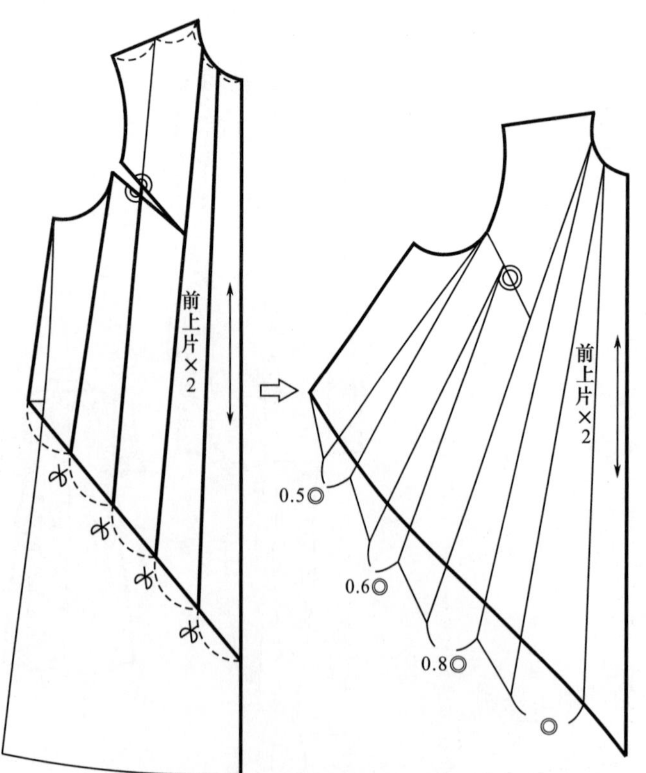

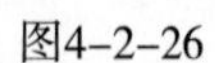

图4-2-26

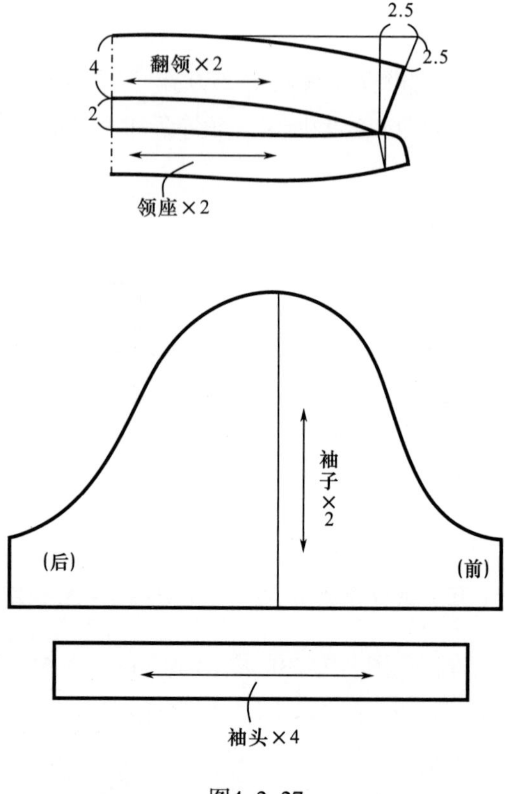

图4-2-27

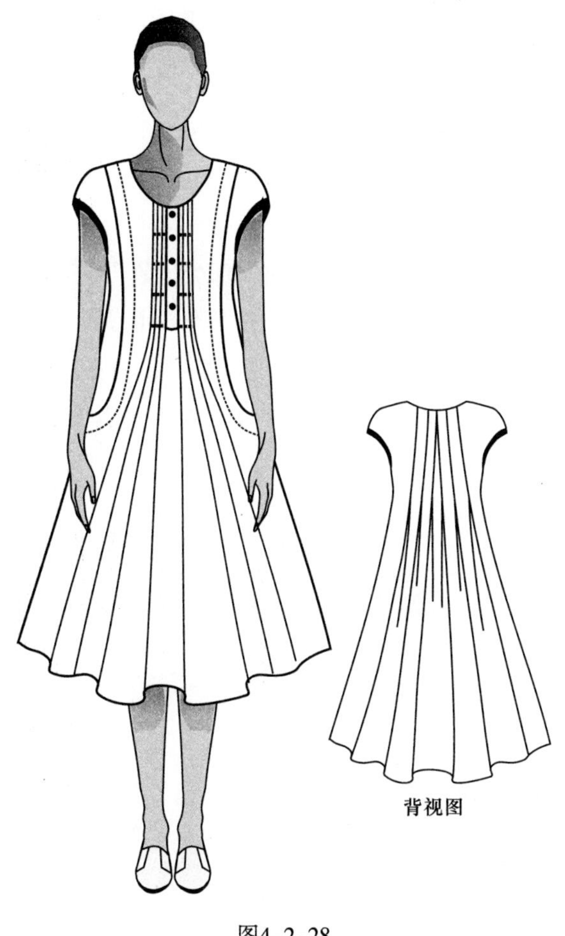

图4-2-28

四、案例4：连袖大摆圆领连衣裙（图4-2-28）

（一）规格设计（表4-2-4）

表4-2-4　　单位：cm

160/84A	胸围（*B*）	后衣长	肩宽（*S*）	袖长（SL）
原型尺寸	96	37.5	39	50.5
服装尺寸	>96	97.5	39.4	8

（二）面、辅料说明

本款适合悬垂性较好的丝棉、麻棉面料。需双幅面料，长为后衣长×2+20cm；需撞色包边材料1m；需薄型黏合衬0.5m和5颗直径为1cm的纽扣。

（三）原型省道处理要点（图4-2-29）

1. 前片省道处理

本款裙身宽松可将前片袖窿省的一部分转移到腰部，具体如图4-2-29所示，将原型前片袖窿省分解为两部分，一是转移少量至腰部作为松量（腰部省量为1.5cm），二是剩余部分暂时作为袖窿省，制图时转入分割线。

2. 后片省道处理

如图4-2-29所示，本款后肩省分为三部分，一是在领口开大0.3cm，二是留肩省1.3cm，待转入分割线，三是剩下部分在肩缝作为吃势，缩缝。

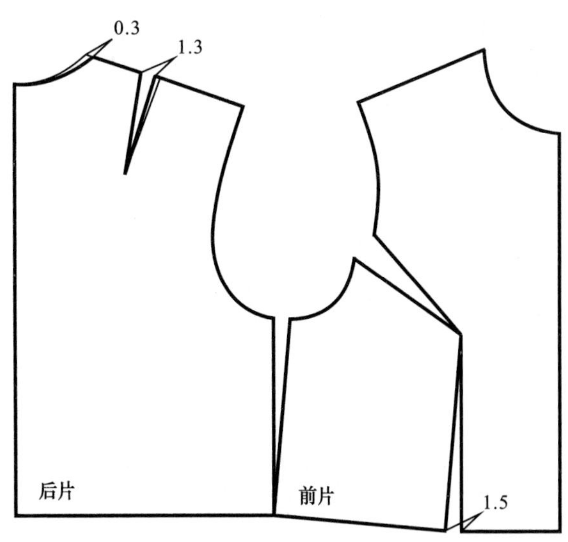

图4-2-29

（四）制图要点（图4-2-30、图4-2-31）

本款虽然有袖子，但袖身较短，所以袖窿按照无袖款式处理，胸围线在原型的基础上抬高0～1cm。为方便绘制袖窿，可先将袖窿省转移至腋下5cm处，后期再转入分割线。连袖长8cm。绘制前中心倒褶展开线，前身喇叭展开线，后身的倒褶展开线，其他部位制图如图4-2-30所示。

如图4-2-31所示，合并前腋下省，将省道转入分割线，省量剩余在前片分割线的部分，在与前侧片缝制时缩缝，注意要在靠近胸部的位置缩缝。拉展前中心倒褶，领口部位褶量少，下摆部分褶量大，缝制时，上半部分缝合死，缝制到与明门襟相平的位置，上面缉线装饰。

如图4-2-31所示，后片拉展褶量，领口部位少，下摆部分大，注意，肩省要合并，转入下摆褶量里，缝制时，上半部分缝合死，缝制到腰围线上10cm的位置。

（五）纸样系列变化（图4-2-32～图4-2-34）

款式图4-2-32的后片结构（图4-2-33）直接采用了图4-2-31的后片结构，前片结构是在图4-2-30前片的基础上绘制的，如图4-2-34所示。

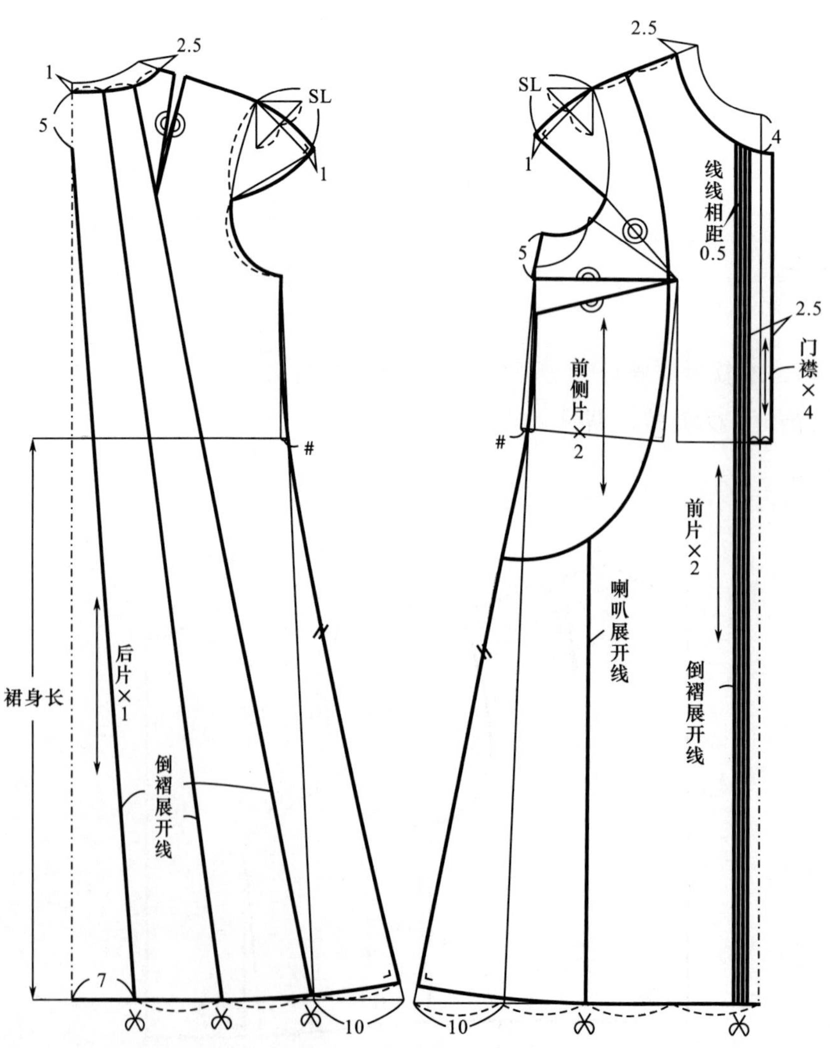

图4-2-30

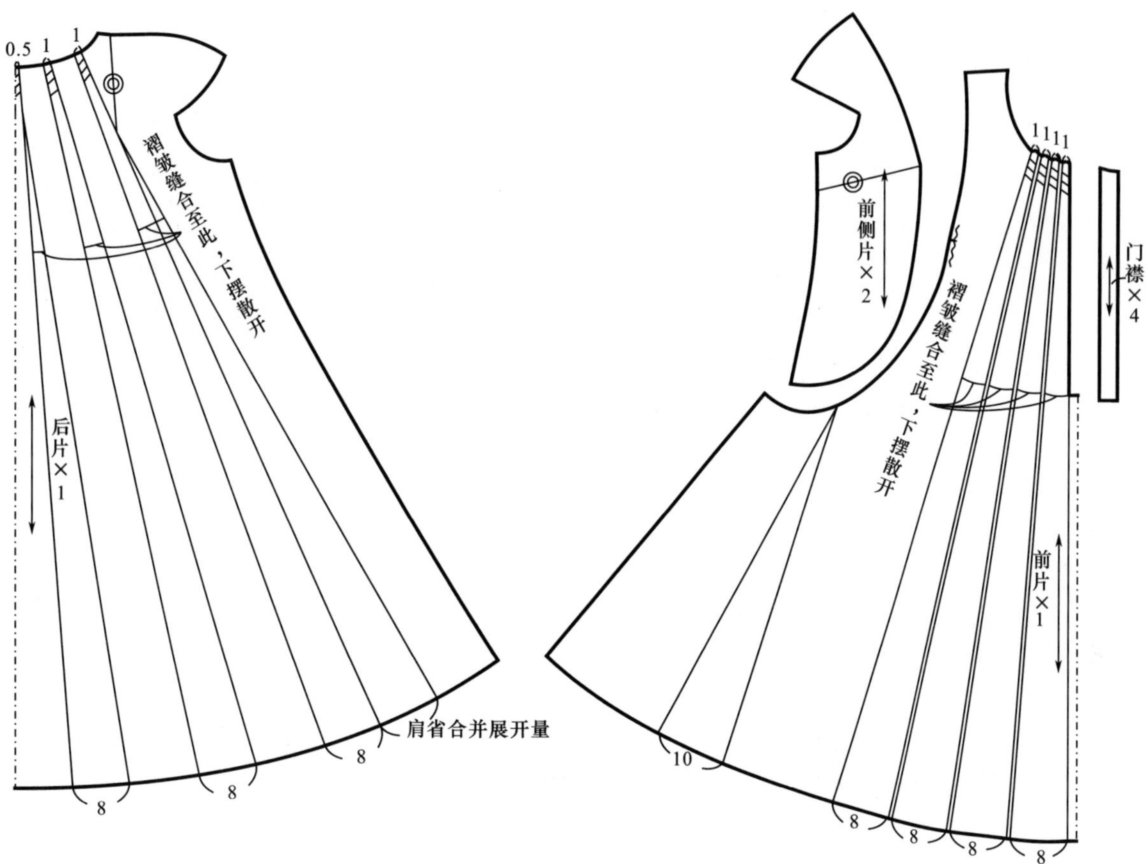

图4-2-31

图4-2-32

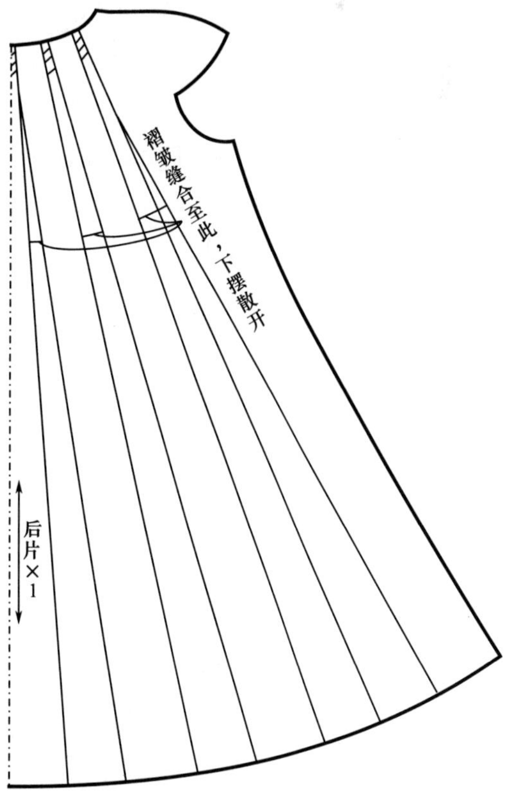

图4-2-33

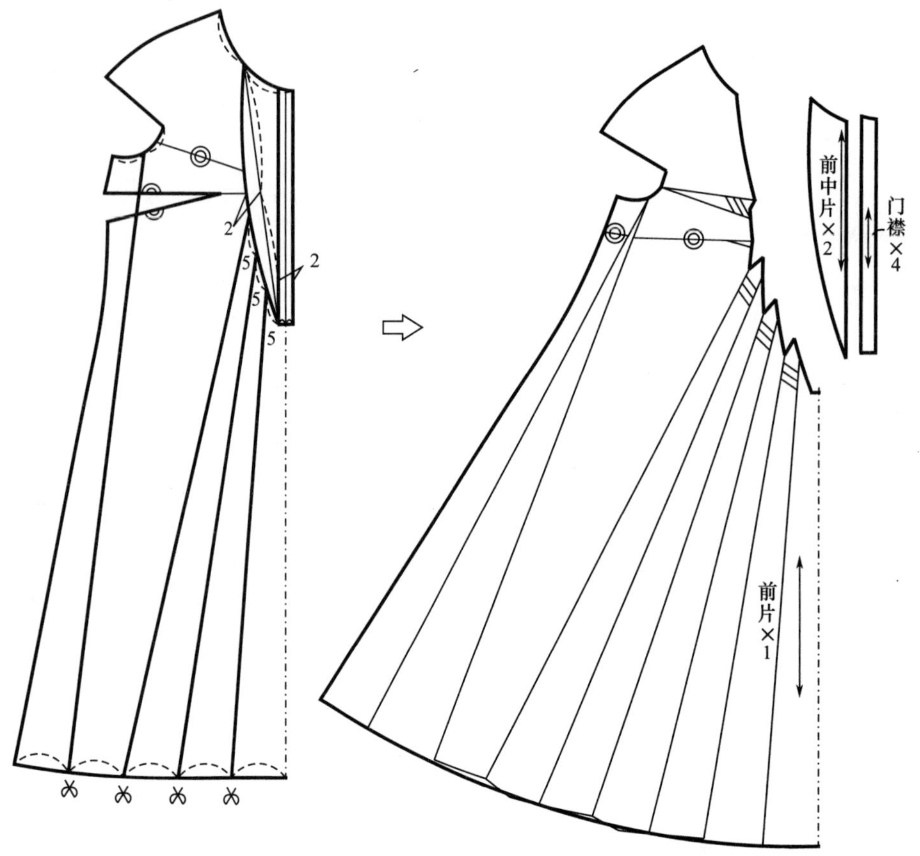

图4-2-34

五、案例5：抹胸连衣裙（图4-2-35）

图4-2-35

（一）规格设计（表4-2-5）

表4-2-5　　单位：cm

160/84A	胸围（*B*）	腰围（*W*）	臀围（*H*）	裙身长	腰长	背长
原型尺寸	96	96	—	—	18～20	37.5
服装尺寸	84	68	96	48	18	37.5

（二）面、辅料说明

本款适合较挺括的织锦面料。需双幅面料，长为背长+裙身长+20cm；需撞色面料，长为背长+20cm；需薄型黏合衬50cm和40cm隐形拉链1根。

（三）原型省道处理要点（图4-2-36）

本款为抹胸造型，可直接采用原型制图，如图4-2-36所示。

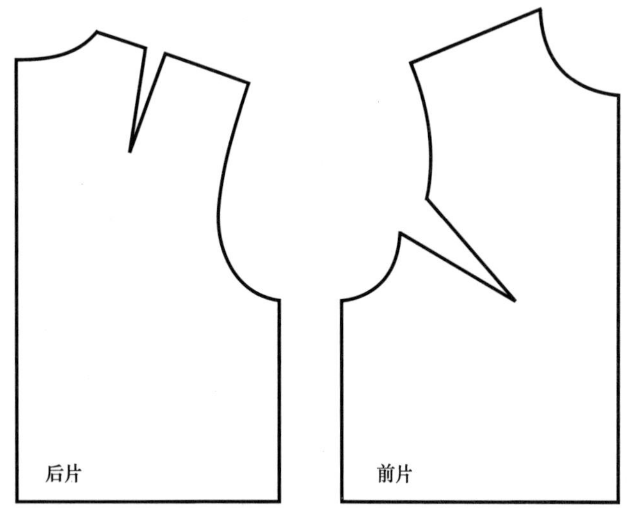

图4-2-36

（四）制图要点（图4-2-37、图4-2-38）

本款为抹胸造型，原型胸省量不够，需要增加胸省量，根据人体胸部丰满程度，在分割线部位增加胸省量，本例增加约2.5cm，根据款式绘制分割线造型和裙身部分褶皱展开线，如图4-2-37所示。

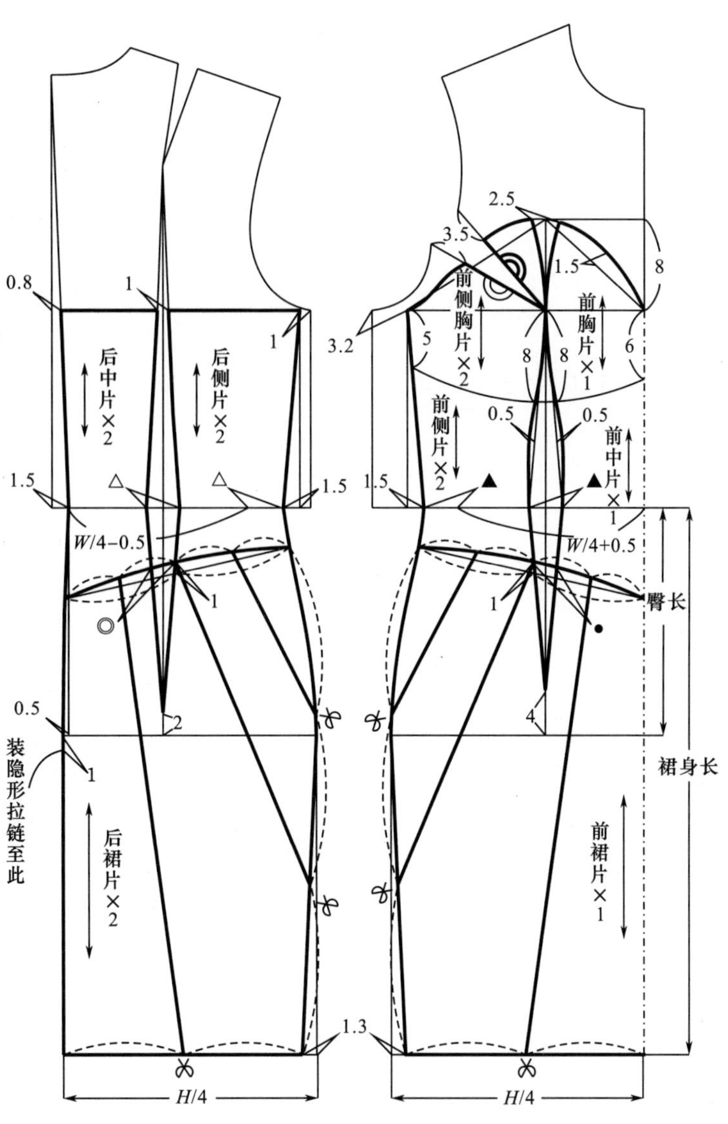

图4-2-37

各裁片以及裙身部分褶皱展开方法如图4-2-38所示。

（五）纸样系列变化（图4-2-39～图4-2-41）

款式图4-2-39的衣身结构（图4-2-40）是在图4-2-38衣身的基础上绘制的，裙身结构是单独制图，如图4-2-41所示。

图4-2-38

图4-2-39

图4-2-40

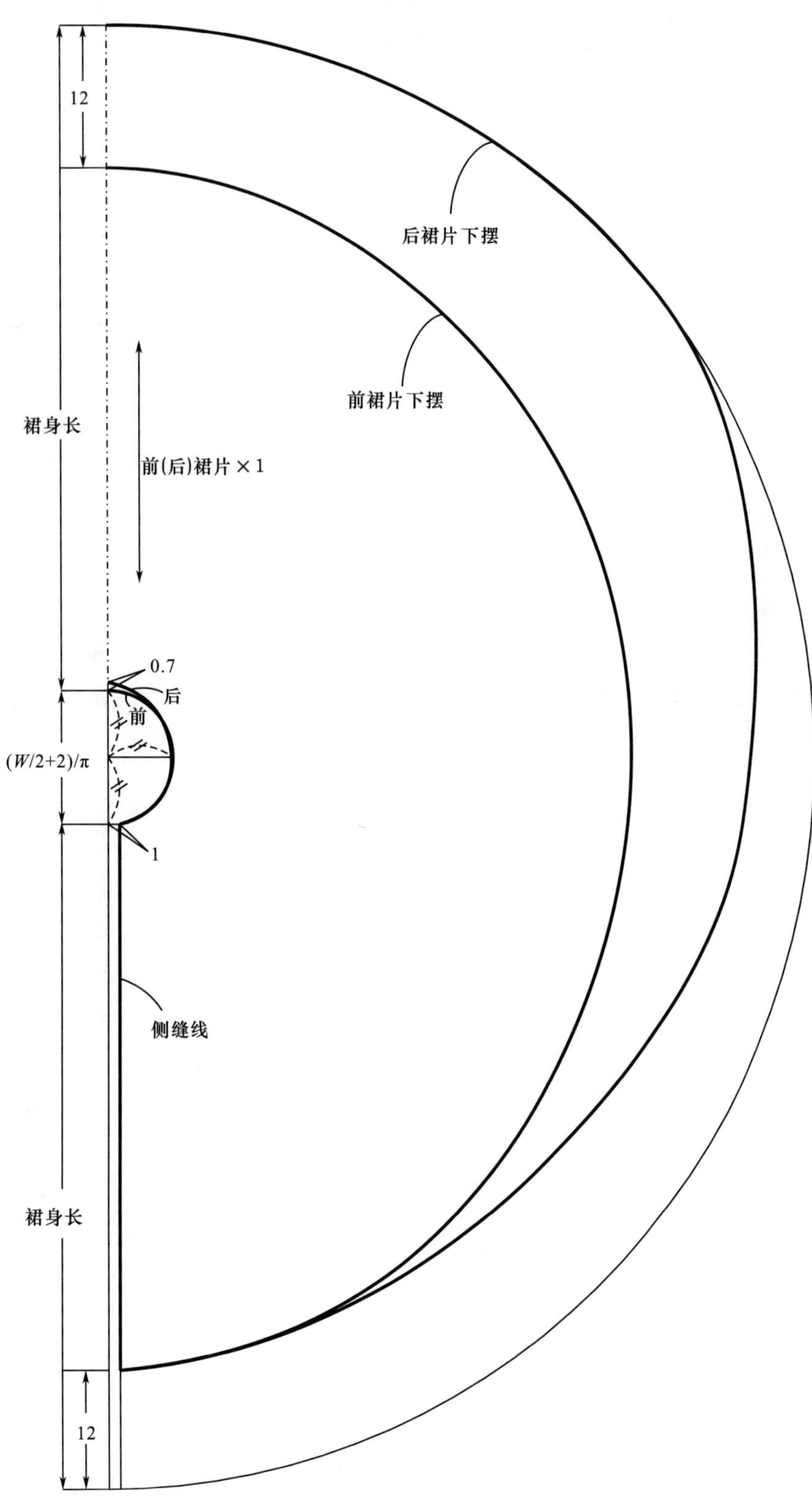

图4-2-41

第三节　图解外套系列纸样

一、案例1：创意翻驳领开袋外套（图4-3-1）

图4-3-1

（一）规格设计（表4-3-1）

表4-3-1　　单位：cm

160/84A	胸围（B）	腰围（W）	臀围（H）	肩宽（S）	后衣长	袖长（SL）	袖口
原型尺寸	96	96	—	39	37	50.5	—
服装尺寸	92	86	94	38	68	58	12

（二）面、辅料说明

本款适合较挺括的面料。需双幅面料，长为袖长+衣长+30cm；需里料，尺寸同面料；需衣长长度的有纺黏合衬和1cm厚垫肩1对。

（三）原型省道处理要点（图4-3-2）

1. *前片省道处理*

如图4-3-2所示，本款将原型袖窿省分为三部分，一是转移到腰部，形成腰部0.5cm的松量，二是留1.3cm在袖窿作为松量，三是将剩余部分暂作为袖窿省，制图时转为领口省。本款肩部较合体，前小肩减小1cm。

2. *后片省道处理*

如图4-3-2所示，因为本款为外套造型，内层至少穿一件衣服，所以后片领口和肩部均向上提高

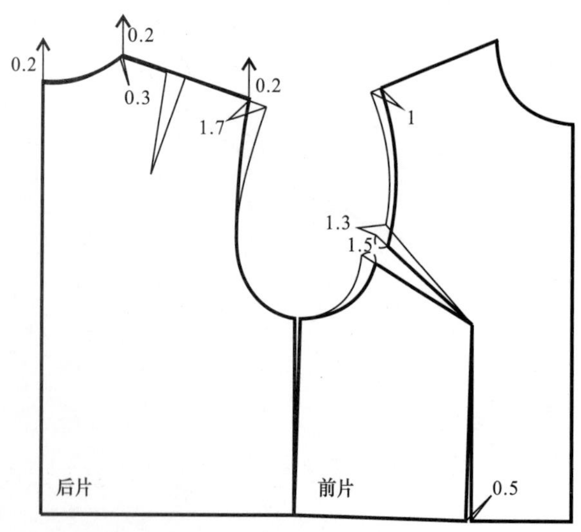

图4-3-2

0.2cm，以满足多穿服装时后背的增加量。本款后肩省分为三部分，一是在领口开大0.3cm，二是在肩端收掉，肩端共收掉1.7cm，其中0.7cm为肩省量，1cm为肩宽减小量，三是留0.8cm在肩缝作为吃势，缩缝。

（四）制图要点

1. **衣身和领子**（图4-3-3～图4-3-5）

如图4-3-3所示，本款为外套造型，为满足内层衣物的需要，袖窿深在原型的基础上挖深0.5cm。前腰不收腰省，需要将袖窿省转移为领口省。后腰设计分割线。

如图4-3-3所示，翻驳领的领座$nb=AB=3$cm，翻领$mb=AC=4.5$cm，BA与水平线的夹角为95°，$AC=CO$，OP为翻折线，$MN=nb+mb=BA+AC=7.5$cm。

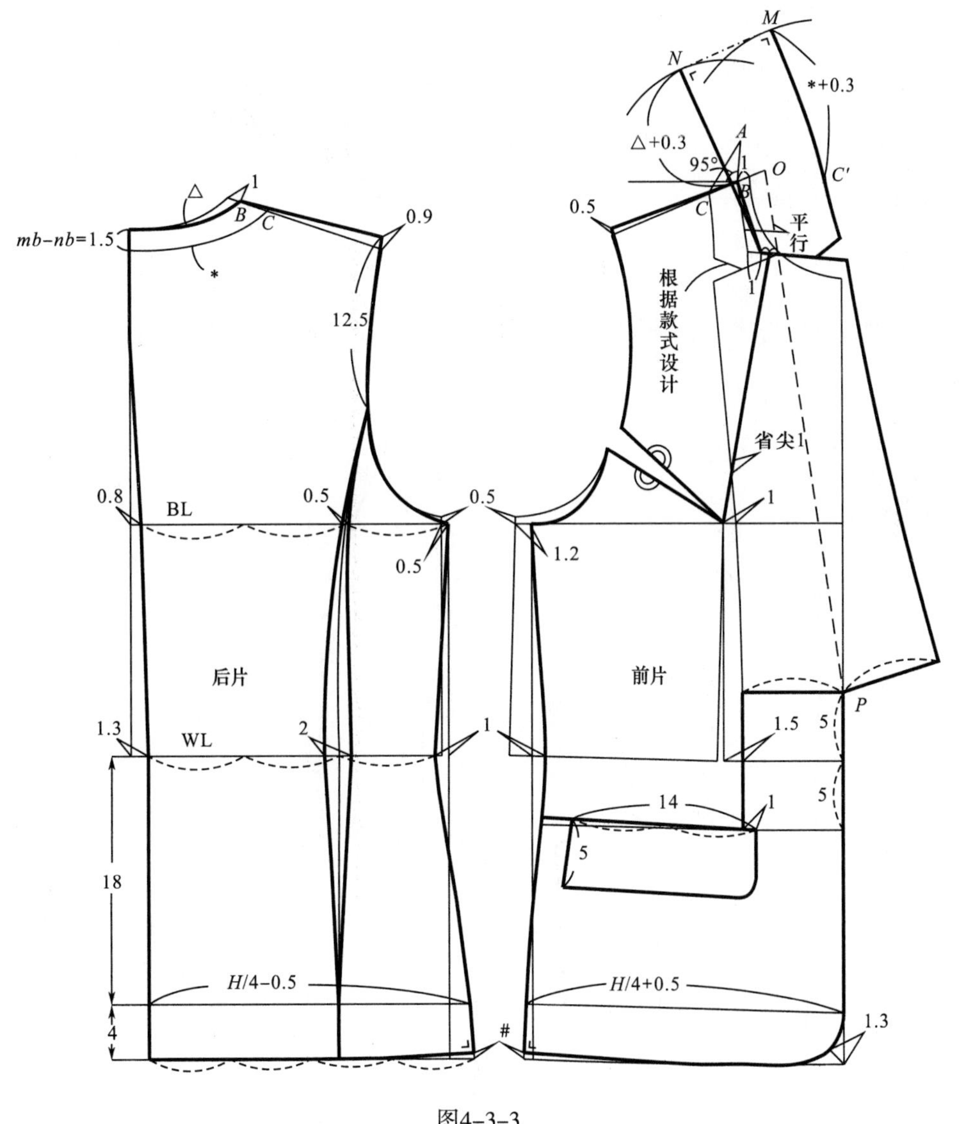

图4-3-3

绘制后领口贴边，后领口贴边裁剪为整片。绘制挂面，注意，本款挂面和前中片连在一起，为整片，如图4-3-4所示。

注意，因篇幅有限，本书所有外套的里料制图均省略，读者可在面料结构的基础上自行配制里料。

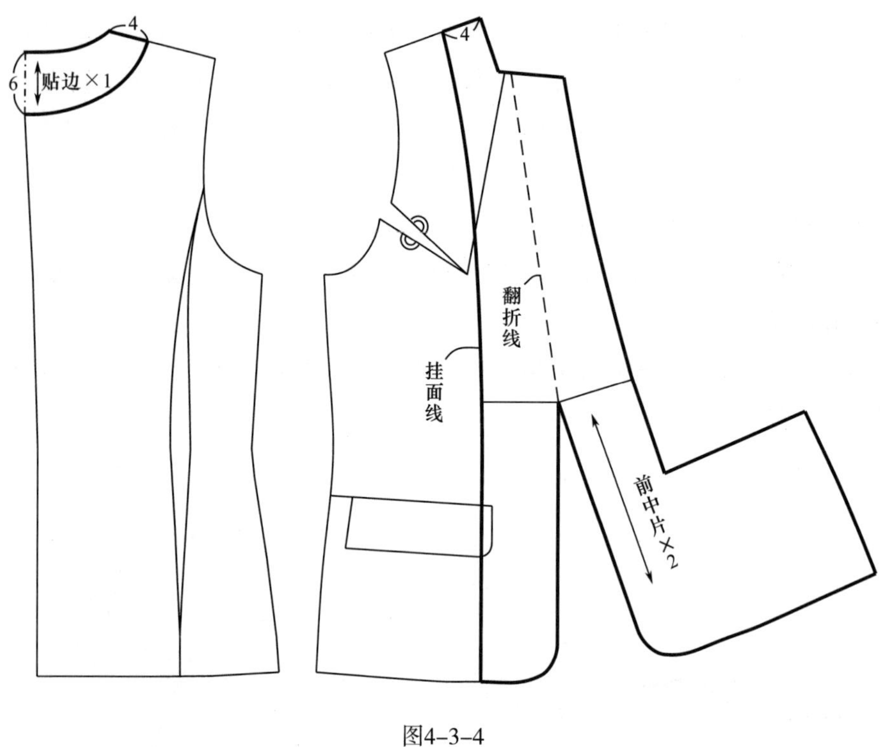

图4-3-4

合并袖窿省，剪开领口省线，绘制领口省线，注意省道要隐藏在驳头之下，其他裁片如图4-3-5所示。

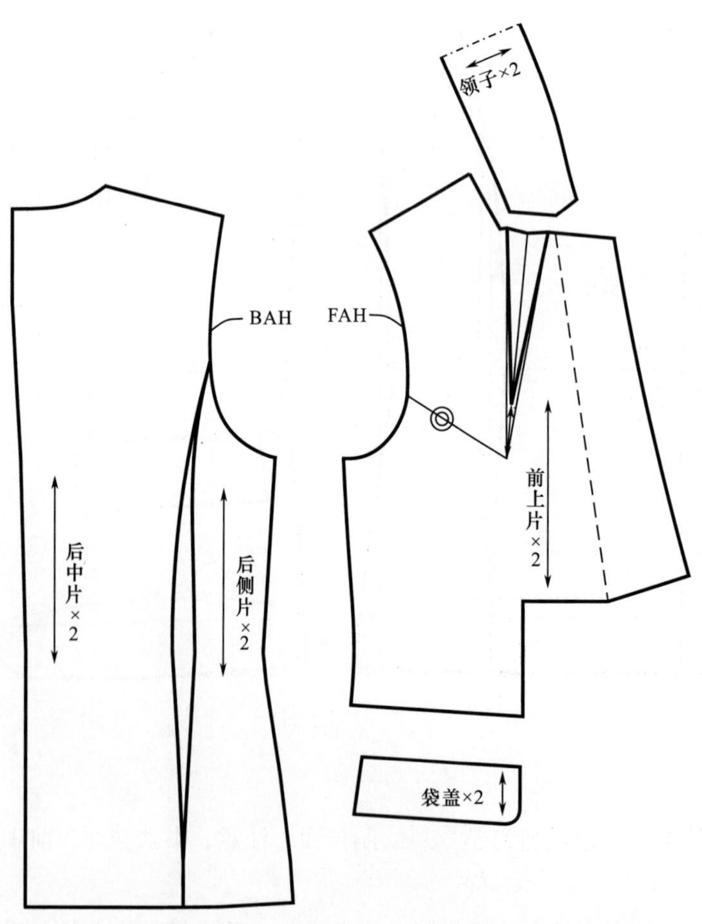

图4-3-5

2. 袖子（图4-3-6）

复制出前后片袖窿，合并袖窿省，以后袖窿为基准，合并侧缝，前后袖窿相连，然后在此基础上绘制袖子结构。袖山高为AH/3+1cm，AH=BAH+FAH，SL为58cm，其他部分制图如图4-3-6所示。

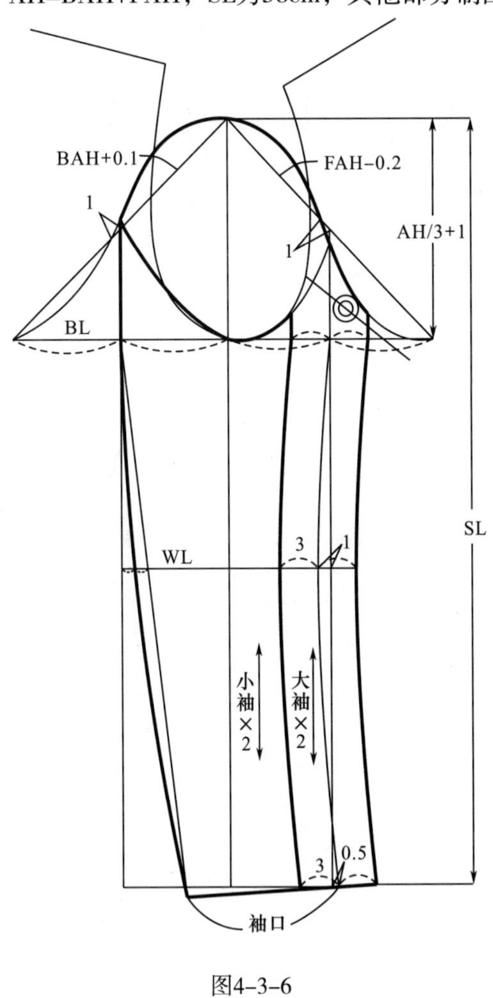

图4-3-6

（五）纸样系列变化（图4-3-7～图4-3-9）

款式图4-3-7的结构是在图4-3-4～图4-3-6的基础上绘制的，如图4-3-8、图4-3-9所示。

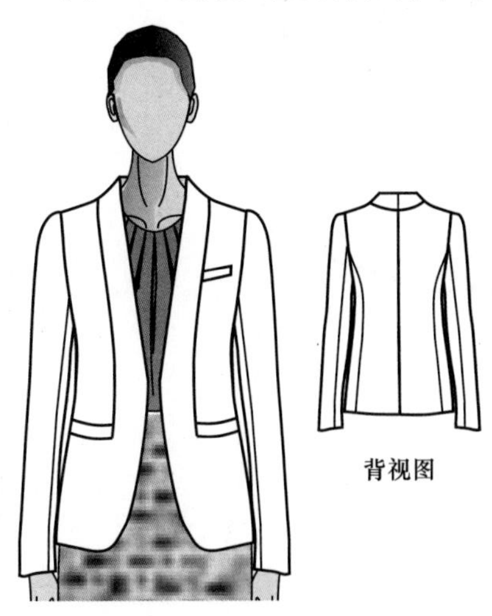

图4-3-7

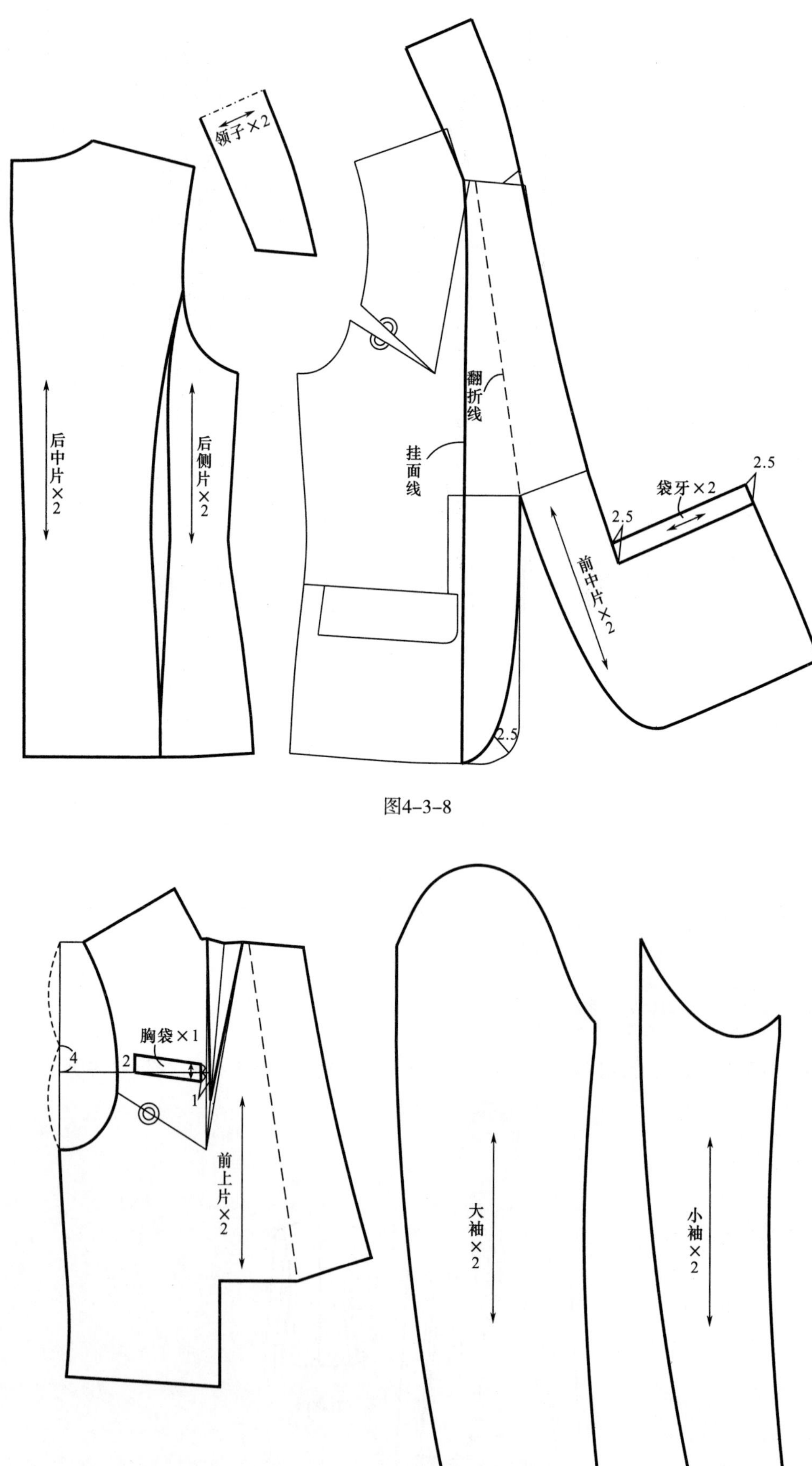

图4-3-8

图4-3-9

二、案例2：宽肩立领夹克（图4-3-10）

（一）规格设计（表4-3-2）

表4-3-2　　　　单位：cm

160/84A	胸围（B）	腰围（W）	肩宽（S）	后衣长	袖长（SL）	袖口宽
原型尺寸	96	96	39	37	50.5	—
服装尺寸	95	96	45.4	45	58	12

背视图

图4-3-10

（二）面、辅料说明

本款适合中等厚度的休闲面料，悬垂挺括皆可。需双幅面料，长为袖长+衣长+25cm；需里料，尺寸同面料；需衣长长度的有纺黏合衬；1.5cm厚垫肩1对；40cm以上金属拉链1根。

（三）原型省道处理要点（图4-3-11）

1. ***前片省道处理***

如图4-3-11所示，本款将原型袖窿省分为两部分，一是留1.6cm在袖窿作为松量，二是将剩余部分转为腋下省，方便后期制图。考虑服装穿着时，左右搭门相重叠产生的围度损耗，前片中心线向右放出0.5cm。

2. ***后片省道处理***

如图4-3-11所示，因为本款为外套造型，所以后片领口和肩部均向上提高0.2cm。本款后肩省分为三部分，一是在领口开大0.3cm，二是暂设肩省1cm，后期转入分割线中，三是将剩余部分留在肩缝作为吃势，缩缝。

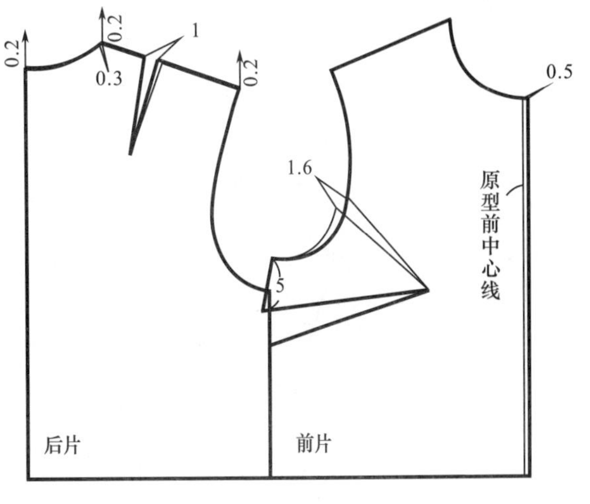

图4-3-11

（四）制图要点

1. ***衣身和领子***（图4-3-12）

如图4-3-12所示，本款为外套造型，为满足内层衣物的需要，袖窿深在原型的基础上挖深0.5cm，调整侧缝线位置，将前胸围减小1cm，后胸围增大1cm。为避免后背过分豁开，后中缝收腰1cm。肩省和腋下省都转入分割线，腋下省剩余部分处理为吃势。前后肩宽同时加宽3cm，因为要装垫肩，所以前肩在原型的基础上抬高0.8cm，后肩在原型的基础上抬高1.4cm。注意，衣身搭门部位左右不对称，右前片略宽1cm，左前片的拉链缝在装饰条上。

如图4-3-12所示，前后领口均开大1.5cm，立领宽3cm，与水平线呈120°，领子在前过肩分割部位拉展1cm，前后领子在领侧重合时拉展0.3cm。

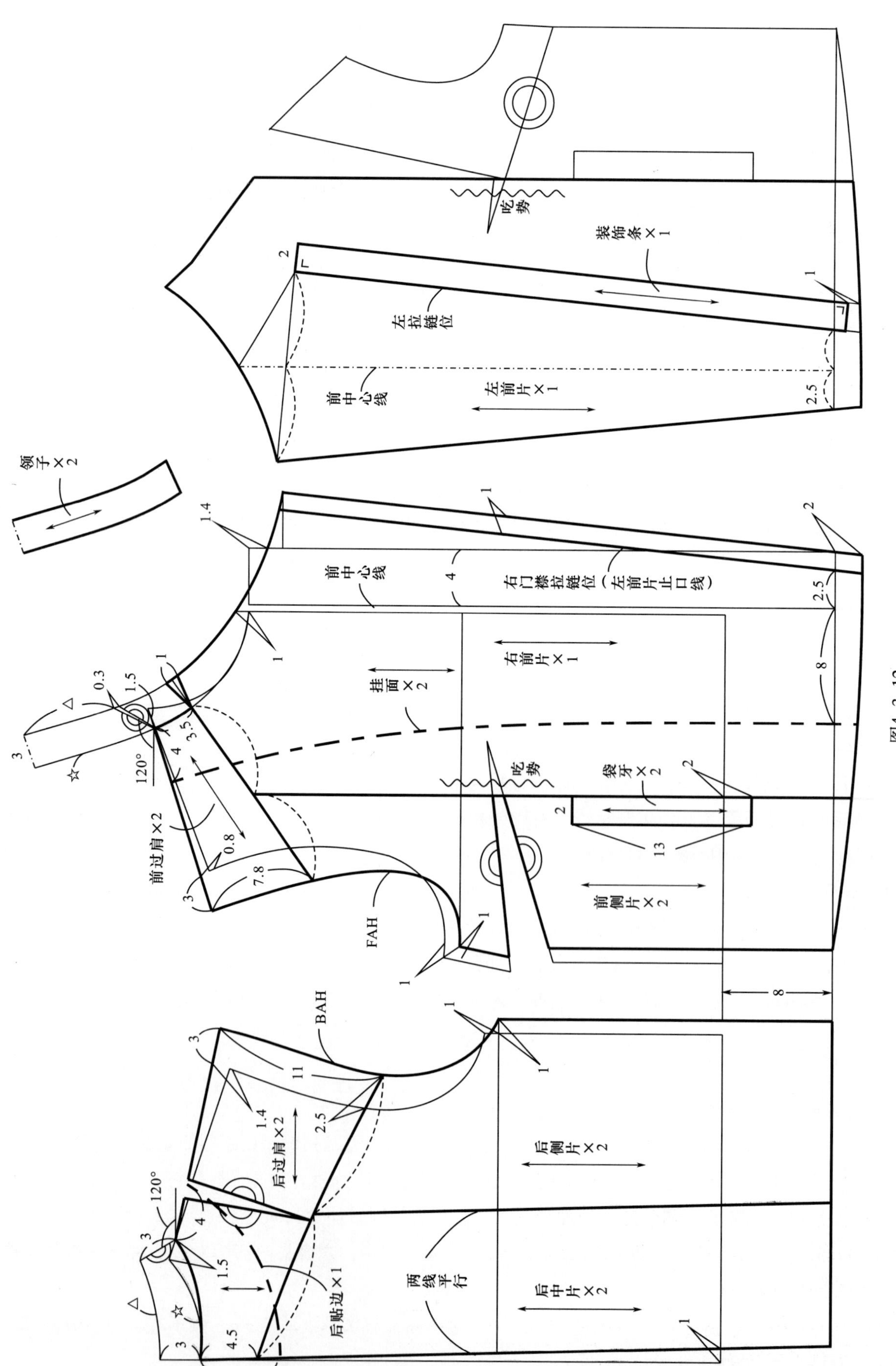
装饰条×1
吃势
左拉链位
前中心线
左前片×1
领子×2
前中心线
右门襟拉链位（左前片止口线）
右前片×1
挂面×2
吃势
袋牙×2
前侧片×2
前过肩×2
FAH
BAH
后过肩×2
后侧片×2
后贴边×1
两线平行
后中片×2

图4-3-12

图4-3-13

2. **袖子**（图4-3-13）

如图4-3-13所示，复制出前后片袖窿，以后袖窿为基准，合并侧缝，前后袖窿相连，然后在此基础上绘制袖子结构。袖山高为AH/3+1cm，AH=BAH+FAH，SL为58cm。

（五）纸样系列变化（图4-3-14～图4-3-16）

款式图4-3-14的结构是在图4-3-12、图4-3-13的基础上绘制的，如图4-3-15、图4-3-16所示。

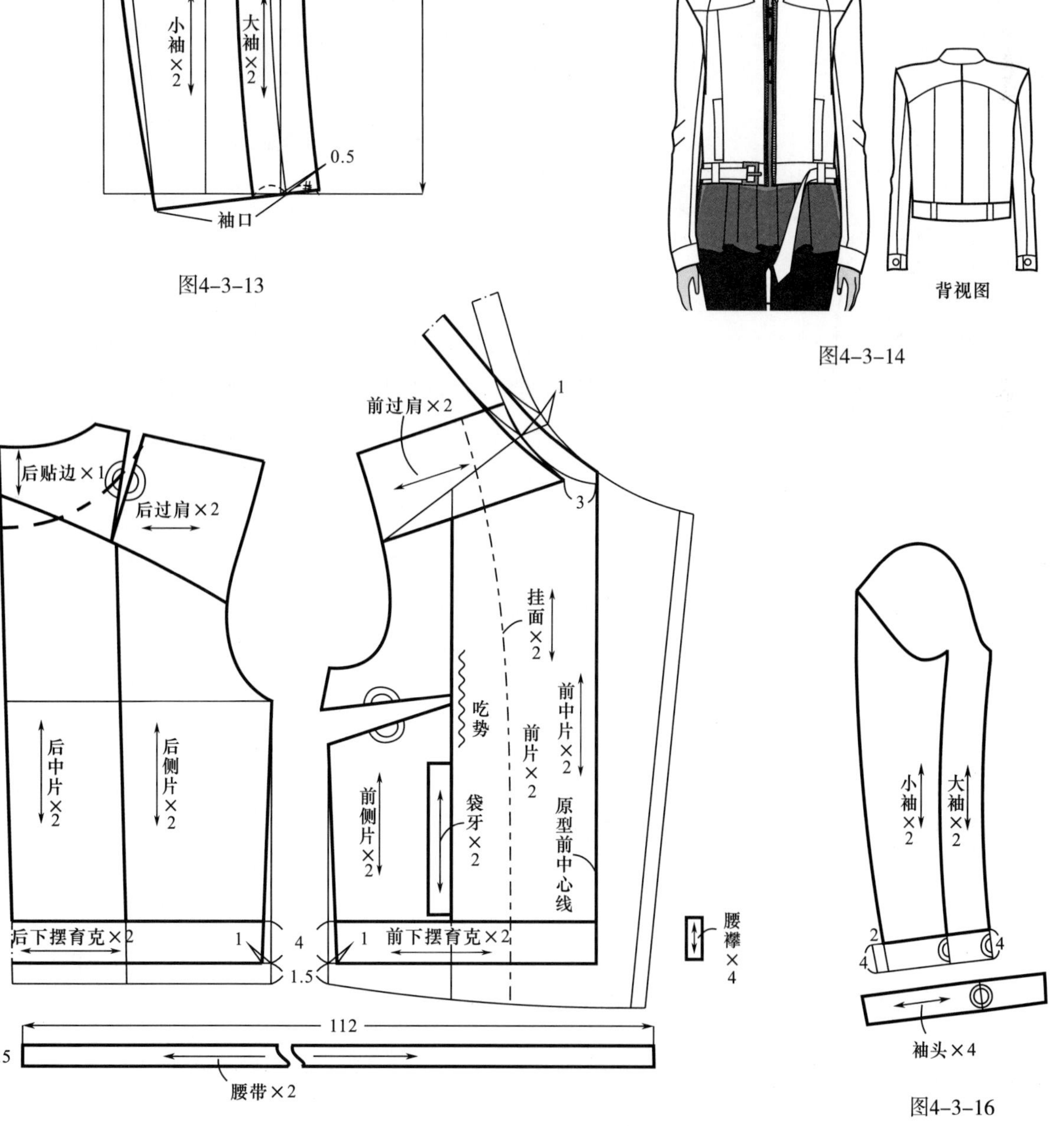

图4-3-14

图4-3-15

图4-3-16

图4-3-17

三、案例3：无领肩襻合体外套（图4-3-17）

（一）规格设计（表4-3-3）

表4-3-3　　单位：cm

160/84A	胸围（B）	腰围（W）	肩宽（S）	后衣长	袖长（SL）	袖口宽
原型尺寸	96	96	39	37	50.5	—
服装尺寸	91.4	72	37	51	58	15

（二）面、辅料说明

本款适合较挺括的面料。需双幅面料，长为袖长+衣长+35cm；需里料，尺寸同面料；需衣长长度的有纺黏合衬；6颗直径为2cm的纽扣和14颗直径为1cm的纽扣。

（三）原型省道处理要点（图4-3-18）

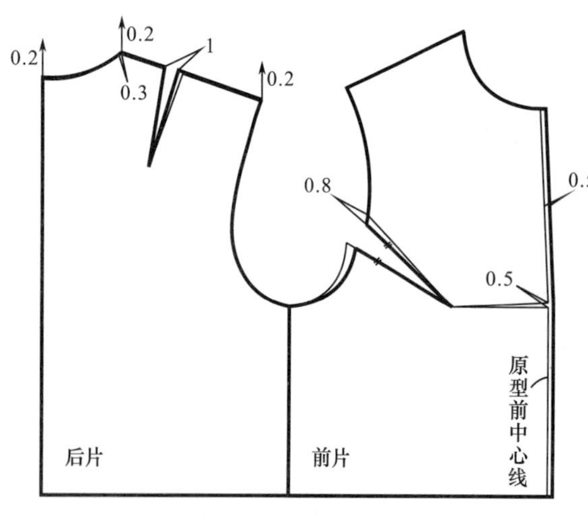

图4-3-18

1. *前片省道处理*

如图4-3-18所示，本款将原型袖窿省分为三部分，一是转移部分到前中心，构成撇胸，缝制时归拢，二是留0.8cm在袖窿作为松量，三是将剩余部分暂作为袖窿省，制图时转入分割线。考虑服装穿着时，左右搭门相重叠产生的围度损耗，前片中心线向右放出0.5cm。

2. *后片省道处理*

如图4-3-18所示，因为本款为外套造型，所以后片领口和肩部均向上提高0.2cm。本款后肩省分为三部分，一是在领口开大0.3cm，二是暂设肩省1cm，后期转入分割线中，三是将剩余部分留在肩缝作为吃势，缩缝。

（四）制图要点（图4-1-19～图4-3-22）

如图4-3-19所示，本款为合体外套造型，袖窿深在原型的基础上挖深0.5cm。肩省和胸省都转入分割线。前后领口同时开大2cm，前后肩宽同时减窄1.5cm。

如图4-3-20所示，在前片的基础上绘制褶皱展开线。后领贴边和后腰襻制图如图4-3-20所示。

如图4-3-21所示，沿前片褶皱展开线剪开，并拉展放出褶皱。在前片的基础上绘制挂面。

如图4-3-22所示，复制出前后片袖窿，以后袖窿为基准，合并侧缝，合并袖窿省，前后袖窿相连，然后在此基础上绘制袖子结构。袖山高为AH/3+1cm，AH=BAH+FAH，SL为58cm。

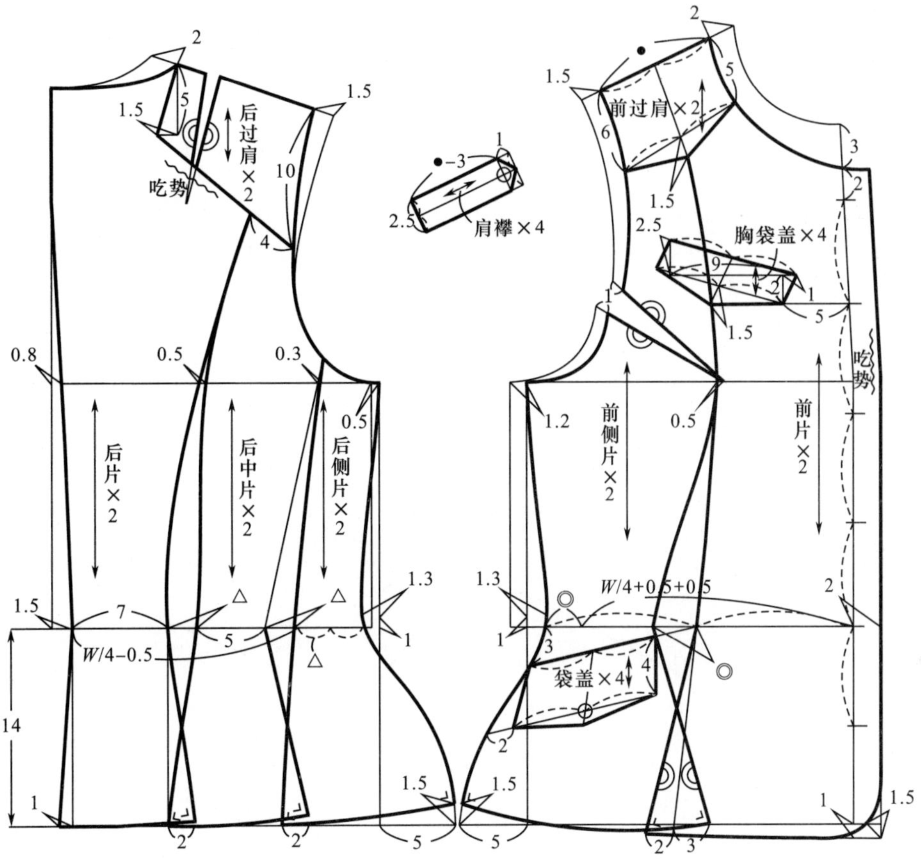
后过肩×2
吃势
肩襻×4
前过肩×2
胸袋盖×4
后片×2
后中片×2
后侧片×2
前侧片×2
前片×2
袋盖×4
W/4−0.5
W/4+0.5+0.5

图4-3-19

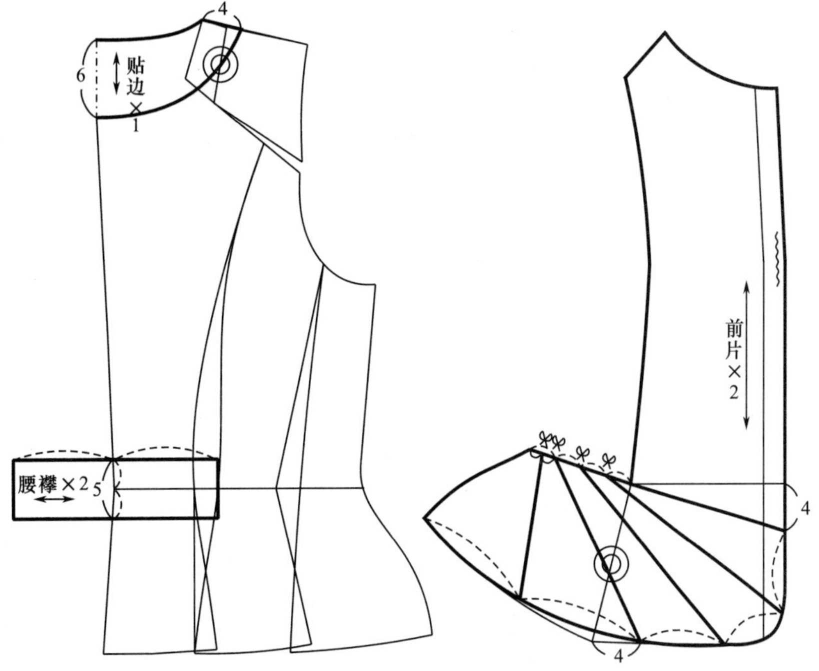
贴边×1
腰襻×2
前片×2

图4-3-20

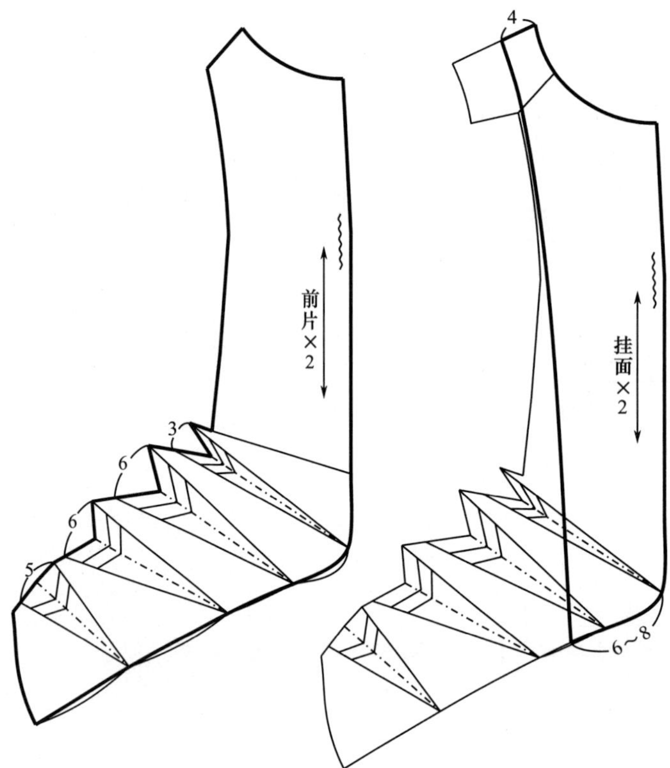
前片×2
挂面×2
4
3
6
6
5
6~8
图4-3-21

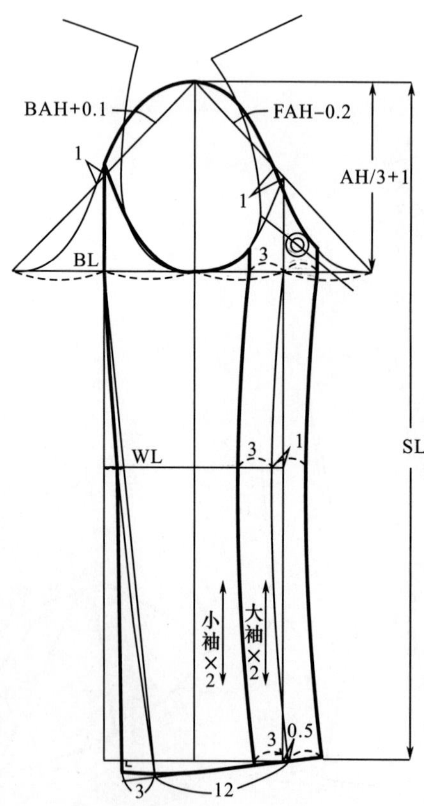
BAH+0.1
FAH-0.2
AH/3+1
1
1
BL
3
WL
3
1
SL
小袖×2
大袖×2
3
0.5
3
12
图4-3-22

（五）纸样系列变化（图4-3-23、图4-3-24）

款式图4-3-23的结构是在图4-3-19和图4-3-22的基础上绘制的，如图4-3-24所示。

图4-3-23

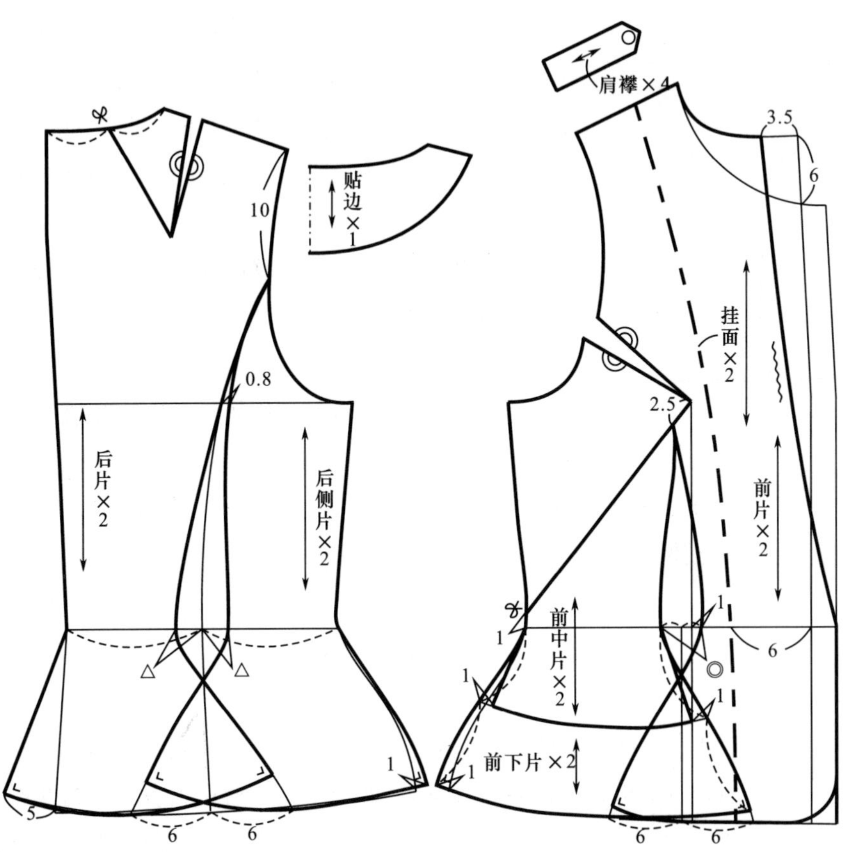

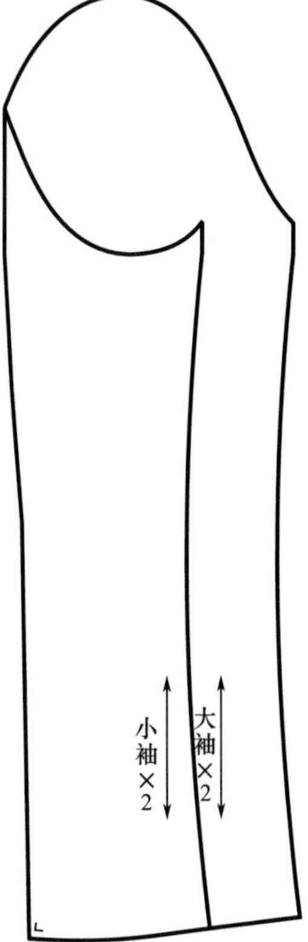

图4-3-24

图4-3-25

四、案例4：不对称翻领外套（图4-3-25）

（一）规格设计（表4-3-4）

表4-3-4　　单位：cm

160/84A	胸围（B）	腰围（W）	臀围（H）	肩宽（S）	后衣长	袖长（SL）	袖口宽
原型尺寸	96	96	—	39	37	50.5	—
服装尺寸	92.4	80	100	38.2	62	58	13

（二）面、辅料说明

本款适合中等厚度的面料。需双幅面料，长为袖长+衣长+35cm；需里料，尺寸同面料；需衣长长度的有纺黏合衬；6颗直径为2cm的纽扣，3副直径为1.5cm的四合扣，2颗直径为1cm的铆钉。

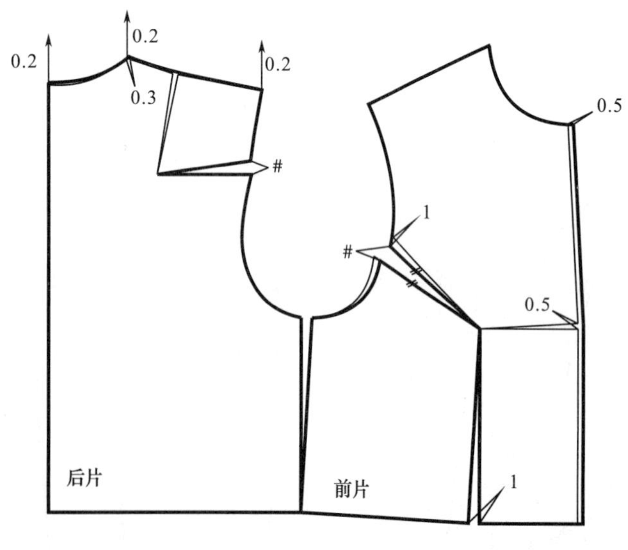

图4-3-26

（三）原型省道处理要点（图4-3-26）

1. ***前片省道处理***

如图4-3-26所示，本款将原型袖窿省分为三部分，一是转移到腰部，形成腰部1cm的松量，二是转移部分到前中心，构成撇胸，缝制时归拢，三是剩余部分在袖窿作为松量，在扣除1cm袖窿基本松量后，测量余下部分高度为#。考虑服装穿着时，左右搭门相重叠产生的围度损耗，前片中心线向右放出0.5cm。

2. ***后片省道处理***

如图4-3-26所示，因为本款为外套造型，所以后片领口和肩部均向上提高0.2cm。本款后肩省分为三部分，一是在领口开大0.3cm，二是转移部分肩省到后袖窿作为松量，使后袖窿的省量高度为#，与前袖窿松量平衡，三是剩下部分在肩缝作为吃势，缩缝。

（四）制图要点

1. ***衣身***（图4-3-27、图4-3-28）

本款为外套造型，为满足内层衣物的需要，袖窿深在原型的基础上挖深0.5cm，前胸围减小0.5cm。前后肩宽同时减窄0.5m。注意，衣身门襟部位左右不对称，且右门襟有两层，如图4-3-27所示为右前片的外层。

注意，前片门襟部位左右不同，右前片上下两层造型不同，如图4-3-28所示。后下摆需要合并分割线，并画顺裁片，后贴边如图4-3-28所示。

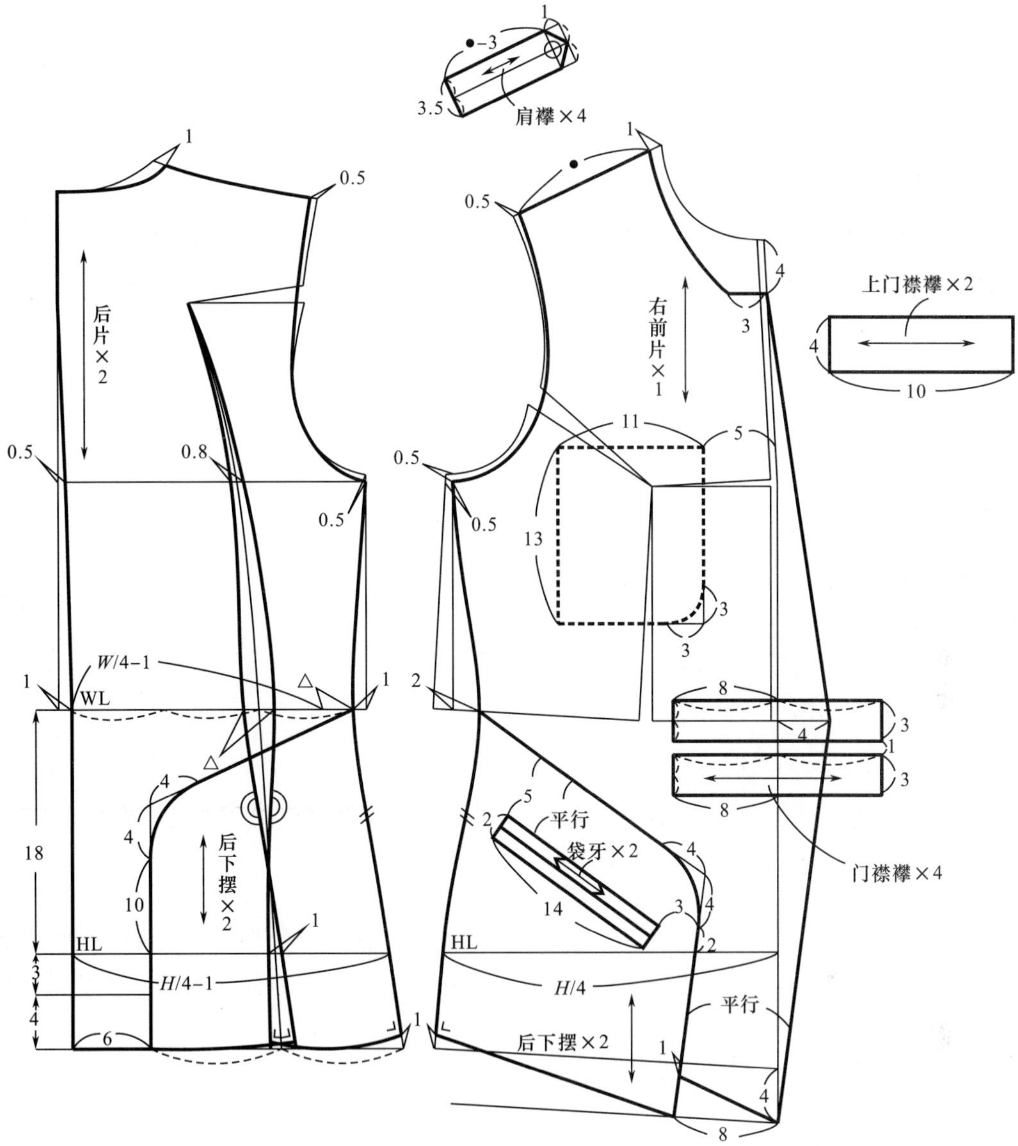

●-3
1
3.5
肩襻×4
1
0.5
1
0.5
后片×2
右前片×1
4
3
上门襟襻×2
4
10
11
5
0.5
0.8
0.5
0.5
0.5
13
3
3
W/4-1
1
WL
1
2
8
3
4
1
3
8
18
4
4
后下摆×2
5
平行
2
袋牙×2
4
4
3
10
14
门襟襻×4
1
2
HL
HL
H/4-1
H/4
3
4
平行
6
1
后下摆×2
1
4
8

图4-3-27

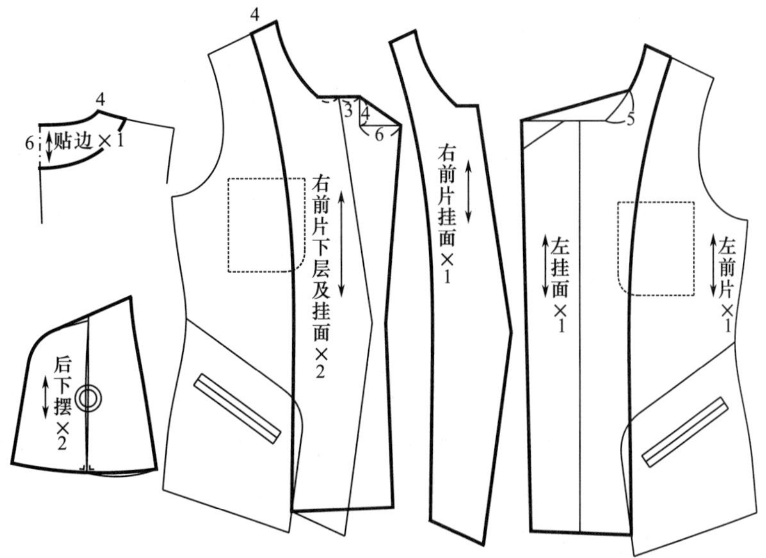

图4-3-28

2. 领子（图4-3-29）

如图4-3-29所示，本款领子为翻领造型，但左右领头不对称。翻驳领的领座$nb=AB=3$cm，翻领$mb=AC=5$cm，BA与水平线的夹角为95°，以AP为对称轴绘制AC'，$nb+mb=MN=BA+AC=8$cm。

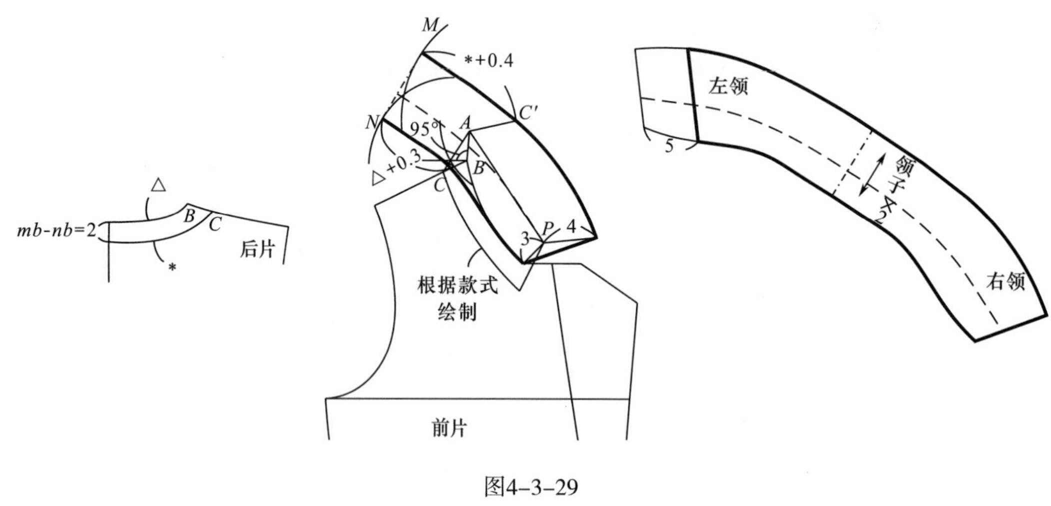

图4-3-29

3. 袖子（图4-3-30）

如图4-3-13所示，复制出前后片袖窿，以后袖窿为基准，合并侧缝，合并袖窿省，前后袖窿相连，然后在此基础上绘制袖子结构。袖山高为AH/3+1cm，AH=BAH+FAH，SL为58cm。

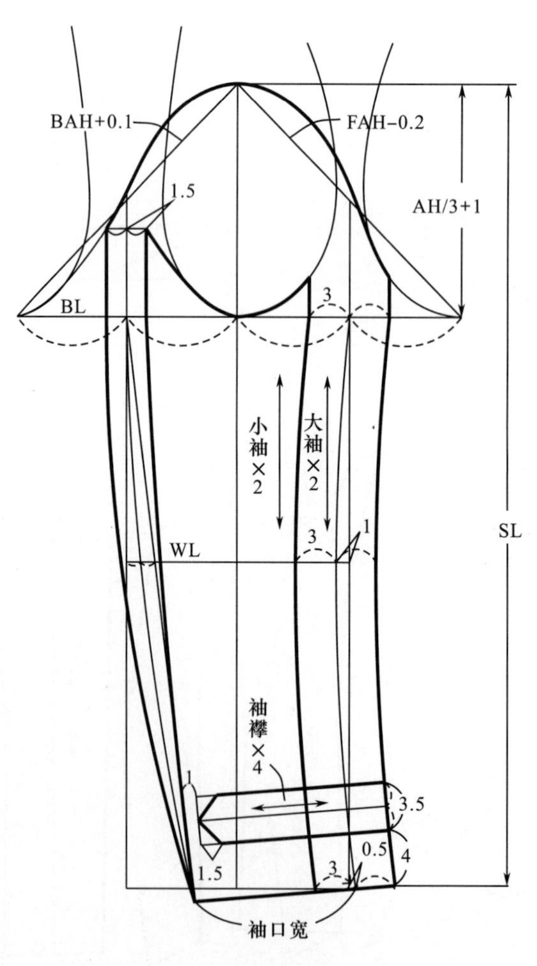

图4-3-30

（五）纸样系列变化（图4-3-31～图4-3-34）

款式图4-3-31的结构是在图4-3-27、图4-3-29、图4-3-30的基础上绘制的，如图4-3-32～图4-3-34所示。

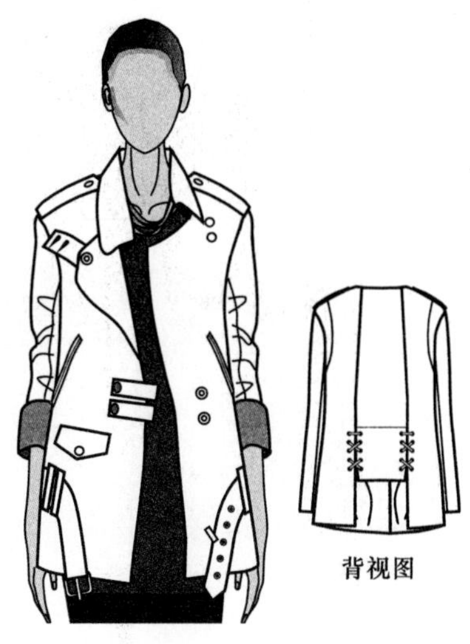

图4-3-31

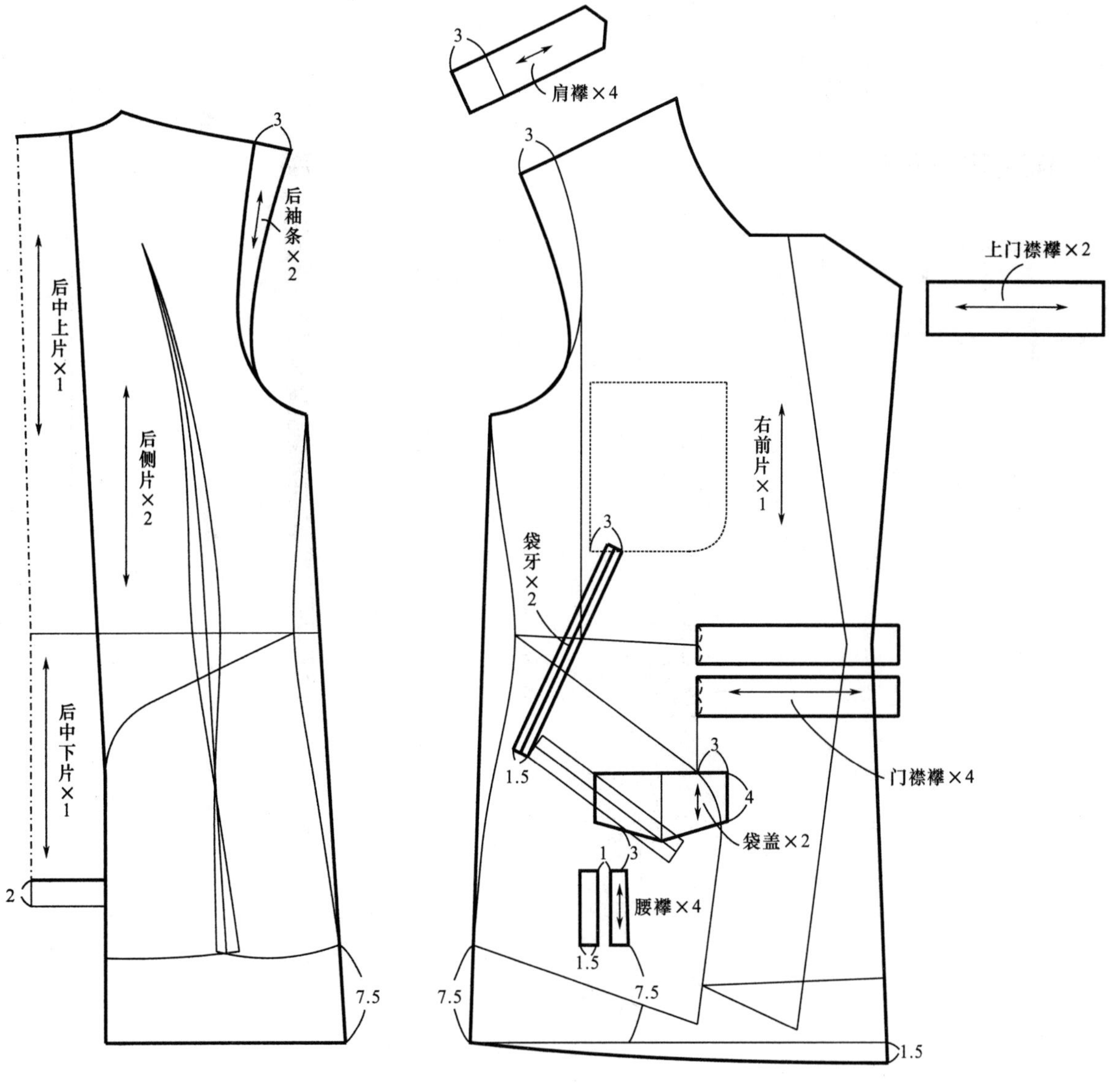

图4-3-32

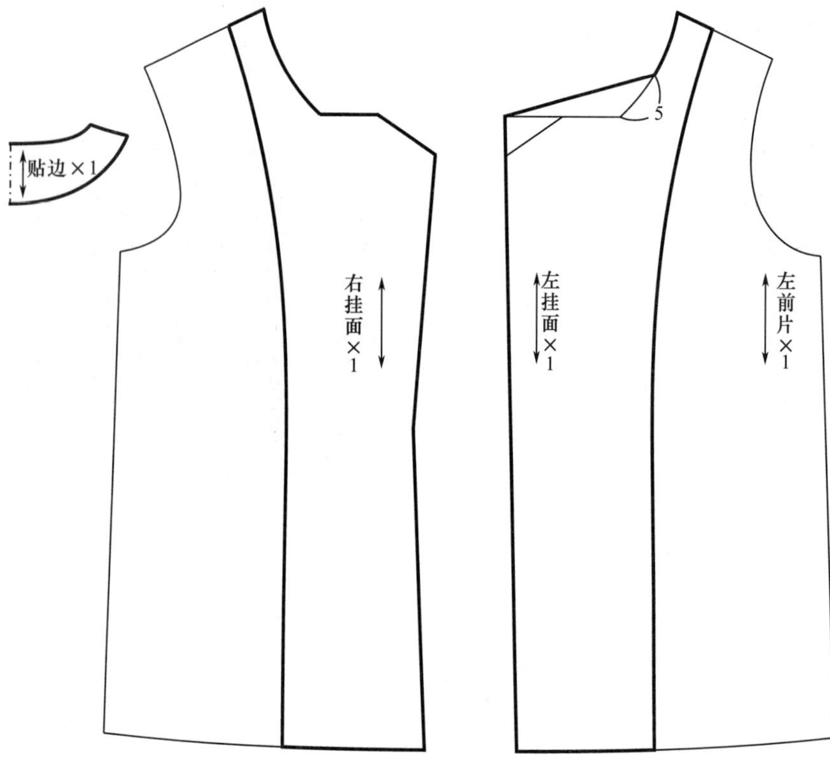

图4-3-33

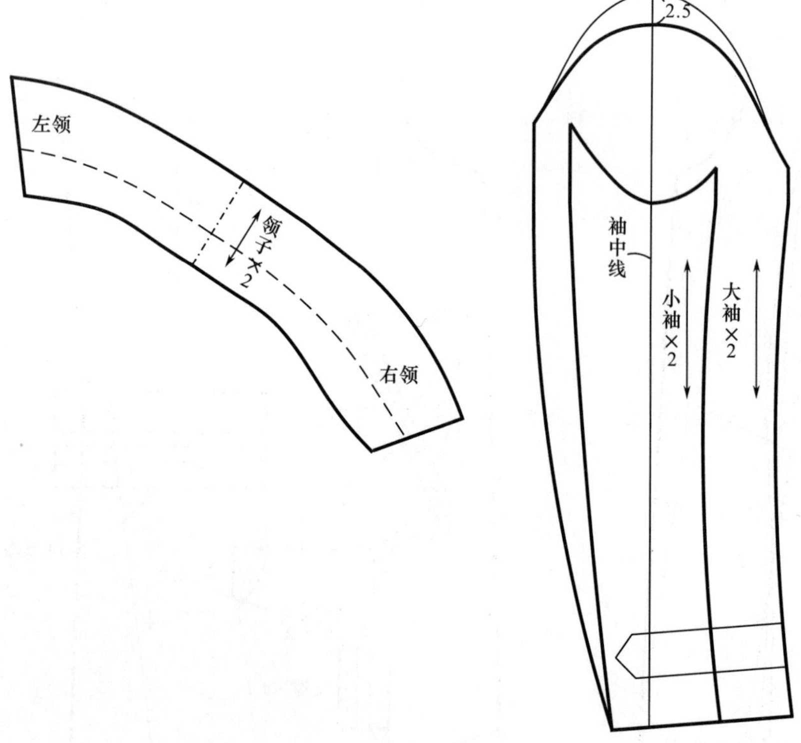

图4-3-34

五、案例5：无领松身风衣（图4-3-35）

（一）规格设计（表4-3-5）

表4-3-5　　单位：cm

160/84A	胸围（B）	肩宽（S）	后衣长	袖长（SL）	袖口宽
原型尺寸	96	39	37	50.5	—
服装尺寸	104	39	85	58	12.5

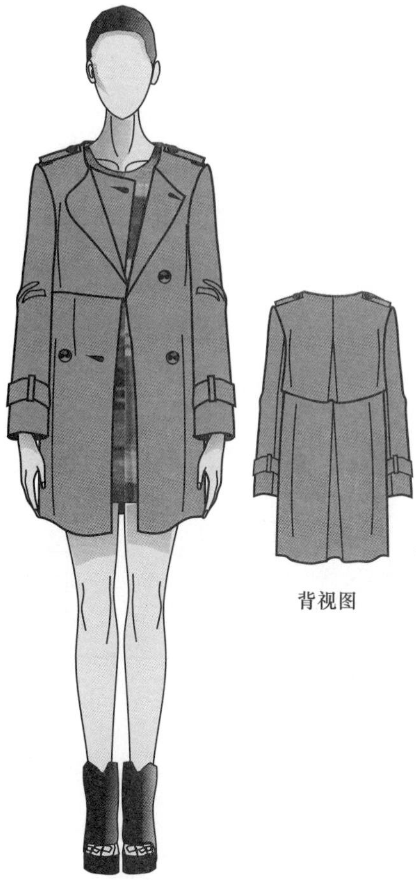

背视图

图4-3-35

（二）面、辅料说明

本款适合重磅真丝面料。需双幅面料，长为袖长+衣长+20cm；需里料，尺寸同面料；需衣长长度的有纺黏合衬；6颗直径为2cm的纽扣，4颗直径为1.5cm的纽扣。

（三）原型省道处理要点（图4-3-36）

1. **前片省道处理**

如图4-3-26所示，本款将原型袖窿省分为三部分，一是转移到腰部，形成腰部1cm的松量，二是转移部分到前中心处，构成撇胸，缝制时归拢，三是剩余部分在袖窿作为松量，在扣除1cm袖窿基本松量后，测量余下部分高度为#。考虑服装穿着时，左右搭门相重叠产生的围度损耗，前片中心线向右放出0.5cm。

2. **后片省道处理**

如图4-3-26所示，因为本款为外套造型，所以后片领口和肩部均向上提高0.2cm。本款后肩省分为三部分，一是在领口开大0.3cm，二是转移部分肩省到后袖窿作为松量，使后袖窿的省量高度为#，与前袖窿松量平衡，三是剩下部分在肩缝作为吃势，缩缝。

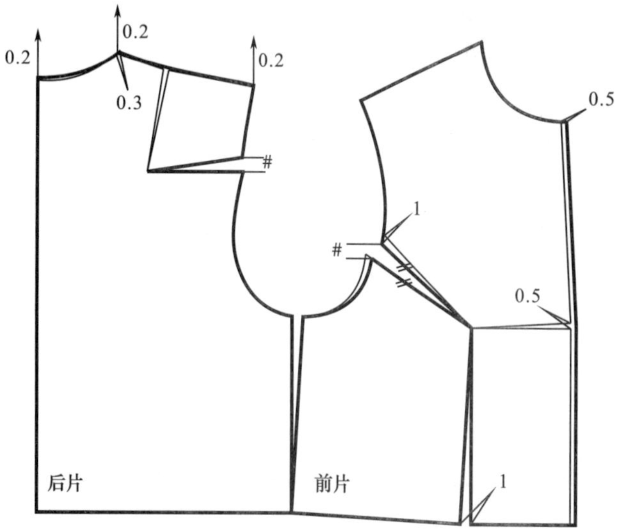

图4-3-36

（四）制图要点

1. **衣身（图4-3-37～图4-3-39）**

如图4-3-37所示，本款为松身风衣，为满足内层衣物和造型的需要，袖窿深在原型的基础上挖深2cm，前胸围加大1.3cm，后胸围加大2.7cm。后中心放凹褶5cm。

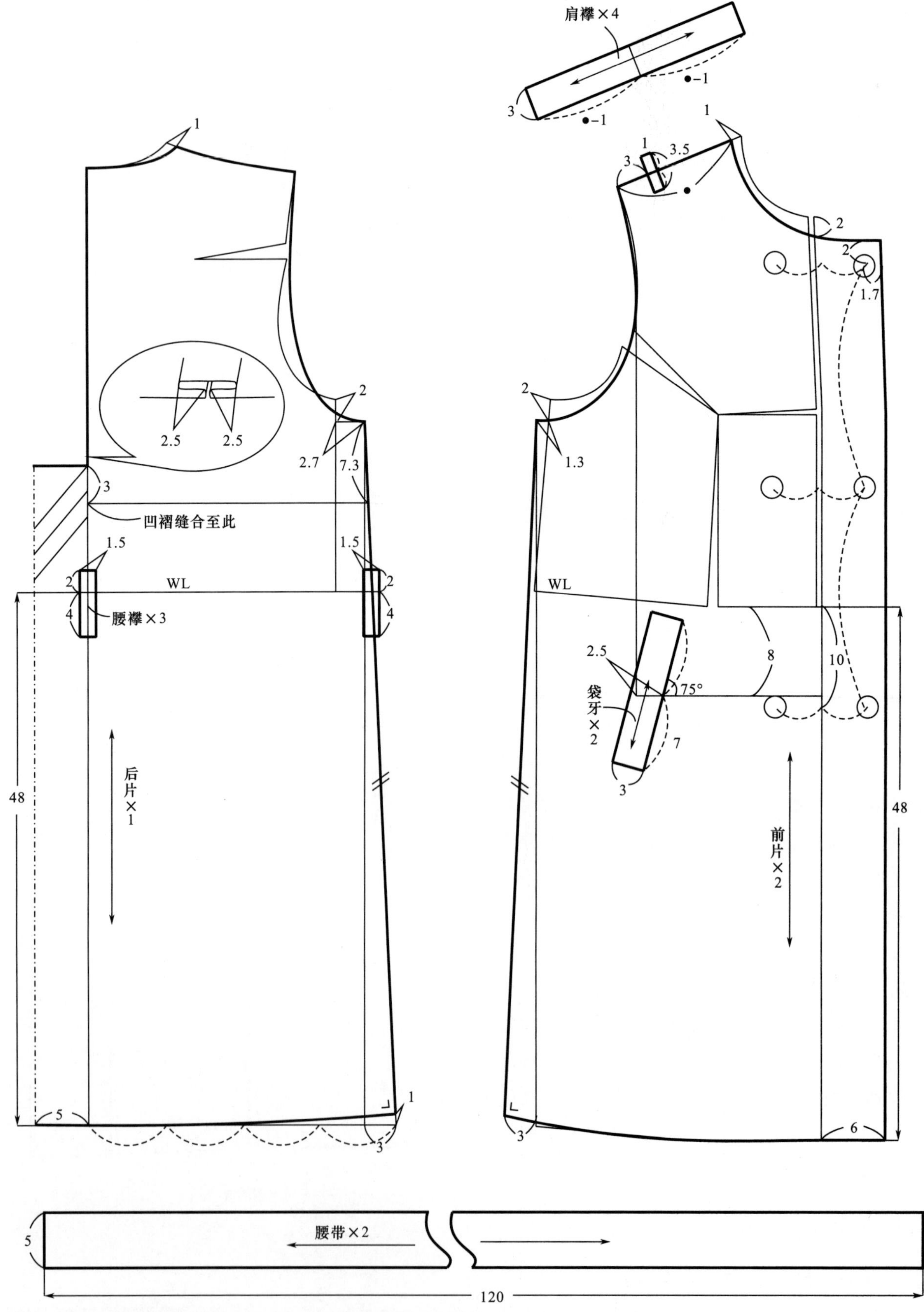
肩襻×4
●-1
●-1
3
1
1
3.5
3
2
2
1.7
2.5
2.5
2
2.7
7.3
2
1.3
3
凹褶缝合至此
1.5
1.5
WL
WL
2
4
腰襻×3
2
4
8
10
2.5
袋牙×2
75°
7
3
后片×1
前片×2
48
48
5
1
3
3
6
5
腰带×2
120

图4-3-37

如图4-3-38所示，前后雨盖制图在衣身上完成，后雨盖中心放凹褶3cm，缝制方法同衣身后中心。

贴边挂面制图如图4-3-39所示。

2. **袖子**（**图**4-3-40）

如图4-3-40所示，复制出前后片袖窿，以后袖窿为基准，合并侧缝，合并袖窿省，前后袖窿相连，然后在此基础上绘制袖子结构。袖山高为AH/3+1cm，AH=BAH+FAH，SL为58cm。

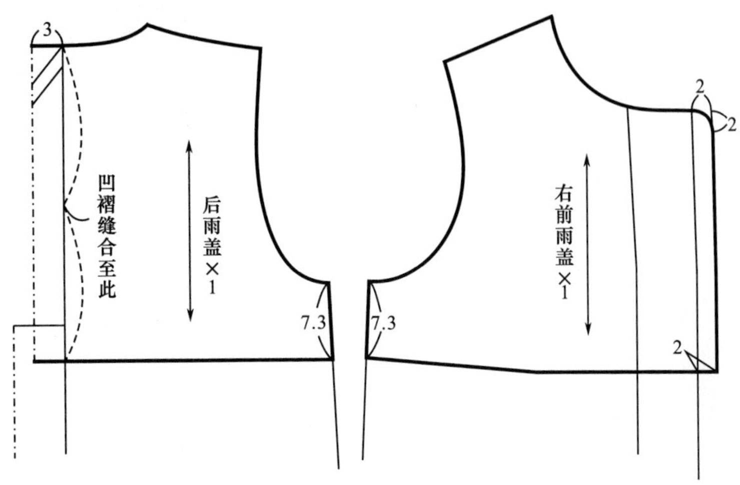

图4-3-38

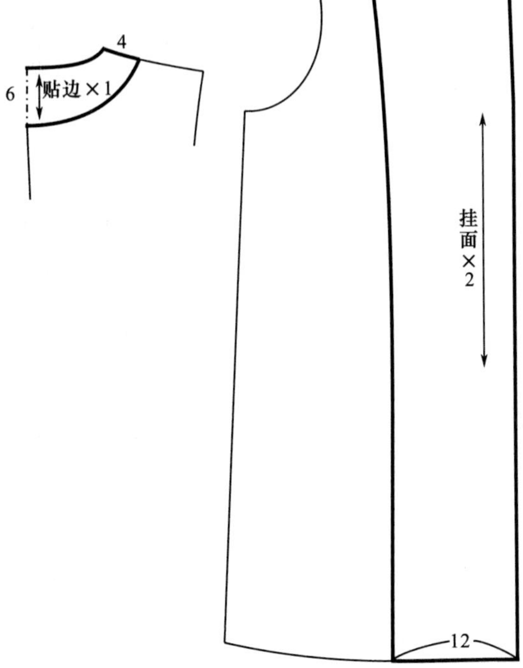

图4-3-39

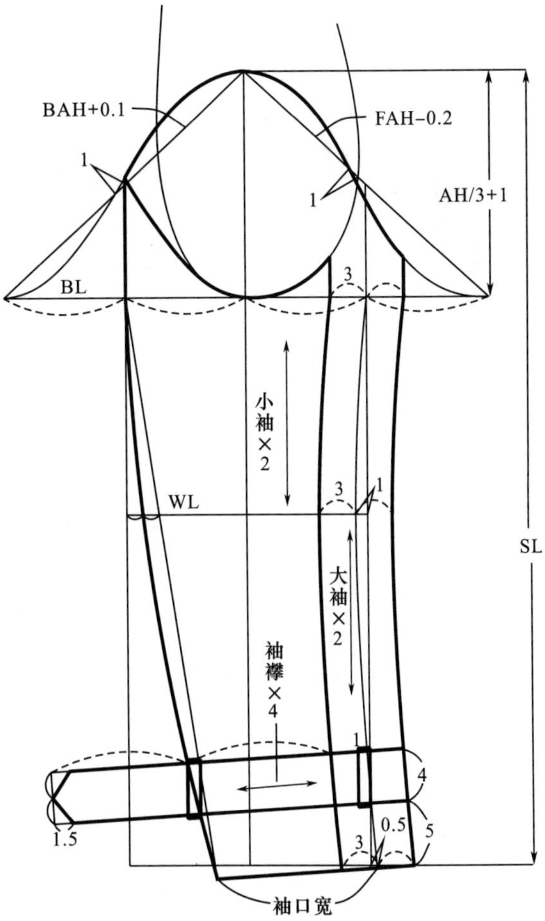

图4-3-40

（五）纸样系列变化（图4-3-41～图4-3-44）

款式4-3-41的衣身结构是在图4-3-37的基础上绘制的，如图4-3-42和图4-3-43，其余部件同款式图4-3-35。

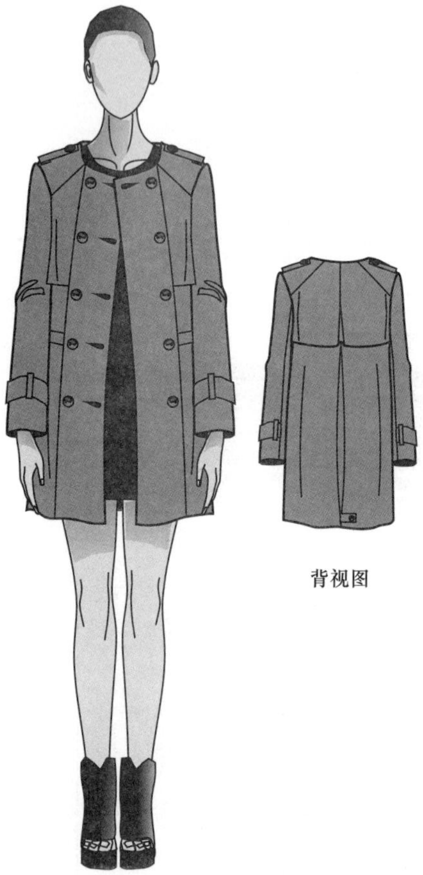

背视图

图4-3-41

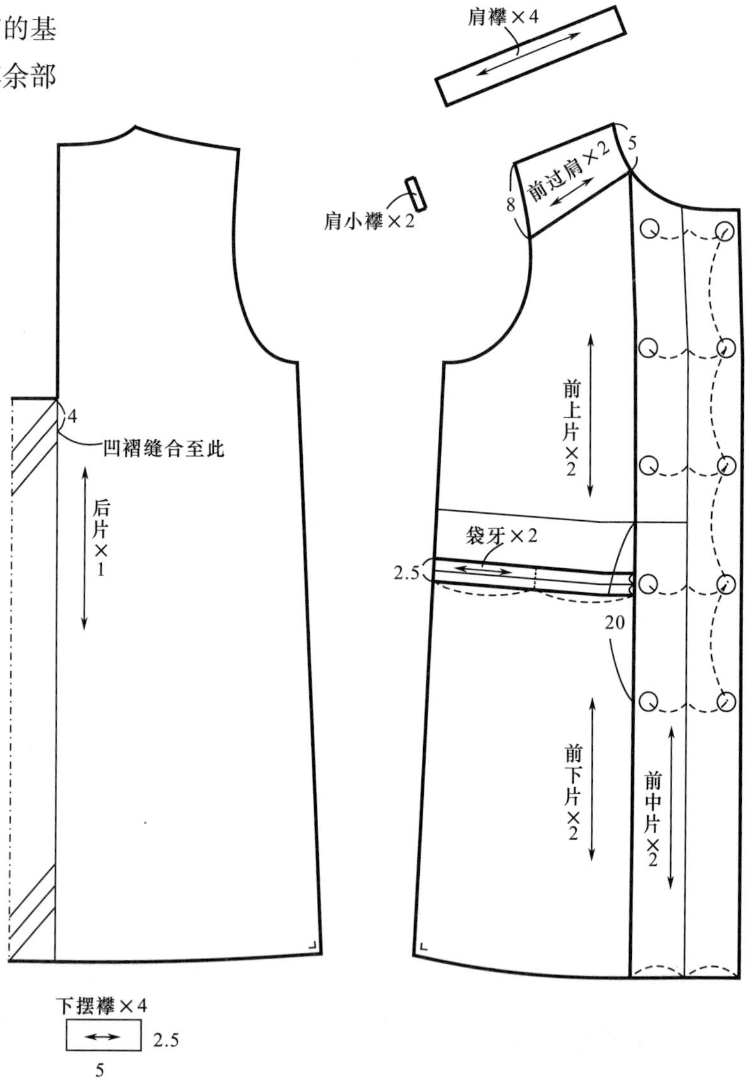

肩襻×4
前过肩×2
5
8
肩小襻×2
4
凹褶缝合至此
后片×1
前上片×2
袋牙×2
2.5
20
前下片×2
前中片×2
下摆襻×4
2.5
5

图4-3-42

3
后过肩×2
10
凹褶缝合至此
后雨盖×1
7.3
7.3
前雨盖×2

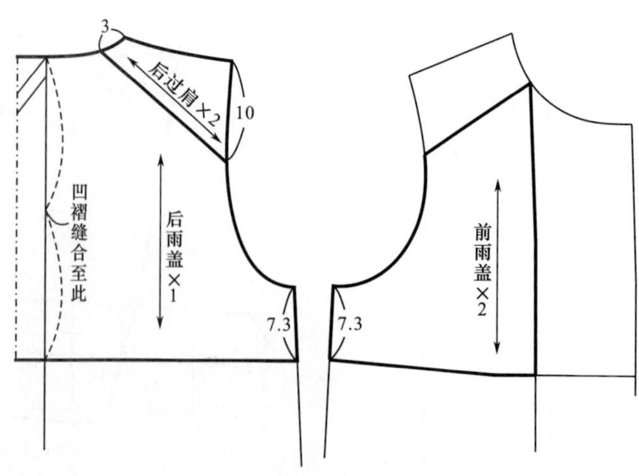

图4-3-43

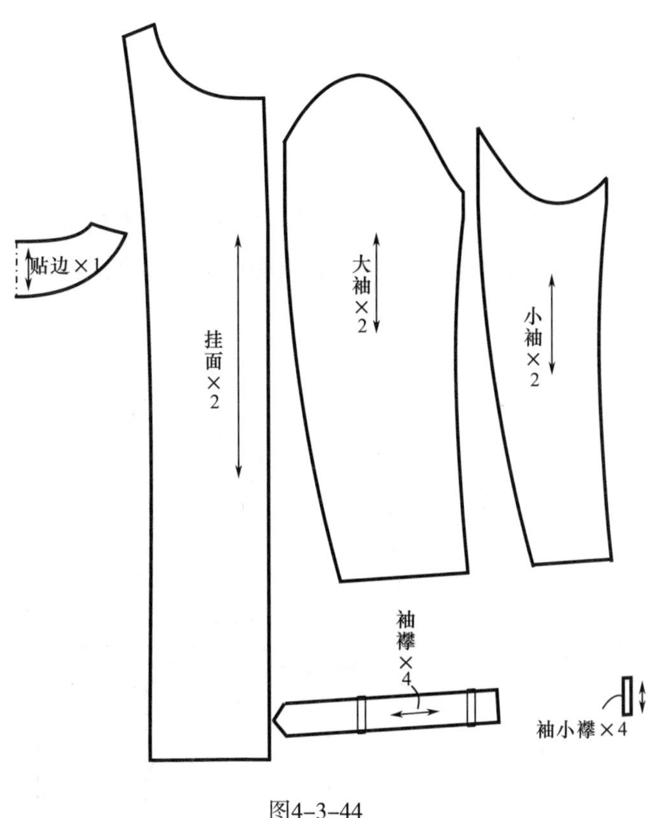

图4-3-44

第四节　图解大衣系列纸样

一、案例1：翻领双排扣宽松大衣（图4-4-1）

（一）规格设计（表4-4-1）

表4-4-1　　单位：cm

160/84A	胸围（B）	后衣长	袖长（SL）
原型尺寸	96	37	50.5
服装尺寸	111	73	58

（二）面、辅料说明

本款适合较厚的羊毛类面料。需双幅面料，长为袖长+衣长+35cm；需里料，尺寸同面料；需有纺黏合衬2m；6颗直径为3cm的纽扣，1颗直径为2cm扣子。

图4-4-1

（三）原型省道处理要点（图4-4-2）

1. 前片省道处理

如图4-4-2所示，本款将原型袖窿省分为三部分，一是转移到腰部，形成腰部1.5cm的松量，二是转移部分到前中心处，构成撇胸，缝制时归拢，三是剩余部分在袖窿作为松量，在扣除1cm袖窿基本松量后，测量余下部分高度为#。考虑服装穿着时，左右搭门相重叠产生的围度损耗，前片中心线向右放出0.7cm。

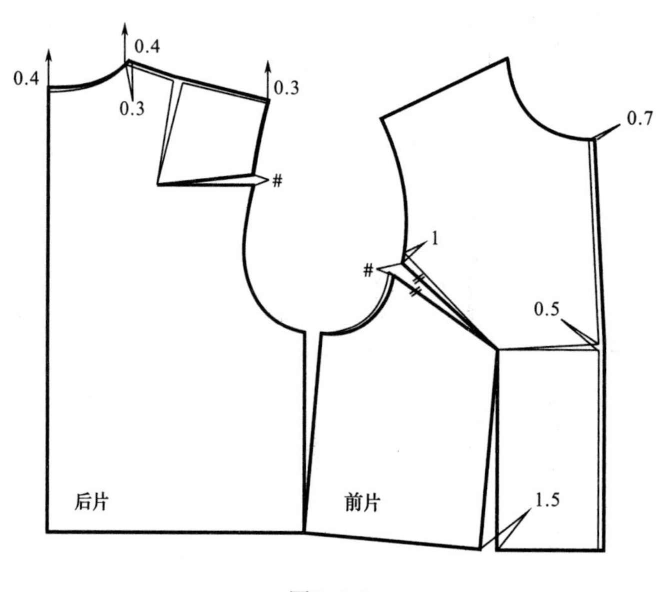

图4-4-2

2. 后片省道处理

如图4-4-2所示，因为本款为大衣造型，一般内穿一件秋衣和一件毛衣，所以后片领口向上提高0.4cm，肩部向上抬高0.3cm，以满足多穿服装后后背的增加量。本款后肩省分为三部分，一是在领口开大0.3cm，二是转移部分肩省到后袖窿作为松量，使后袖窿的省量高度为#，与前袖窿松量平衡，三是剩下部分在肩缝作为吃势，缩缝。

（四）制图要点

1. 衣身和袖子（图4-4-3、图4-4-4）

如图4-4-19所示，本款为宽松大衣造型，后片胸围增加6cm，前片胸围增加1.5cm，袖窿深位于原型腰节线。前袖角度为45°，后袖角度为42.5°，袖身造型宽松。

注意，因篇幅有限，本书所有大衣的里料制图均省略，读者可在面料结构的基础上自行配制里料。

将前后袖片从衣身上分离后，在袖中缝处拼合，前袖片构成一个大片，后袖片构成一个小片，如图4-4-4所示。

2. 领子（图4-4-5）

如图4-4-5所示，本款领子为翻领造型，翻驳领的领座*nb*=*AB*=3cm，翻领*mb*=*AC*的长度是根据款式而定，*C*点位于前肩端向里1cm的位置，*BA*为竖直垂线，根据款式绘制领头造型，令*AC*=*AO*，*O*点在前肩线的延长线上，以*OP*为对称轴对称领头造型，定出*C'*点，以△+0.3cm，*AC*+*AB*的长度为边长绘制矩形，然

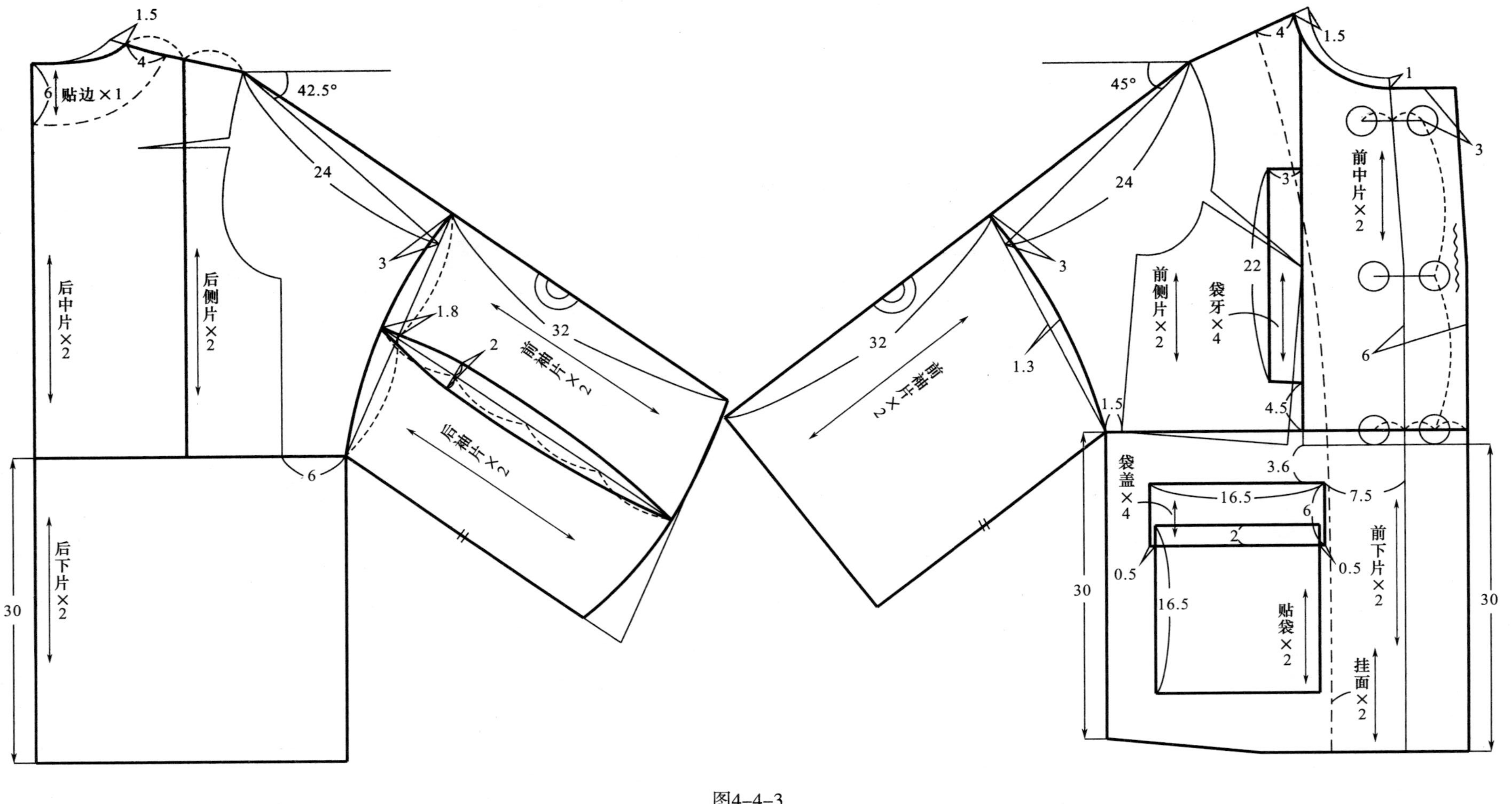
贴边×1
后中片×2
后侧片×2
后下片×2
前袖片×2
后袖片×2
前袖片×2
前侧片×2
袋牙×4
前中片×2
袋盖×4
贴袋×2
前下片×2
挂面×2

图4-4-3

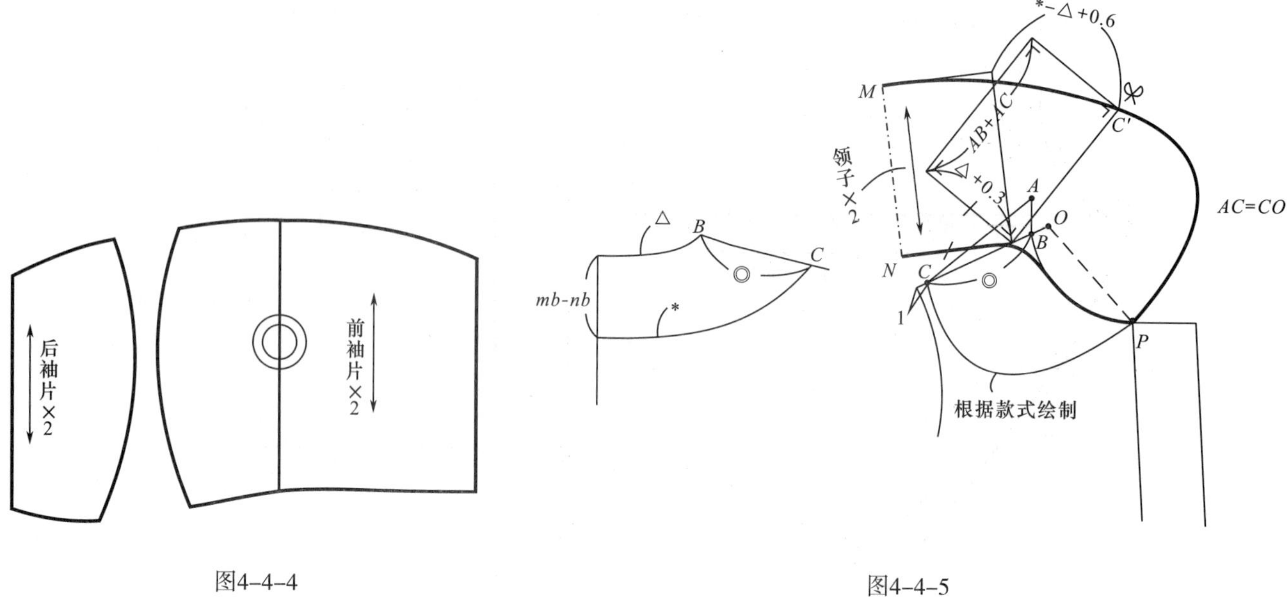

图4-4-4

图4-4-5

后在C′点沿矩形边长剪开，并向左旋转拉展，拉展长度为*-△+0.6cm，画顺领子的上口线和下口线，使下口线的长度比衣身领口长0.3cm。

（五）纸样系列变化（图4-4-6～图4-4-8）

款式图4-4-6的衣身结构是在图4-4-3的基础上绘制的，如图4-4-7所示，领子结构是单独绘制的，如图4-4-8所示。

图4-4-6

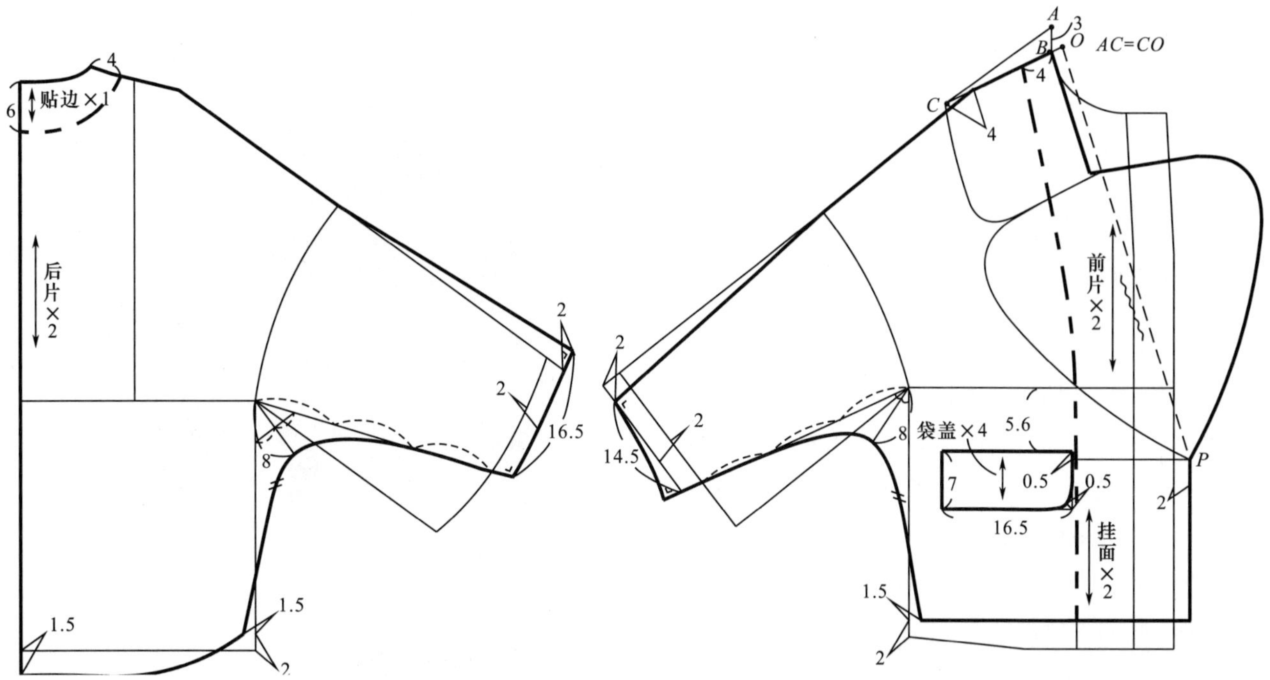

图4-4-7

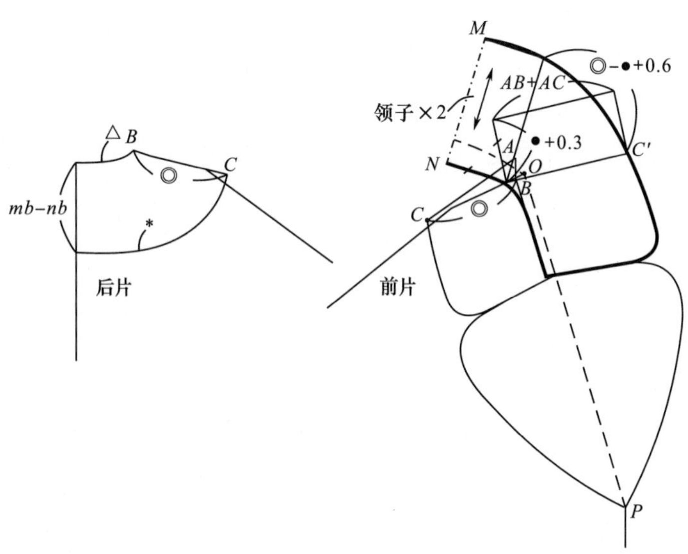

图4-4-8

二、案例2：无领花苞型八分袖大衣（图4-4-9）

（一）规格设计（表4-4-2）

表4-4-2　　单位：cm

160/84A	胸围（B）	腰围（W）	后衣长	袖长（SL）
原型尺寸	96	96	37	50.5
服装尺寸	101	90	89	41.2

（二）面、辅料说明

本款适合较厚的羊绒面料。需双幅面料，长为衣长×2+35cm；需里料，尺寸同面料；需有纺黏合衬2m；4对直径为2cm四合扣。

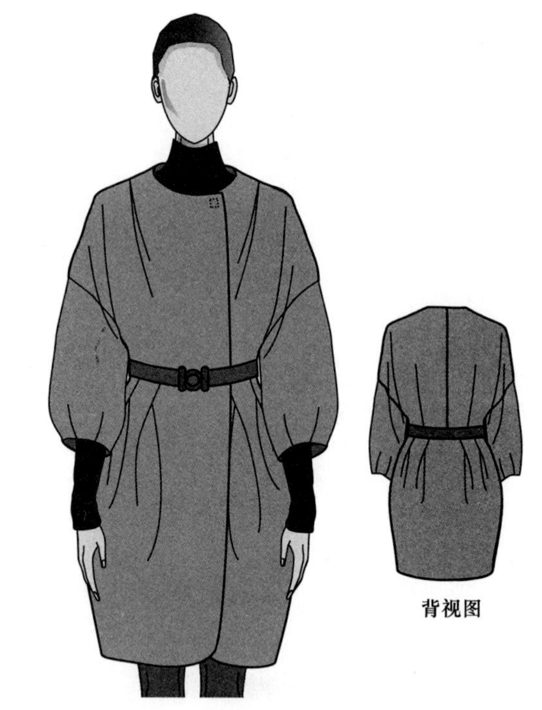

图4-4-9

（三）原型省道处理要点（图4-4-10）

1. **前片省道处理**

如图4-4-10所示，本款将原型袖窿省分为三部分，一是转移部分到前中心，构成撇胸，缝制时归拢，二是留1cm在袖窿作为松量，三是将剩余部分暂作为袖窿省，制图时转入分割线。考虑服装穿着时，左右搭门相重叠产生的围度损耗，前片中心线向右放出0.7cm。

2. **后片省道处理**

如图4-4-10所示，因为本款为大衣造型，所以后片领口向上提高0.4cm，肩部向上提高0.3cm。本款后肩省分为三部分，一是在领口开大0.3cm，二是暂设肩省1cm，后期转入过肩分割线中，三是将剩余部分留在肩缝作为吃势，缩缝。

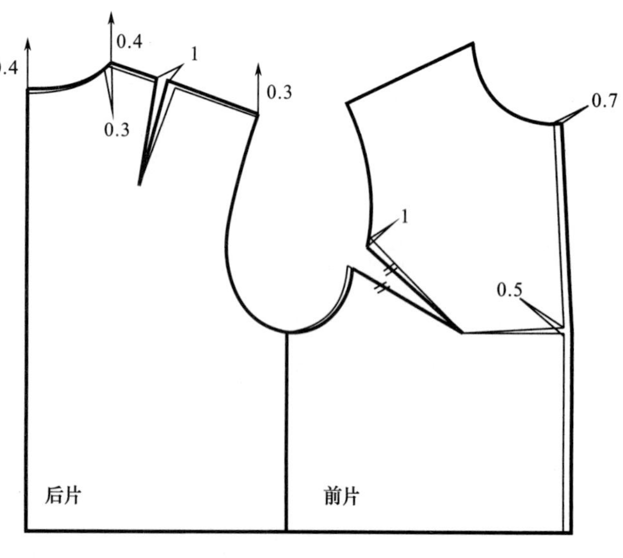

图4-4-10

（四）制图要点

1. **衣身**（图4-4-11～图4-4-13）

如图4-4-11所示，本款为较宽松大衣造型，后胸围加大2.7cm，前胸围减小1.3cm，袖窿深位于原型胸围线与腰围线的1/2处。后肩省转入纵向分割线，前袖窿省转为前肩省。前后肩宽同时沿肩线延长13.5cm，形成宽松的落肩造型。腰部横向分割，为防止后片下坠，后腰中心位置，后下片下挖1cm。前片的腰省2cm在后期制图时合并，转入前肩省里，缝制成一个较大的活裥。前后衣身的下片根据款式设计褶皱展开线，后期制图时拉展放出褶量，主要要将前片2cm的腰省，后片3cm的收腰量收进褶皱里。

如图4-4-12所示，合并前腰省，将其转为肩省，肩省缝合时，只缝合3cm，其余部分熨烫成褶裥，注意撇胸位置要归拢。

如图4-4-13所示，剪开褶皱展开线并拉展，每个褶皱拉展7cm，保证下摆长度不变，注意，前片的褶皱要多收2cm的腰省量，后片的褶皱要多收3cm的腰省量。

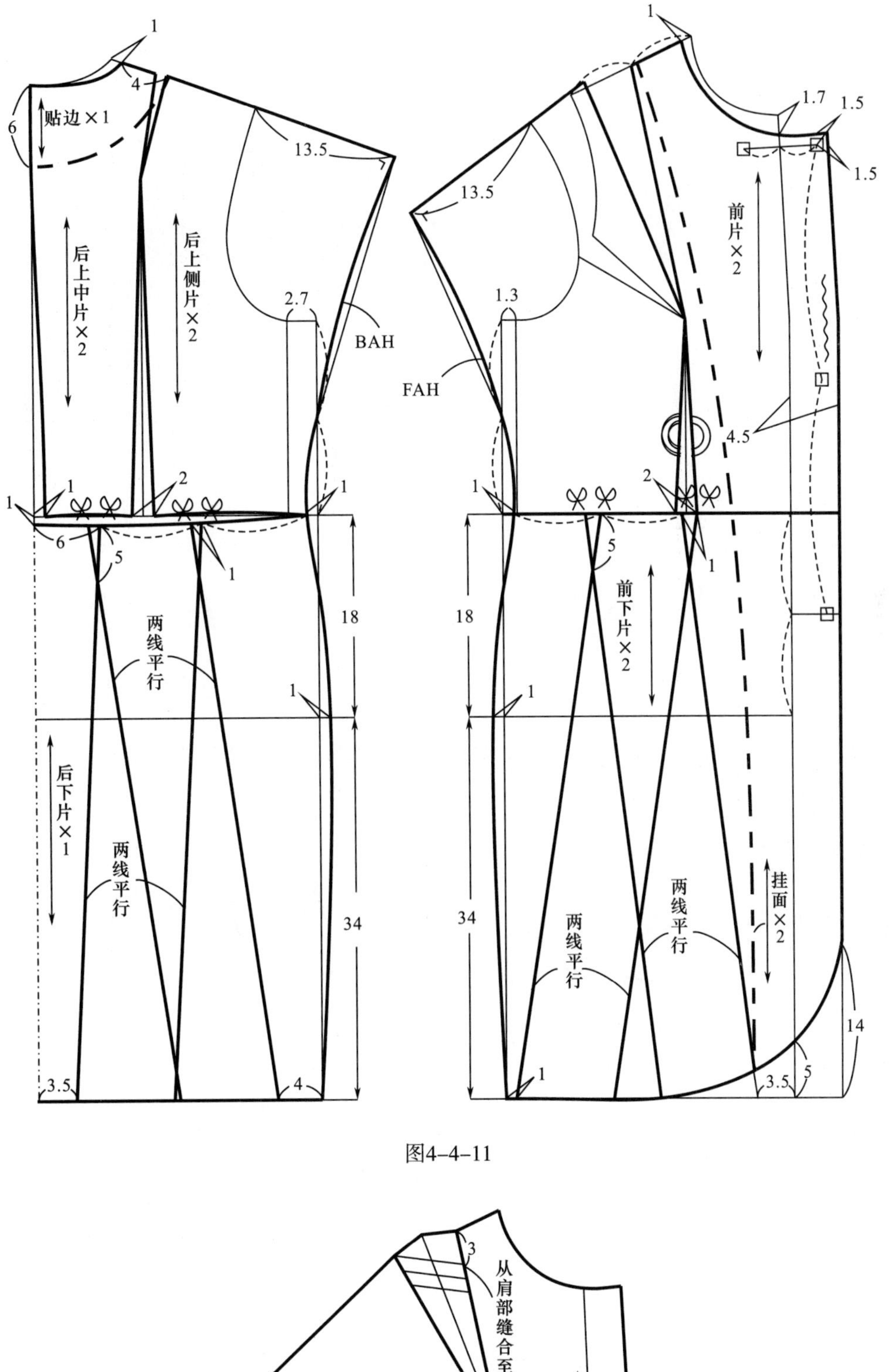

图4-4-11

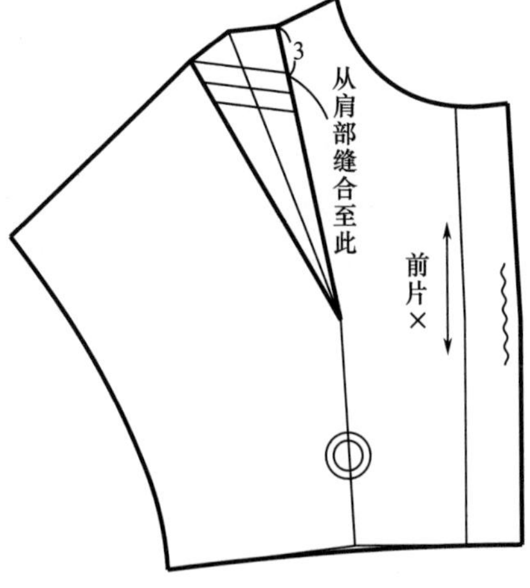

图4-4-12

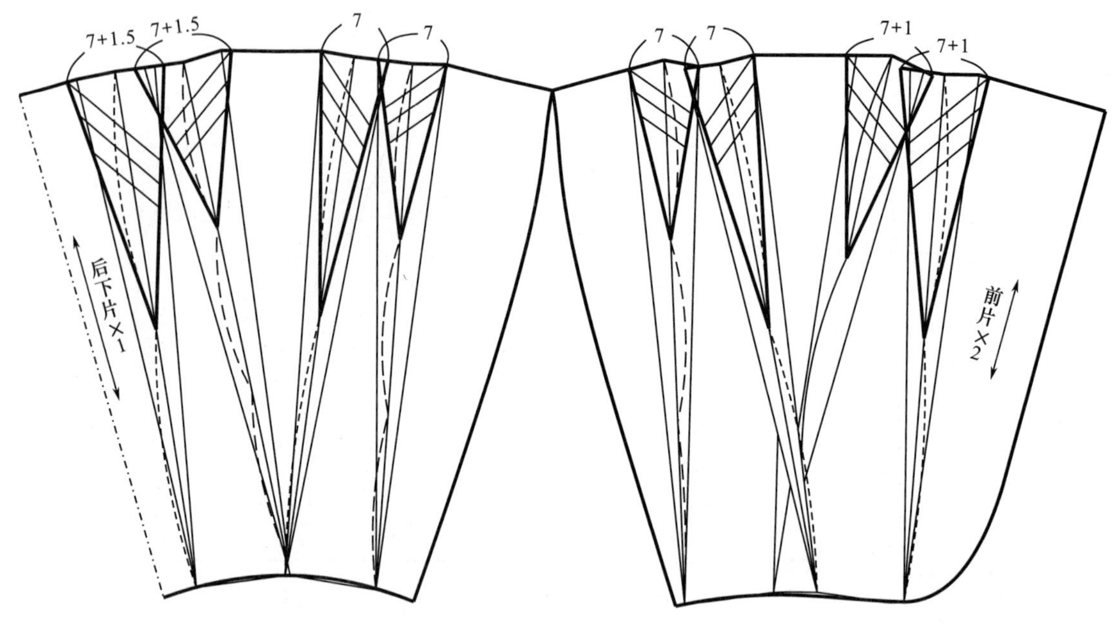

图4-4-13

2. **袖子**（图4-4-14）

如图4-4-14所示，分别在图4-4-11上测量FAH和BAH的长度，以此为依据绘制袖身，并在袖口收省，将省量合并和，绘制袖口里层贴边。

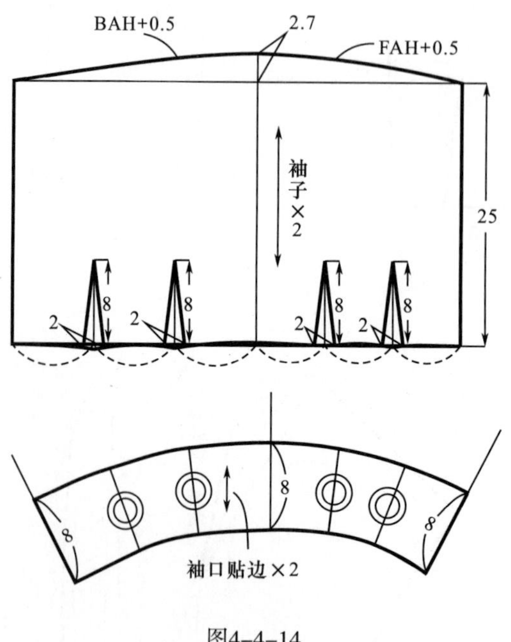

图4-4-14

（五）纸样系列变化（图4-4-15～图4-4-17）

款式图4-4-15的上半身结构是在图4-4-11上半身图的基础上绘制的，下半身和其他部件则采用的是图4-4-13和图4-4-14的结构。

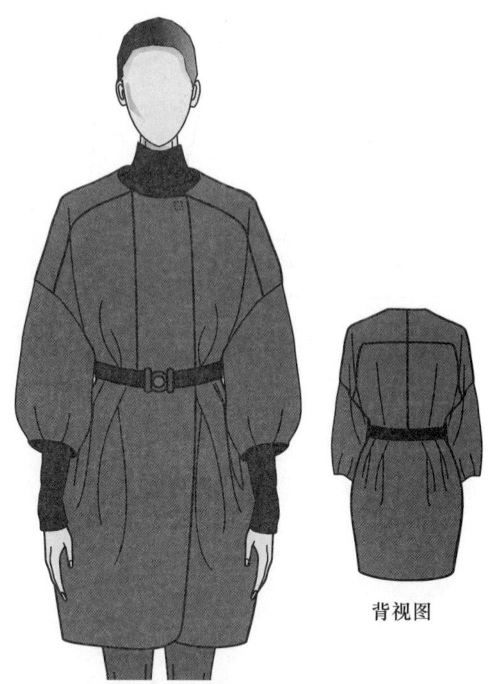

图4-4-15

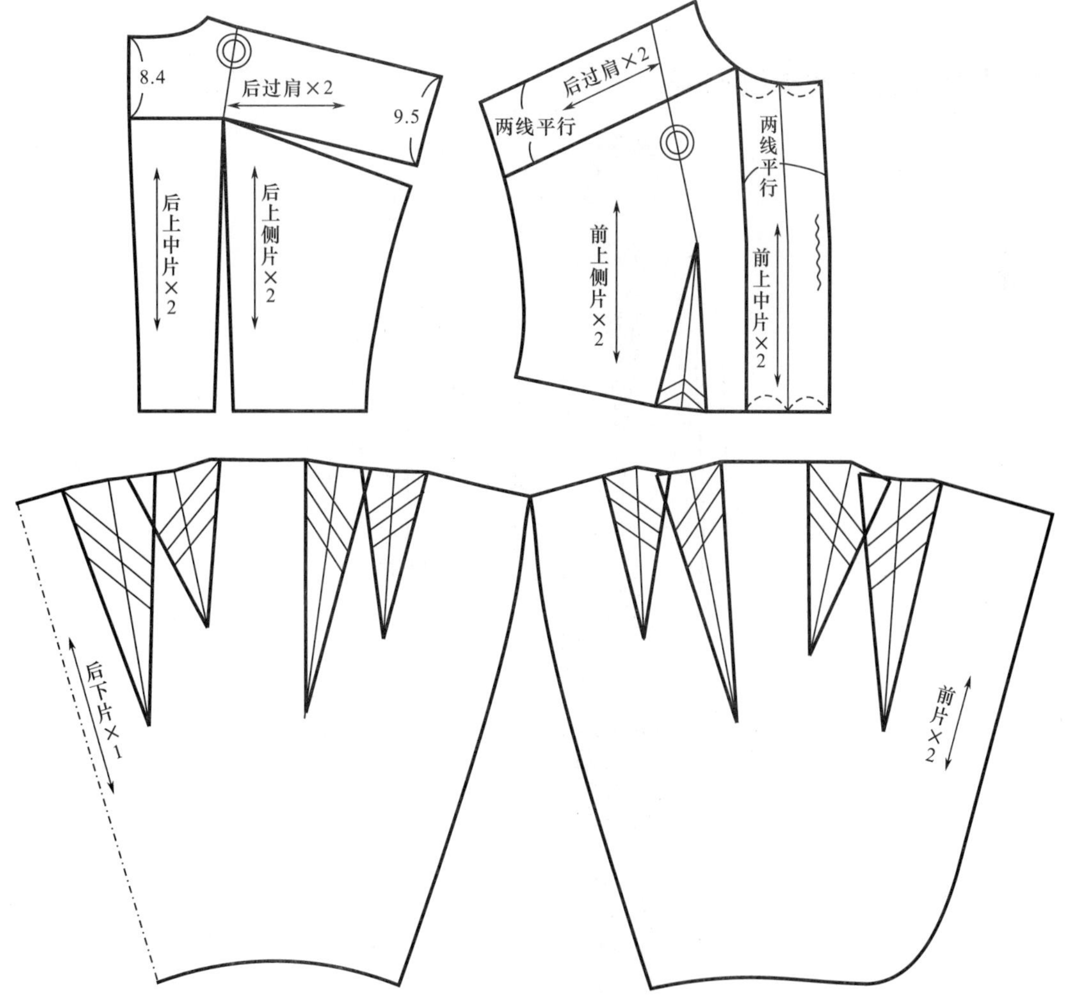

图4-4-16

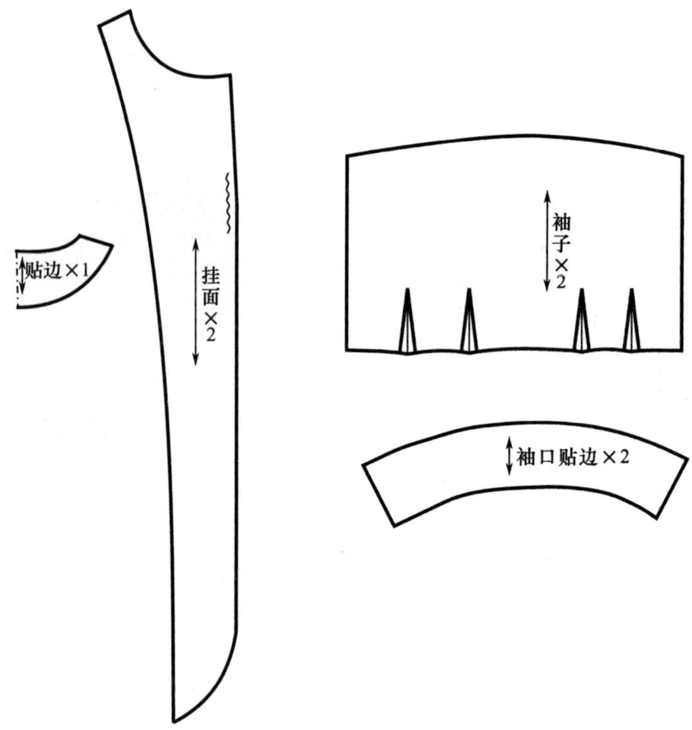

图4-4-17

三、案例3：低驳头茧型大衣（图4-4-18）

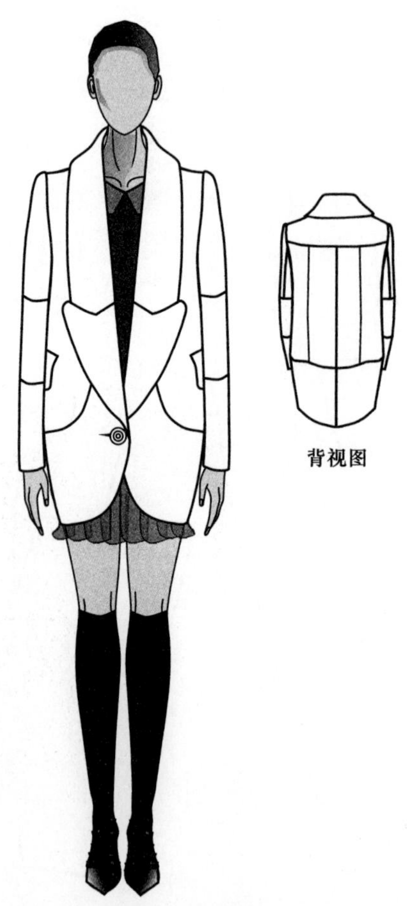

图4-4-18

（一）规格设计（表4-4-3）

表4-4-3　　单位：cm

160/84A	胸围（B）	肩宽（S）	后衣长	袖长（SL）	袖口宽
原型尺寸	96	39	37	50.5	—
服装尺寸	96	38	72	58	13

（二）面、辅料说明

本款适合较挺括的毛呢面料。需双幅面料，长为袖长+衣长+35cm；需里料，尺寸同面料；需有纺黏合衬2m；1颗直径为2.5cm的纽扣。

（三）原型省道处理要点（图4-4-19）

1. **前片省道处理**

如图4-4-19所示，本款将原型袖窿省分为三部分，一是少量转移到腰部，形成腰部0.5cm的松量，二是留1cm在袖窿作为松量，三是将剩余部分暂作为袖窿省，制图时转入分割线。考虑服装穿着时，左右搭门相重叠产生的围度损耗，前片中心线向右放出0.7cm。

2. **后片省道处理**

如图4-4-19所示，因为本款为大衣造型，所以后片领口向上提高0.4cm，肩部向上提高0.3cm。本款后肩省分为三部分，一是在领口开大0.3cm，二是暂设肩省1cm，后期转入分割线，三是将剩余部分留在肩缝作为吃势，缩缝。

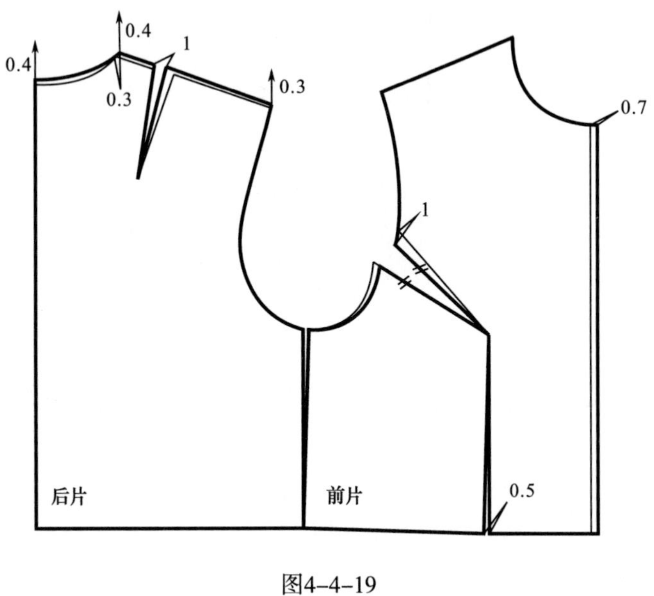

图4-4-19

（四）制图要点

1. **衣身**（图4-1-20、图4-4-21）

如图4-4-20所示，本款大衣胸围松量为原型胸围放松量，考虑到内层穿着衣物的需要，袖窿深下挖

1.5cm。后肩省转入纵向分割线，前袖窿省转入分割线，注意前中片与前侧片的分割线未直接通过BP点，所以需要绘制一小段辅助线将分割线与BP点相连。前后肩宽同时减窄1cm。侧缝臀围部位向外加放1cm，下摆收进1.5cm，形成茧型造型。前后横开领同时开大1cm。

如图4-4-20所示，翻驳领的领座$nb=AB=3$cm，翻领宽mb根据款式绘制，C点位于前小肩宽的1/2处，BA与水平线的夹角为95°，翻领$mb=AC=CO$，OP为翻折线，$nb+mb=MN=BA+AC$。

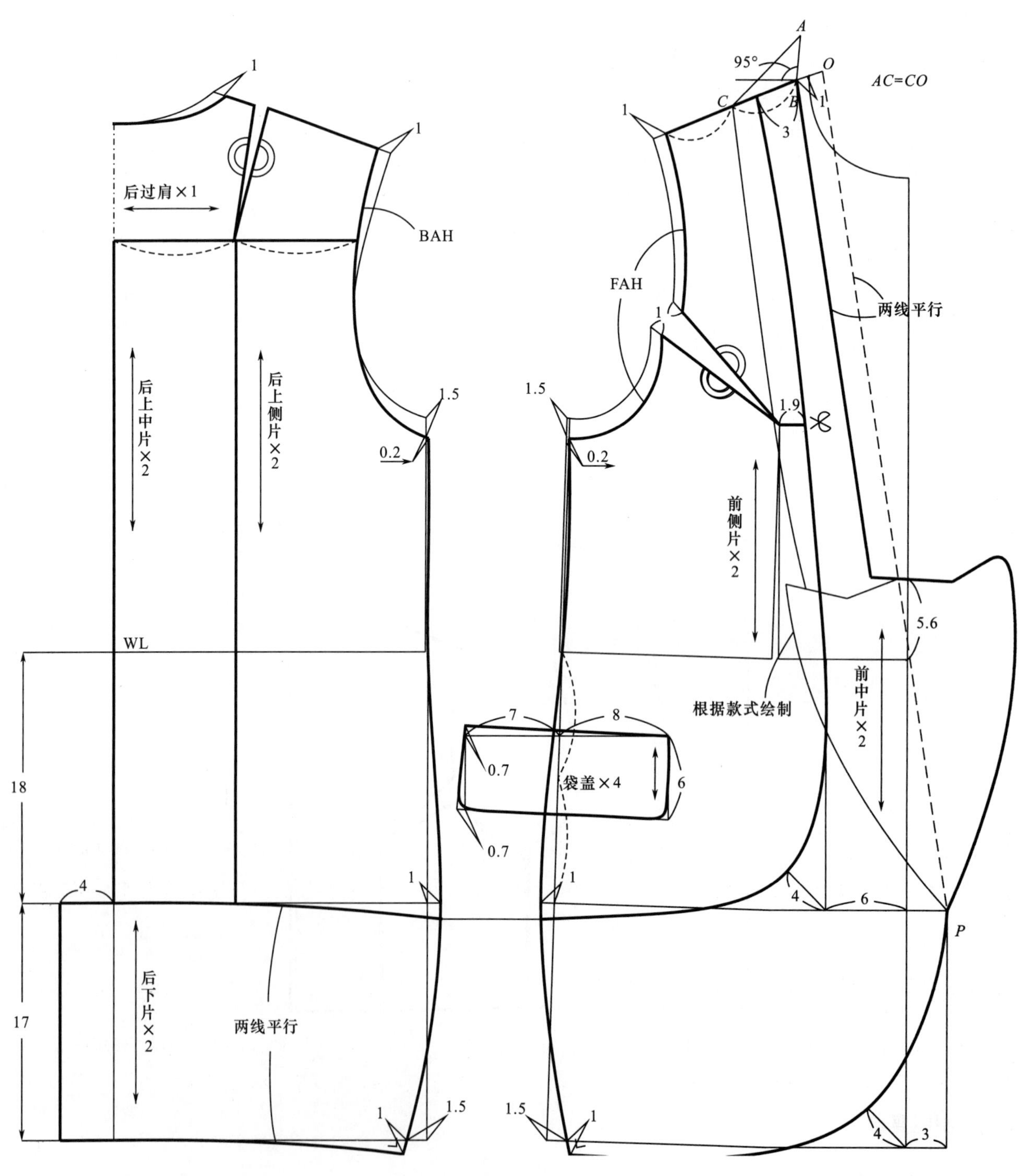

图4-4-20

如图4-4-21所示，剪开前中片与前侧片的分割线，以及连接BP点的辅助线，合并袖窿省，褶省量转入分割线，注意，前侧片的分割线略长于前中片的分割线，缝制时需归拢缩缝。

如图4-4-21所示，绘制后领贴边和挂面。

2. **领子（图4-4-22）**

领子制图如图4-4-22所示。

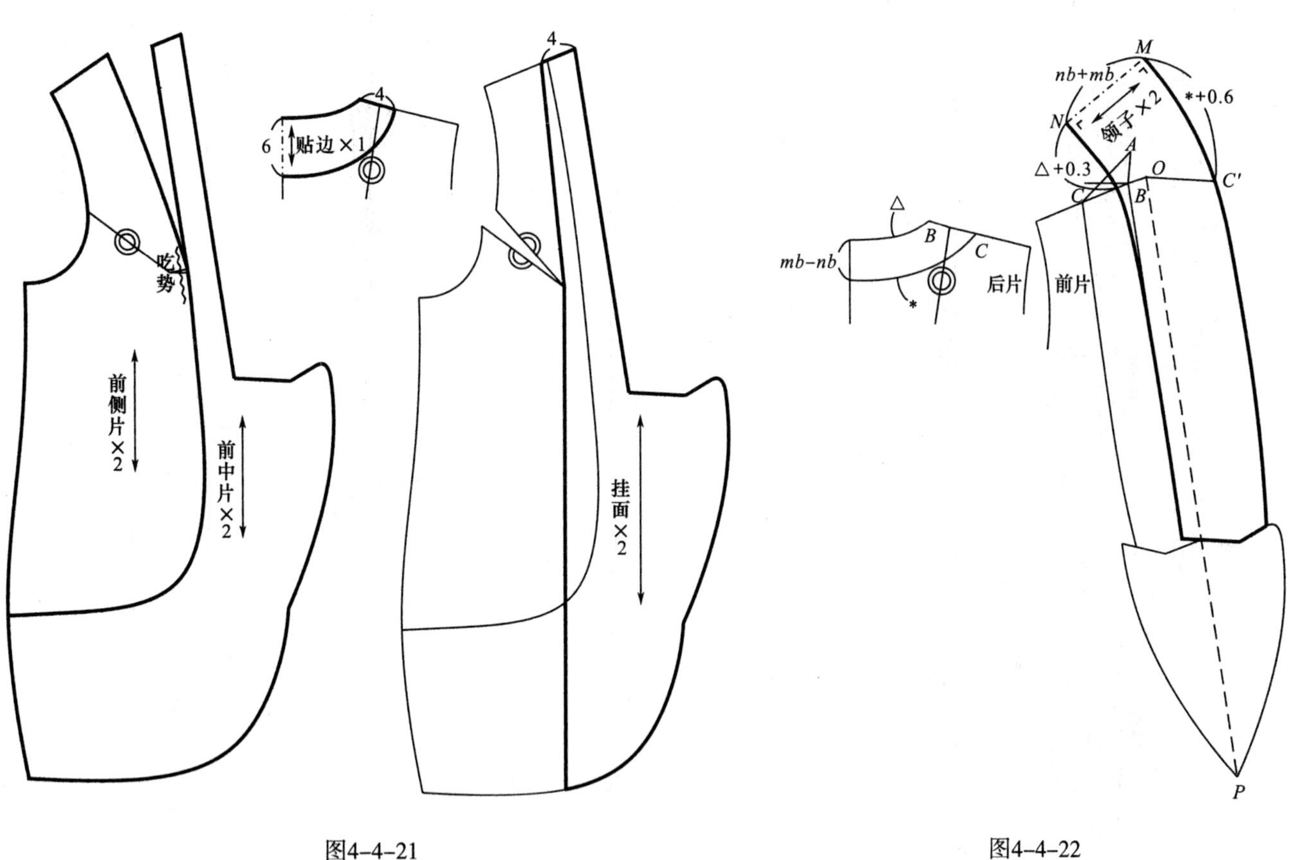

图4-4-21

图4-4-22

3. **袖子（图4-4-23）**

如图4-4-23所示，复制出前后片袖窿，以后袖窿为基准，合并侧缝，合并袖窿省，前后袖窿相连，然后在此基础上绘制袖子结构。袖山高为AH/3+1cm，AH=BAH+FAH，SL为58cm，根据款式，将袖子分割为三段。

（五）纸样系列变化（图4-4-24～图4-4-27）

款式图4-4-24的衣身结构是在图4-4-20的基础上绘制的，如图4-4-25所示，注意，本款下摆设计了一层荷叶边，如图4-4-26所示，袖子结构是在图4-4-23的基础上绘制的，如图4-4-27所示。

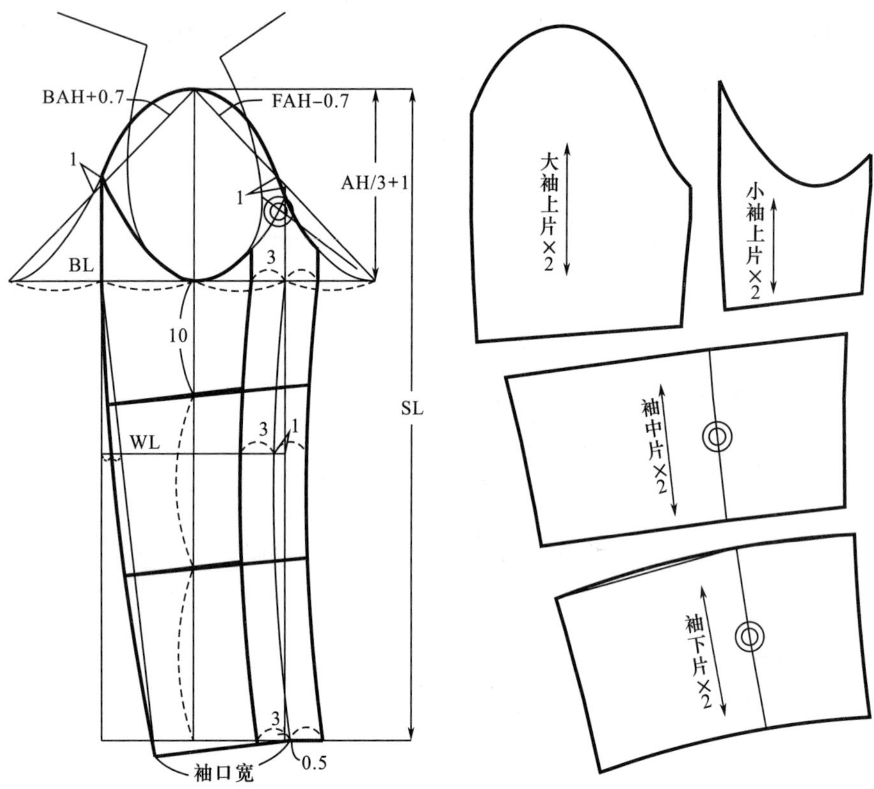

图4-4-23

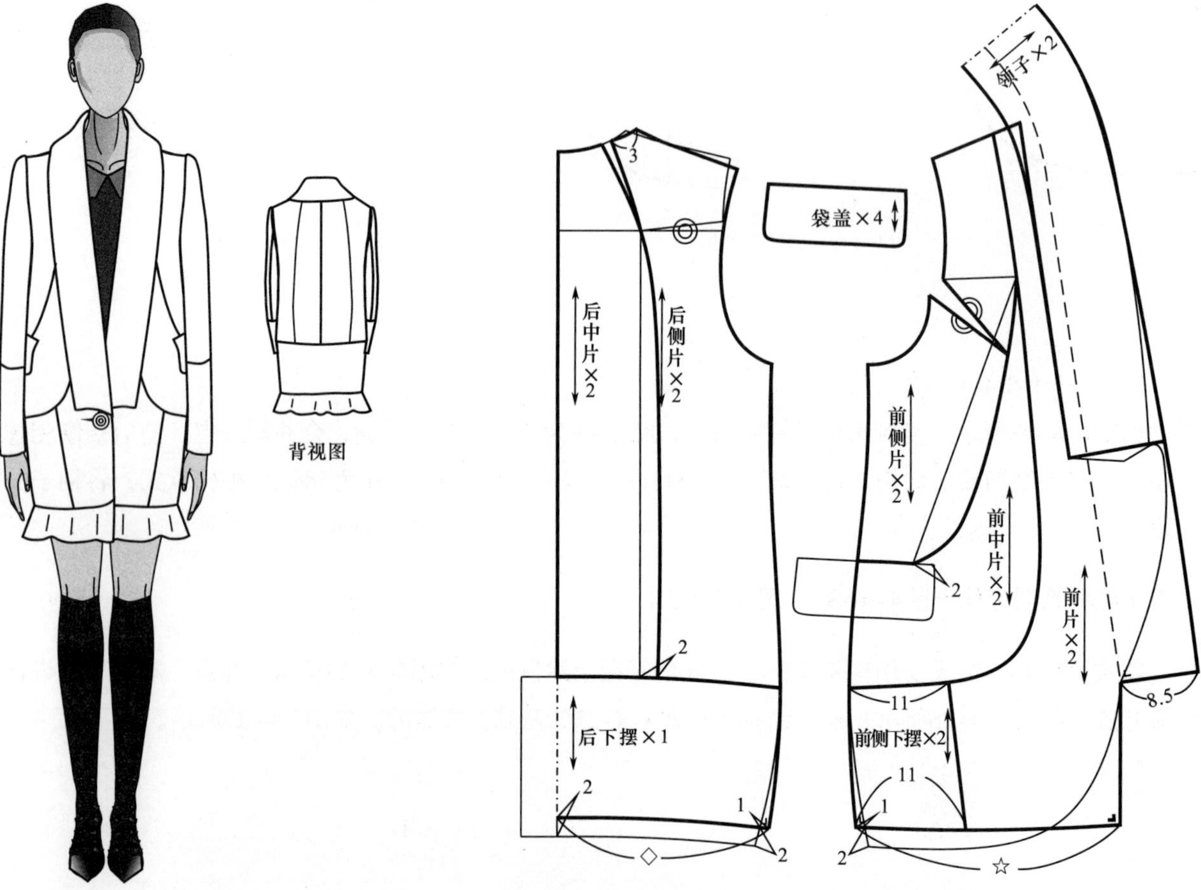

图4-4-24

图4-4-25

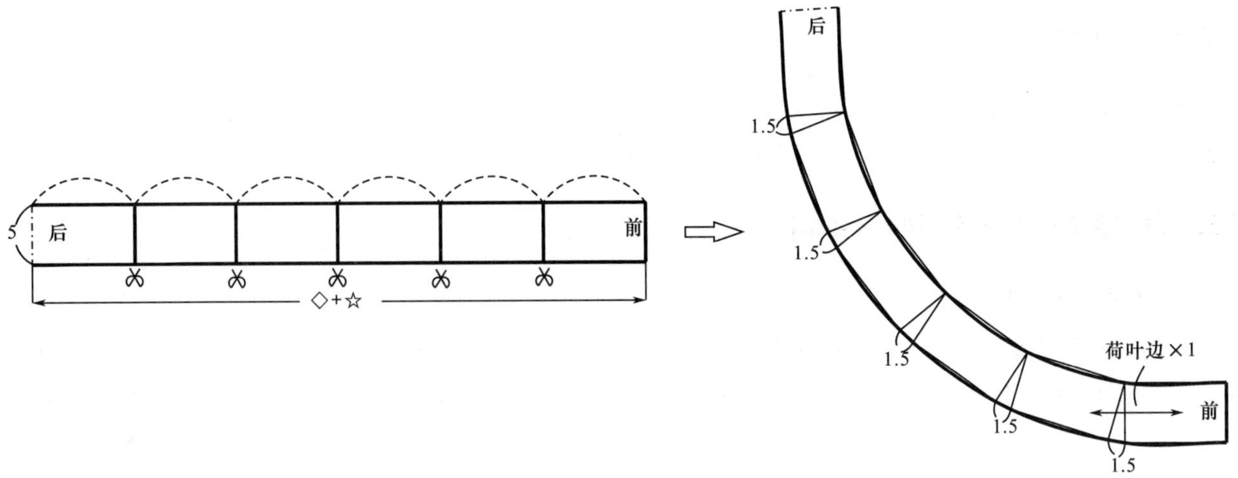

图4-4-26

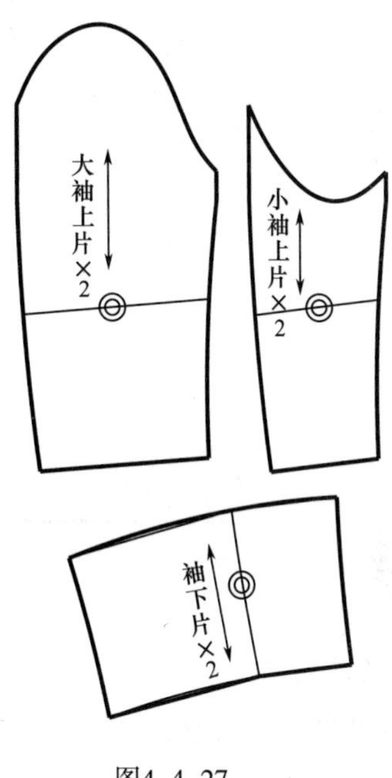

图4-4-27

图4-4-28

四、案例4：枪驳领双排扣合体大衣（图4-4-28）

（一）规格设计（表4-4-4）

表4-4-4　　单位：cm

160/84A	胸围（B）	腰围（W）	臀围（H）	肩宽（S）	后衣长	袖长（SL）	袖口宽
原型尺寸	96	96	—	39	37	50.5	—
服装尺寸	93	75	98	38	77	58	13

（二）面、辅料说明

本款适合较挺括的羊毛面料。需双幅面料，长为袖长+衣长+35cm；需里料，尺寸同面料；需有纺黏合衬2m；8颗直径为2cm的纽扣，1颗直径为1.5cm的纽扣，8颗直径为1cm的纽扣。

（三）原型省道处理要点（图4-4-29）

1. **前片省道处理**

如图4-4-29所示，本款将原型袖窿省分为两部分，一是留1cm在袖窿作为松量，二是将剩余部分暂作为袖窿省，制图时转入腰省。考虑服装穿着时，左右搭门相重叠产生的围度损耗，前片中心线向右放出0.7cm。

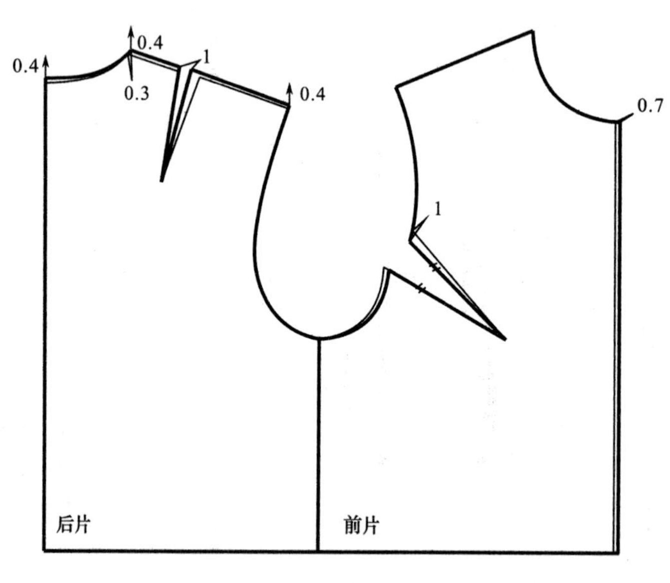

图4-4-29

2. **后片省道处理**

如图4-4-29所示，因为本款为大衣造型，所以后片领口向上提高0.4cm，肩部向上提高0.3cm。本款后肩省分为三部分，一是在领口开大0.3cm，二是暂设肩省1cm，后期转入分割线，三是将剩余部分留在肩缝作为吃势，缩缝。

（四）制图要点

1. **衣身**（图4-4-30、图4-4-31）

如图4-4-30所示，本款为合体大衣造型，袖窿深在原型的基础上挖深1cm，后胸围在侧缝处放出1cm，在后中缝收进0.8cm，分割线处收进0.5cm，前胸围在侧缝处收进1.2cm。肩省和胸省都需合并转入分割线。前后领口同时开大0.5cm，前后肩宽同时减窄1cm。

如图4-4-30所示，翻驳领的领座$nb=AB=2.5$cm，翻领$mb=AC=4$cm，BA与水平线的夹角为90°，$AC=CO$，$MN=nb+mb$，OP为翻折线。

如图4-4-31所示，合并后肩省，将省量转入分割线，合并前袖窿省，将省量转入腰省，注意因为腰省的省尖与BP点未直接相连，所以也需要绘制腰省省尖与BP点的辅助线，然后剪开才能实现省道转移。

如图4-4-31所示，绘制后领贴边和挂面。

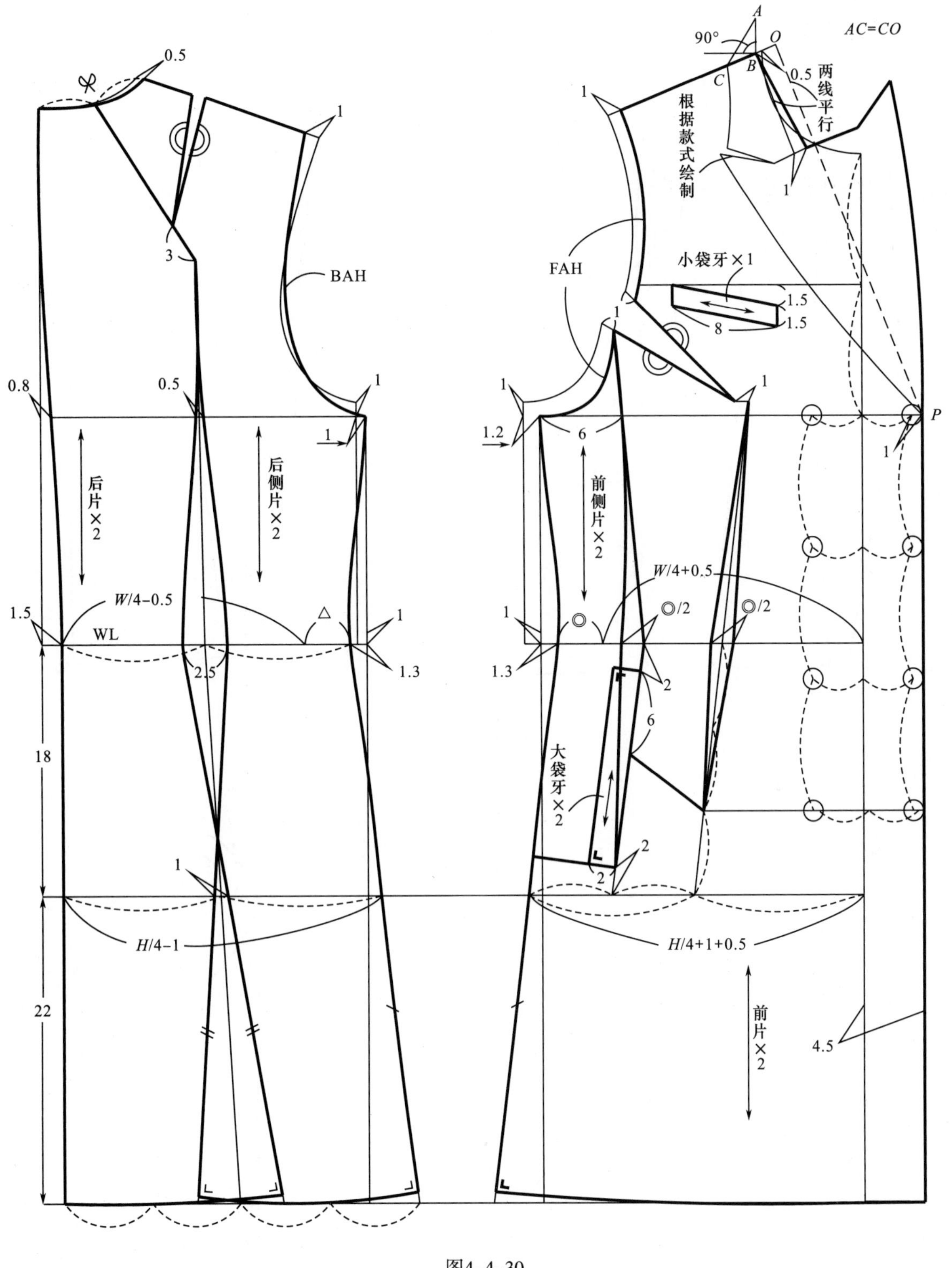

图4-4-30

2. **领子**（**图**4-4-32）

领子制图如图4-4-32所示。

3. **袖子**（**图**4-4-33）

如图4-4-33所示，复制出前后片袖窿，以后袖窿为基准，合并侧缝，合并袖窿省，前后袖窿相连，然后在此基础上绘制袖子结构。袖山高为AH/3+1cm，AH=BAH+FAH，SL为58cm。

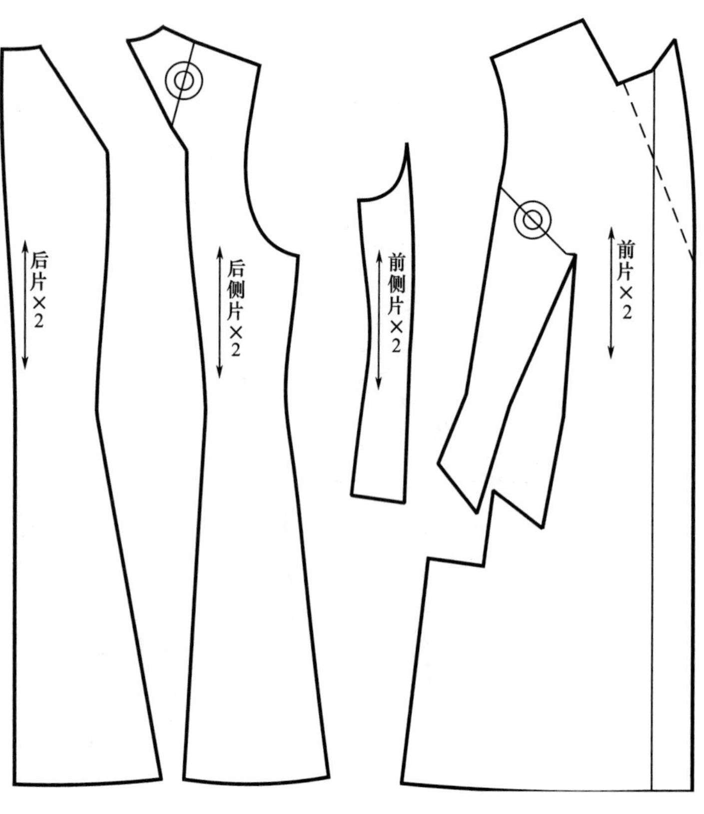

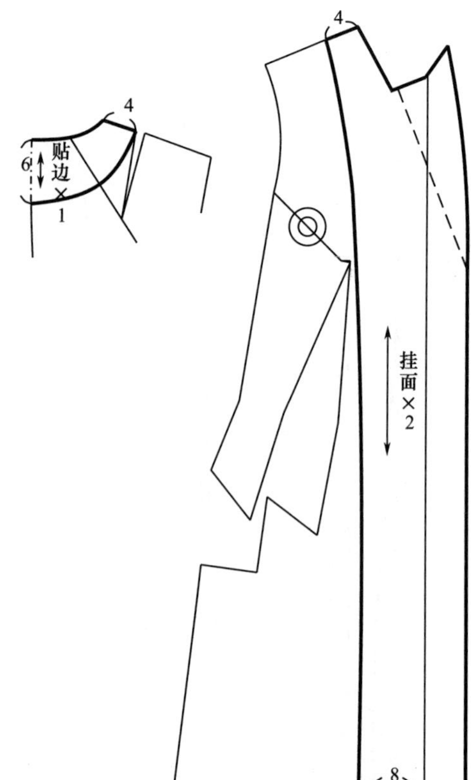

图4-4-31

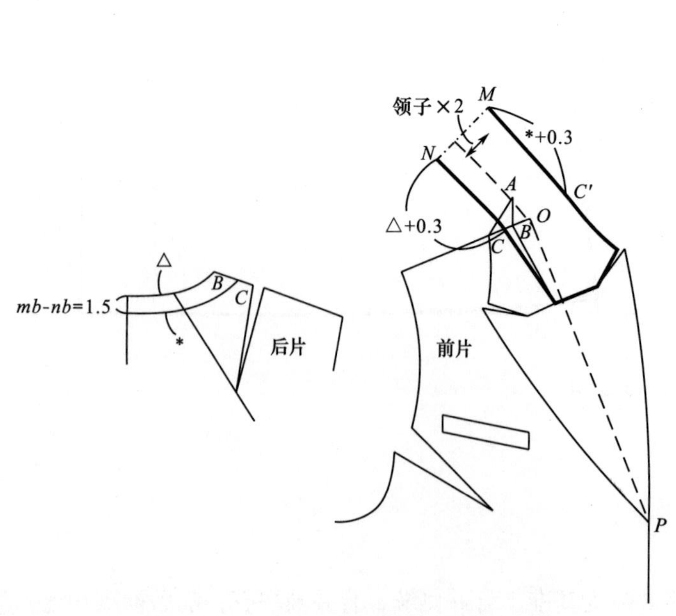

图4-4-32

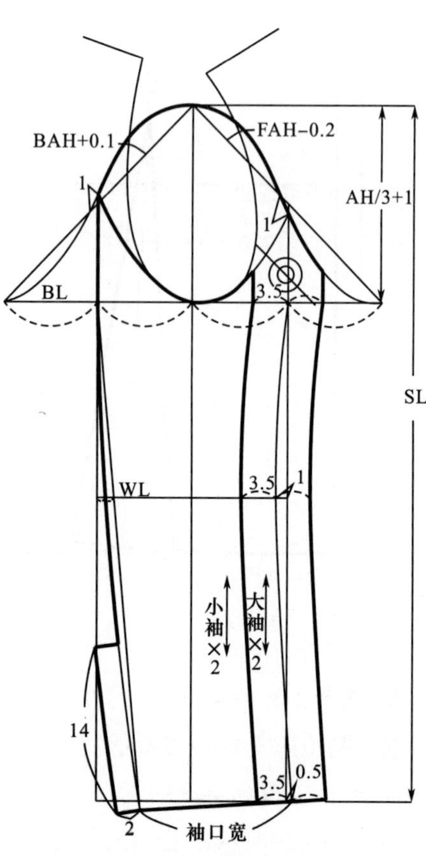

图4-4-33

（五）纸样系列变化（图4-4-34～图4-4-38）

款式图4-4-34的结构是在图4-4-30、图4-4-32、图4-4-33的基础上绘制的，如图4-4-35～图4-4-38所示。

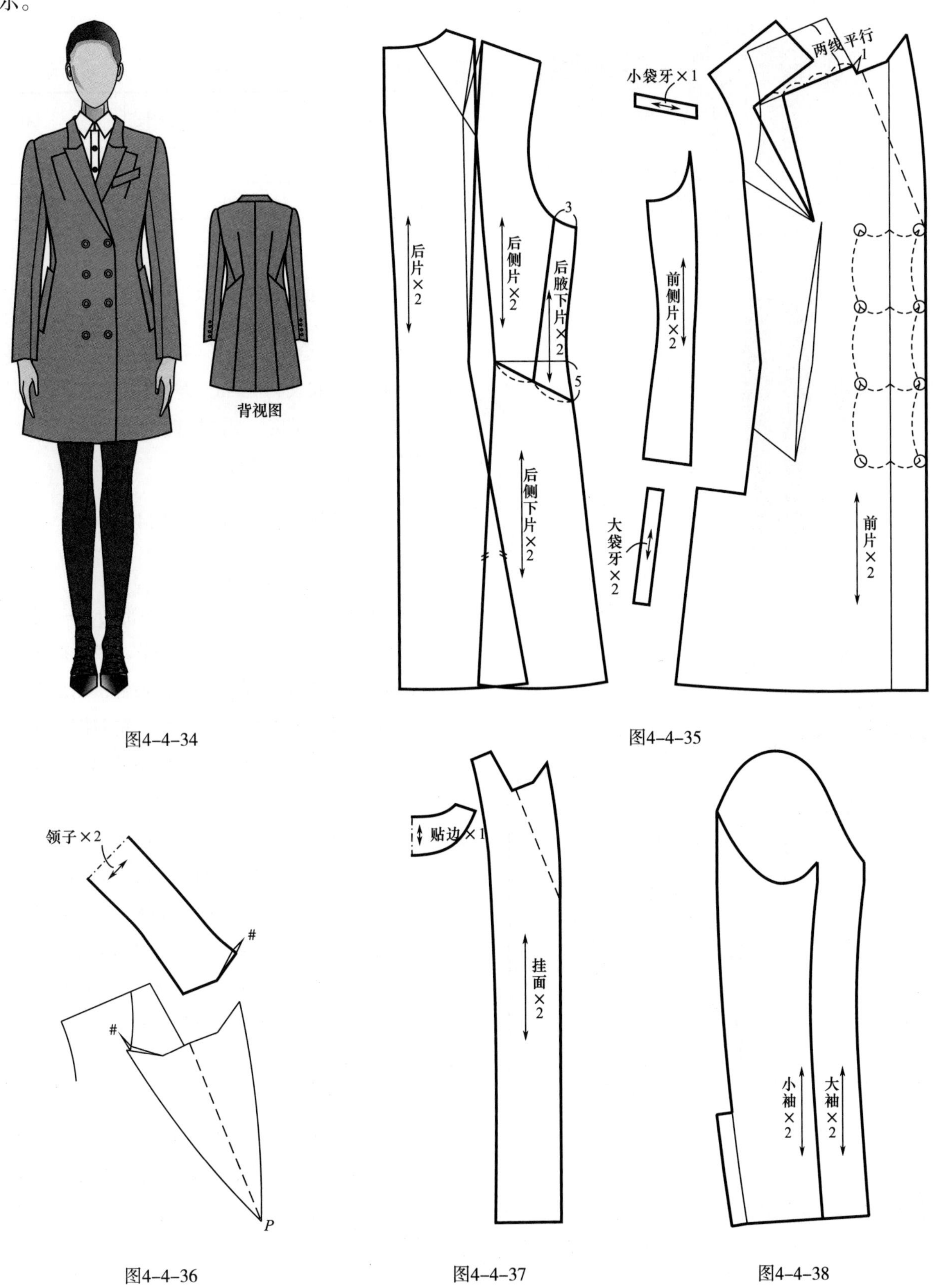

图4-4-34

图4-4-35

图4-4-36

图4-4-37

图4-4-38

图4-4-39

五、案例5：连身袖宽松大衣（图4-4-39）

（一）规格设计（表4-4-5）

表4-4-5 单位：cm

160/84A	胸围（B）	肩宽（S）	后衣长	袖长（SL）	袖口宽
原型尺寸	96	39	37	50.5	—
服装尺寸	103.4	40	85	58	17.8

（二）面、辅料说明

本款适合较厚的羊绒面料。需双幅面料，长为袖长+衣长+100cm；需里料，尺寸同面料；需有纺黏合衬3m；需5颗直径为3cm的纽扣，4颗直径为2cm的纽扣。

（三）原型省道处理要点（图4-4-40）

1. *前片省道处理*

本款将原型袖窿省分为两部分，一是转移到腰部，形成腰部1.5cm的松量，二是剩余部分在袖窿作为松量，在扣除1.5cm后，测量余下部分高度为#。考虑服装穿着时，左右搭门相重叠产生的围度损耗，前片中心线向右放出0.7cm。

2. *后片省道处理*

如图4-4-40所示，因为本款为大衣造型，所以后片领口向上提高0.4cm，肩部向上抬高0.3cm。本款后肩省分为三部分，一是在领口开大0.3cm，二是转移部分肩省到后袖窿作为松量，使后袖窿的省量高度为#，与前袖窿松量平衡，三是剩下部分在肩缝作为吃势，缩缝。

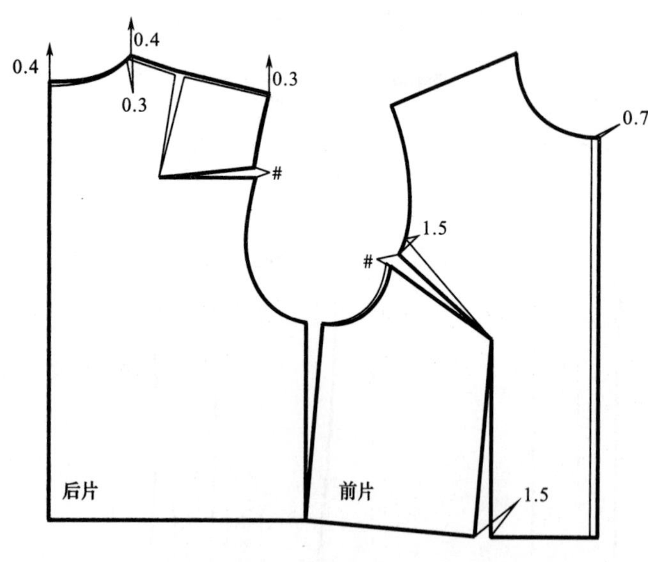

图4-4-40

（四）制图要点

1. *衣身与袖子*（图4-4-41～图4-4-44）

如图4-4-41所示，本款为宽松大衣造型，袖窿深在原型的基础上挖深4cm，后胸围增加3.7cm。前后领口同时开大1cm。后袖角度为42.5°，袖山高较高，袖身造型宽松，SL为58cm。注意，衣身部分有两层。

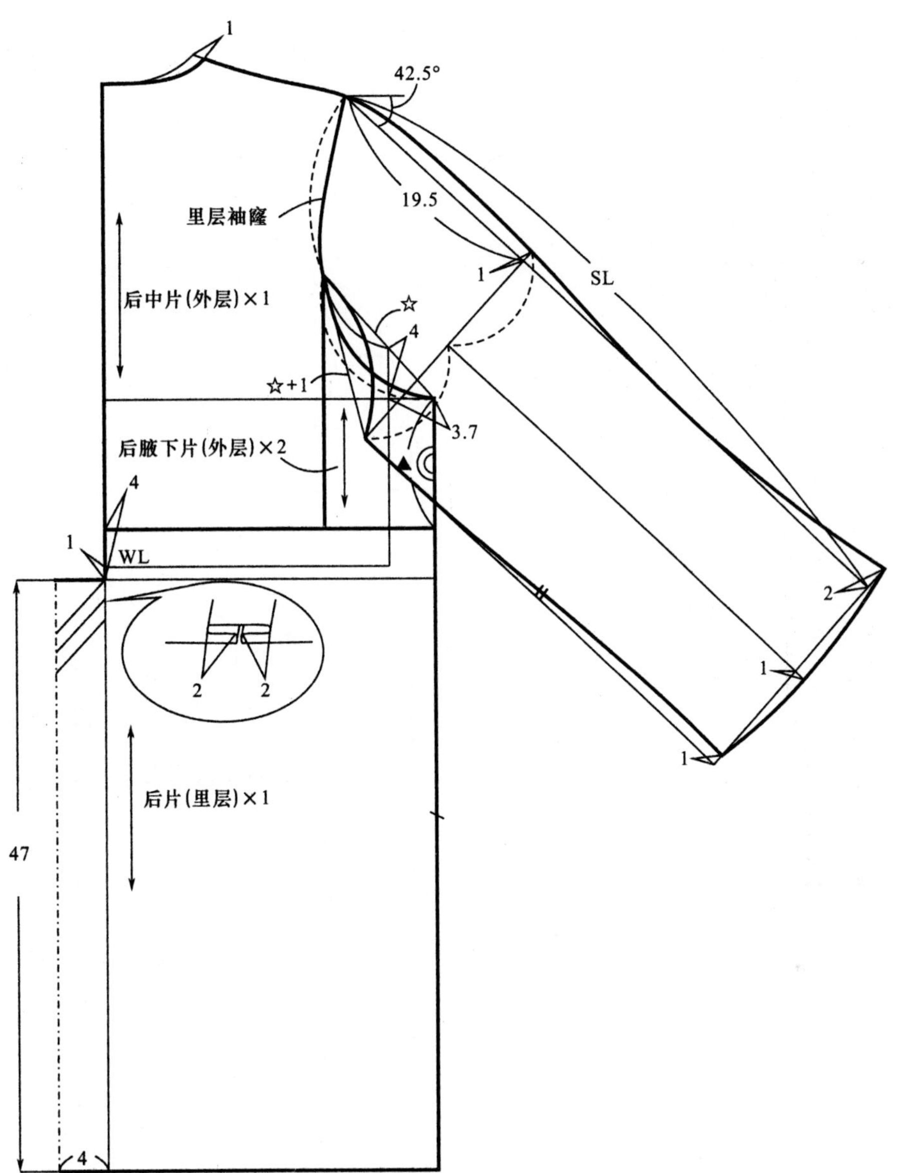

图4-4-41

如图4-4-42所示，前片袖窿深在原型的基础上挖深4cm，前袖角度为45°，注意衣身部分有两层。

如图4-4-42所示，翻驳领的领座*nb*=*AB*=3cm，领头造型根据看款式绘制，*C*点位于前小肩宽的2/3处，*BA*与水平线的夹角为90°，翻领*mb*=*AC*=*CO*，*OP*为翻折线。

衣身里层、门襟、贴边、挂面、袖襻、袋盖裁片如图4-4-43所示。

衣身外层为连袖造型，腋下片为前腋下片和后腋下片的拼合体，肩襻裁片如图4-4-44所示。

2. 领子（图4-4-45）

领子制图如图4-4-45所示，*MN*=*mb*+*nb*。

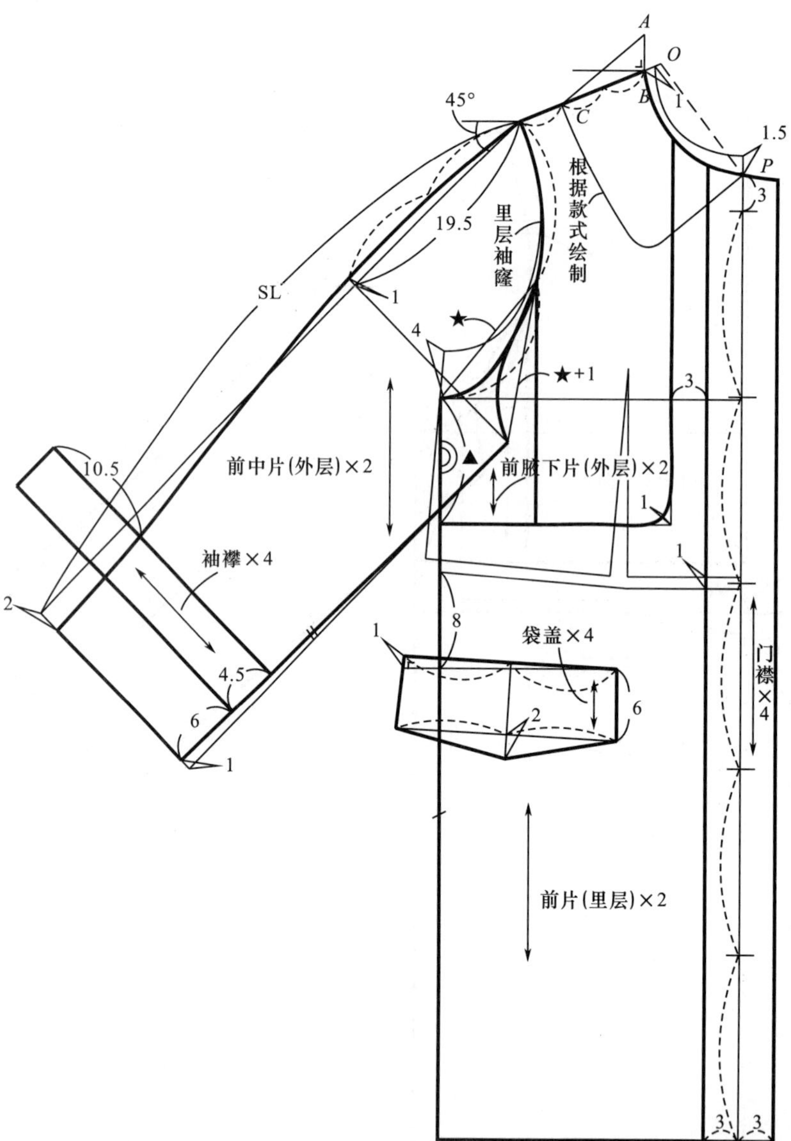
A
O
B
C
45°
1
1.5
P
3
根据款式绘制
里层袖窿
19.5
SL
1
4
★
★+1
3
前中片(外层)×2
前腋下片(外层)×2
10.5
1
1
袖襻×4
2
8
1
袋盖×4
门襟×4
4.5
6
2
6
1
前片(里层)×2
3
3

图4-4-42

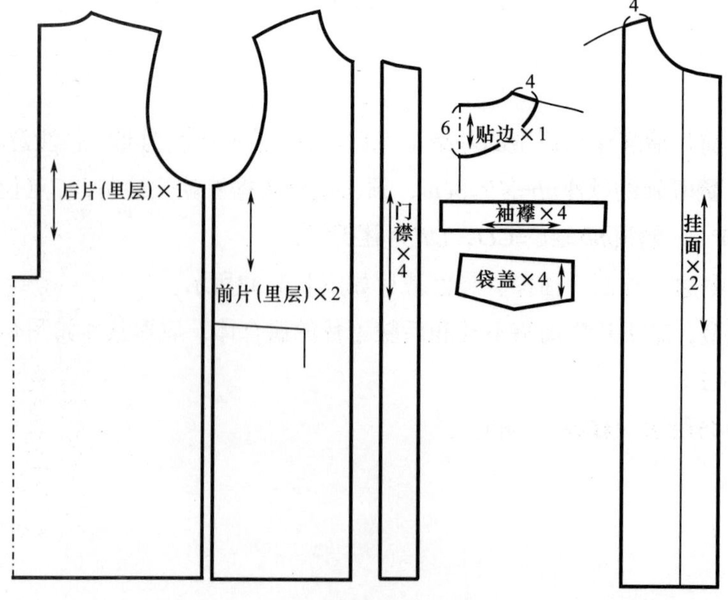
4
4
6
贴边×1
后片(里层)×1
前片(里层)×2
门襟×4
袖襻×4
袋盖×4
挂面×2

图4-4-43

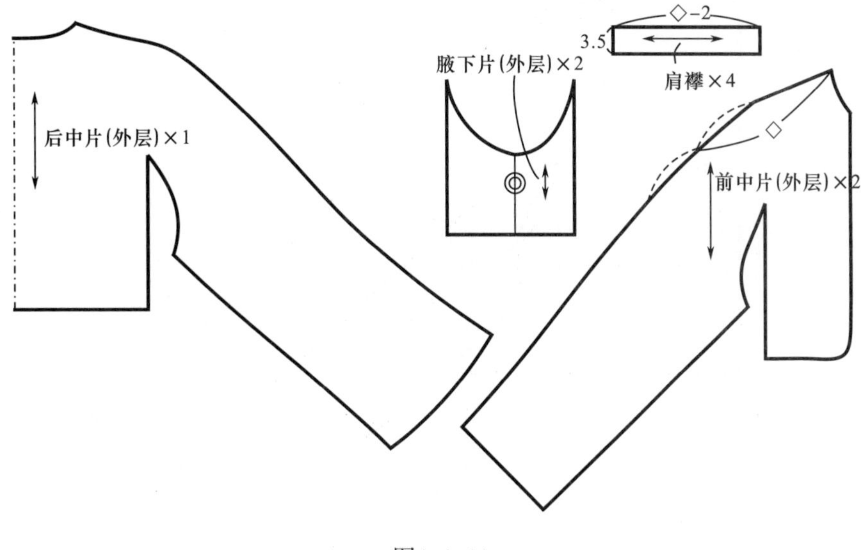

图4-4-44

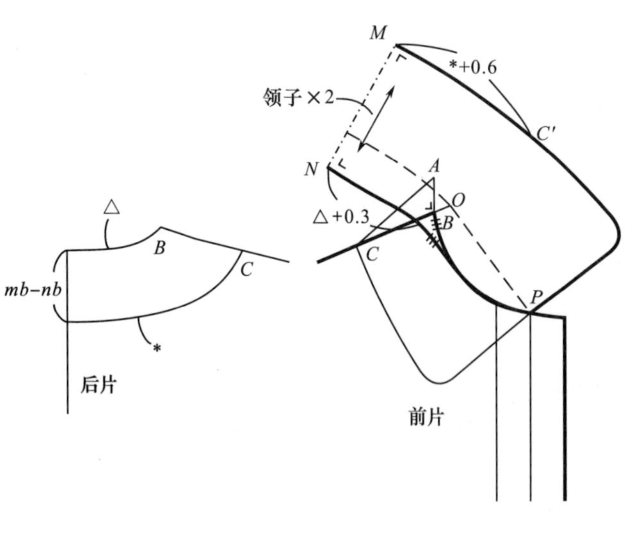

图4-4-45

图4-4-46

（五）纸样系列变化（图4-4-46～图4-4-49）

款式图4-4-46的衣身结构是在图4-4-41、图4-4-42、图4-4-45的基础上绘制的，如图4-4-47～图4-4-49所示。

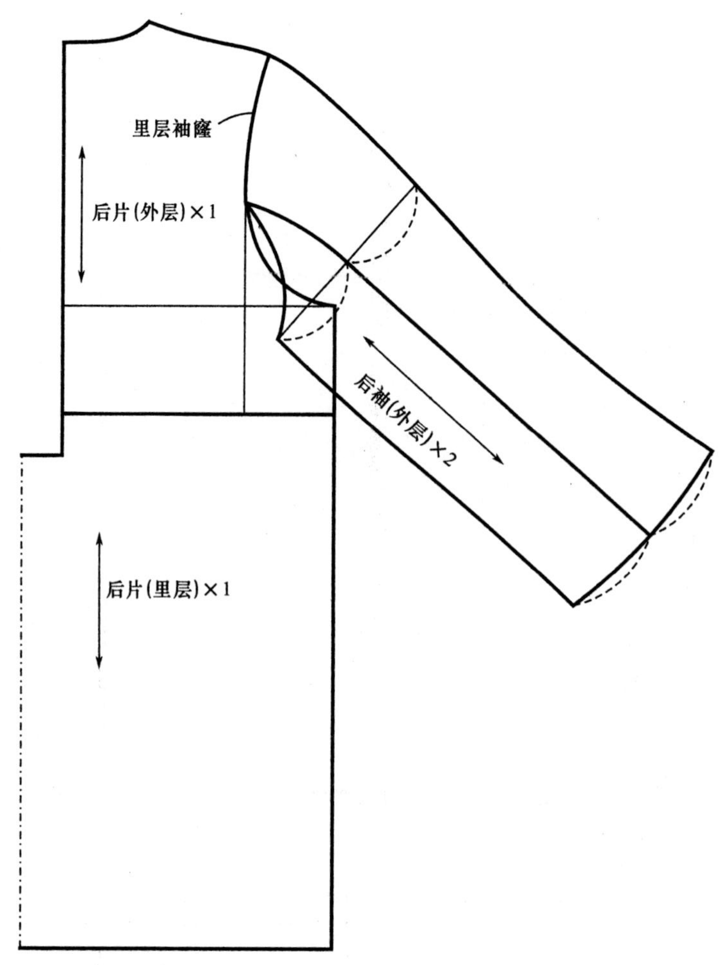

图4-4-47

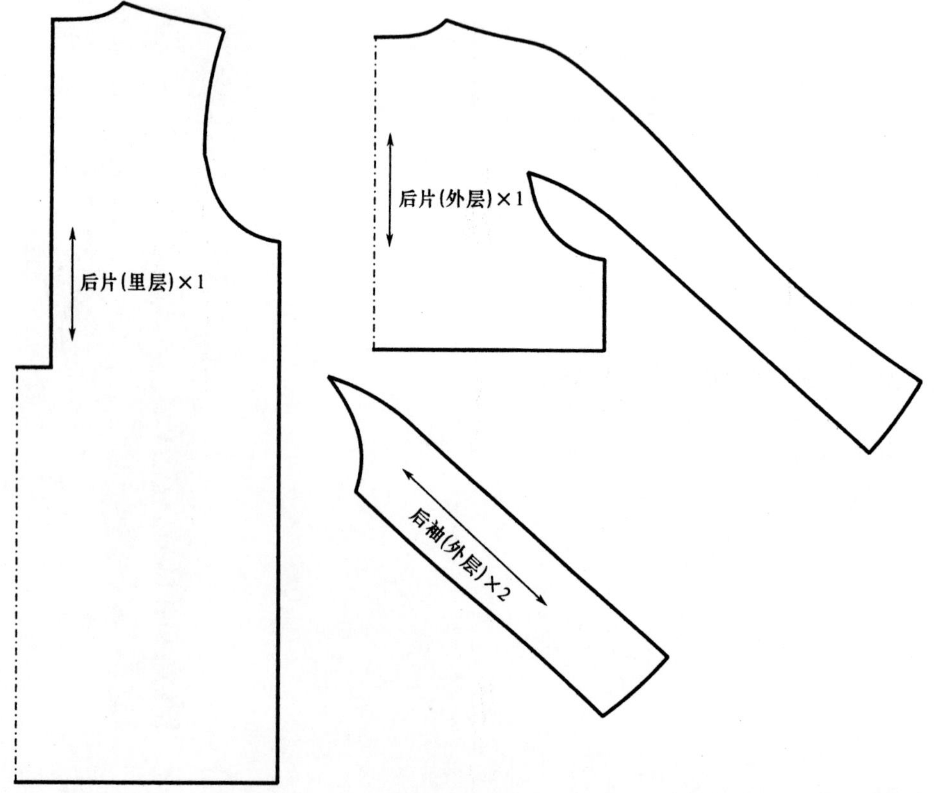

图4-4-48

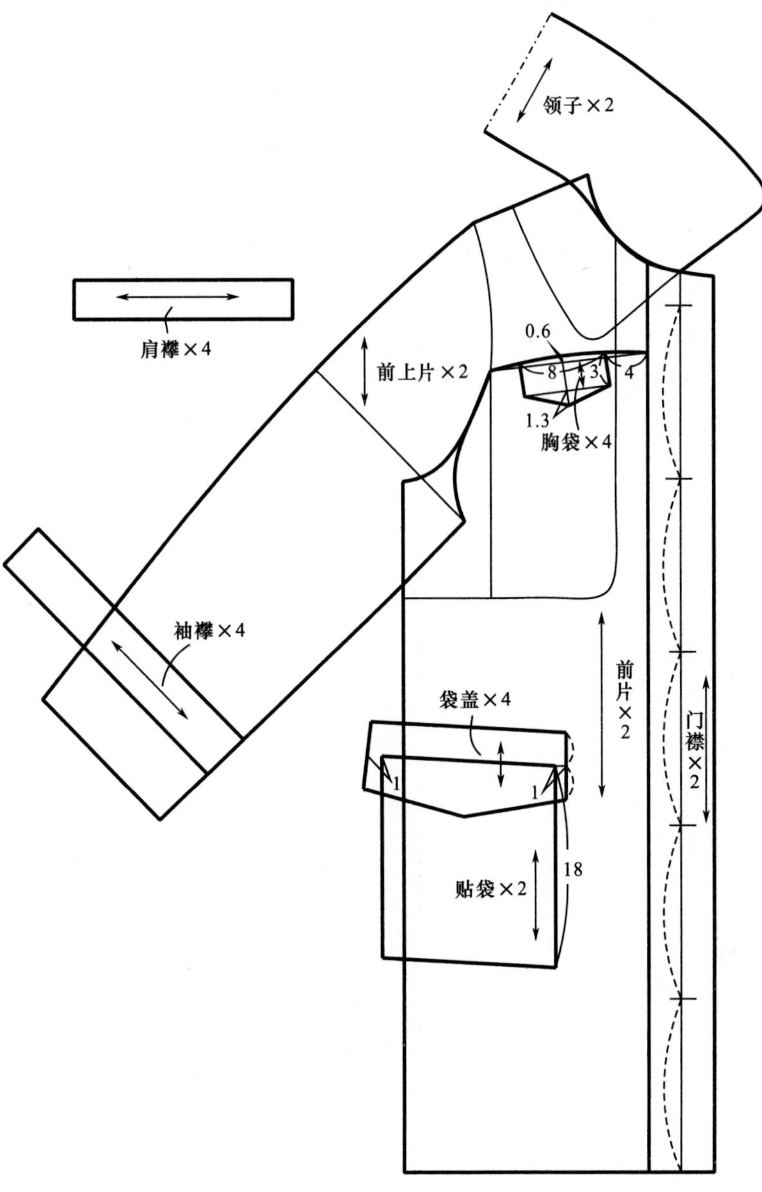

图4-4-49

参考文献

[1] 中屋典子，三吉满智子. 服装造型学（理论篇）[M]. 刘美华，孙兆全，译.北京：中国纺织出版社，2007.
[2] 张文斌. 服装结构设计[M]. 北京：中国纺织出版社，2010.
[3] 杨新华，李丰. 工业化成衣结构原理与制板（女装篇）[M]. 北京：中国纺织出版社，2007.
[4] 刘瑞璞. 成衣系列产品设计及其纸样技术[M]. 北京：中国纺织出版社，1998.